AF338658

A TRAVERS

L'INDE

LES HABITANTS DES JUNGLES.

A TRAVERS L'INDE

A. THÉRON

PARIS

THÉODORE LEFÈVRE, LIBRAIRE-ÉDITEUR

RUE DES POITEVINS

LES HABITANTS DES JUNGLES.

A TRAVERS
L'INDE

PAR

A. THENON

PARIS

THÉODORE LEFÈVRE, LIBRAIRE-ÉDITEUR

RUE DES POITEVINS

AVANT-PROPOS DE L'ÉDITEUR

Le livre que nous offrons aujourd'hui à la jeunesse, a
pour ainsi dire été *vécu* et composé dans le pays même, où
l'auteur, par sa position de Consul de France à Bombay, a
vu, bien et longtemps, toutes les contrées, où il promène ses
lecteurs.

Nous sommes heureux de présenter un ouvrage écrit dans
de pareilles conditions; d'autant plus heureux, qu'il est rare
d'avoir la bonne fortune de rencontrer, dans un voyageur
infatigable, un écrivain érudit et consciencieux, placé dans
des conditions aussi favorables pour tout voir et pour tout
juger.

Que l'on ne s'attende pas à trouver dans ces récits, écrits
par un père pour ses fils, des drames et des aventures fa-

buleuses. L'imagination brode ; la vérité raconte, et cela suffit pour faire naître des histoires qui seraient dignes d'être inventées si elles n'étaient pas vraies.

L'imagination peut facilement nous transporter dans ces pays fantastiques, mais elle ne réussira pas à nous donner des détails sur la vie habituelle, les coutumes, les croyances, les habitudes, ainsi que sur l'histoire si curieuse de l'Inde, avant et depuis la domination anglaise.

Nous nous sommes servi, pour illustrer ce livre, des nombreux croquis et des photographies rapportés par l'auteur ; c'est la preuve mise à côté du fait, en même temps que le plaisir des yeux, mis en face du délassement de l'esprit.

L'ÉDITEUR.

LES ENVIRONS DE POINTE-DE-GALLE.

CHAPITRE PREMIER

L'île de Ceylan. — Le lecteur fait connaissance avec des voyageurs intéressants. — Pointe-de-Galle. — Sea view Hotel. — Chez M. Ambert. — Les matelots de la *Beatrix*. — La Chance achète des pierres précieuses.

Depuis douze jours, le *Tigre*, un des plus beaux bâtiments à vapeur des Messageries impériales, avait quitté Suez. Après avoir passé la mer Rouge par une chaleur terrible dont un passager était mort, il avait doublé le cap Gardafui, traversé l'océan Indien et allait se trouver en vue de l'île de Ceylan.

Aussi tous les passagers se pressaient-ils sur la dunette pour apercevoir plus tôt la *Perle de l'Inde* (1) et jouir du spectacle nouveau qu'offre aux voyageurs venant d'Europe la végétation splendide des Tropiques.

Deux jeunes gens se faisaient remarquer par l'attention avec laquelle, tout en se communiquant leurs impressions, ils tenaient

(1) Nom que l'on donne à l'île de Ceylan.

leurs regards tournés du côté où l'on s'attendait à voir la terre.
L'un, âgé de vingt-trois à vingt-quatre ans environ, était grand,
élancé, élégant dans ses manières et paraissait plus calme qu'on
ne l'est ordinairement à son âge.

Il modérait l'impatience de son compagnon qui paraissait avoir
dix-huit ans, et dont la parole ardente et les gestes accentués dé-
notaient un caractère vif et impressionnable :

— Encore un peu de patience, mon cher André, dit l'aîné, et
nous sommes à Pointe-de-Galle.

— Cette dernière journée, répondit son compagnon, me semble
plus longue que les autres. Le bâtiment n'avance plus. Pourquoi ?
Il n'y a pas de danger, je pense? La Chance, dit-il en se tournant
vers un solide et beau garçon qui lui apportait une lunette d'ap-
proche, sais-tu pourquoi nous allons si doucement? Est-ce que
nous ne serons pas à Ceylan ce soir?

—Nous approchons, Monsieur, dit celui qui répondait au nom de
La Chance, mais le commandant doit être prudent, il n'y a pas beaucoup de fond.

La mer effectivement changeait de couleur, elle devenait sale et
bourbeuse. Des herbes flottantes, des branches d'arbres étaient des
indices certains de la proximité de la terre. Enfin, un point se des-
sina à l'horizon et le *Tigre* alors, comme sûr de sa route, marcha
plus rapidement et se dirigea de ce côté.

A mesure qu'on approchait, les détails devenaient plus visibles,
et lorsqu'on stoppa, les passagers furent saisis d'admiration à la vue
du panorama qui se déroulait devant eux. Encadrée à droite et
à gauche par des rochers contre lesquels la mer déferlait à une
assez grande hauteur et adossée à des forêts de palmiers, de bananiers et de cocotiers, s'étendait Pointe-de-Galle, la ville la plus
importante de l'île de Ceylan. Devant ce tableau frais et gracieux,
le voyageur qui sort de la mer Rouge et de l'océan Indien est ravi.

Aussitôt que la présence du *Tigre* fut signalée, une foule d'embarcations se détachèrent du rivage et vinrent chercher les passagers. Elles étaient montées par des indigènes à la peau noire presque entièrement nus. La mer était grosse, les canots ne pouvaient pas accoster facilement et ils s'entre-choquaient de telle façon les uns contre les autres, qu'à chaque instant ils étaient en danger de se briser. Le débarquement était difficile et présentait quelque danger. Les vagues s'élevaient et s'abaissaient fortement et, pour sauter dans un canot, il fallait saisir le moment où il montait au bas de l'échelle de commandement.

Le *Tigre* était à destination de Hong-Kong et tous les passagers qui n'allaient pas en Chine ou au Japon descendaient à Pointe-de-Galle. Ils devaient y attendre les bâtiments pour les différents points de la côte de l'Inde. Nos deux jeunes gens étaient dans ce cas, aussi avaient-ils fait monter leurs malles et leurs caisses sur le pont. Cependant, ils paraissaient embarrassés. Ils avaient compté trouver à Pointe-de-Galle des lettres de Calcutta, qui devaient leur donner des renseignements pour leur voyage, et parmi celles que l'on avait apportées de terre, il n'y en avait pas pour eux.

— Où aurons-nous des nouvelles maintenant, Jacques? dit le plus jeune. Comment saurons-nous ce que nous devons faire? Je ne comprends pas M. Rivière.

— Mais, mon cher André, ne sois donc pas toujours si vif. Nous allons débarquer, nous nous installerons à l'hôtel, et en attendant nos lettres, nous emploierons notre temps du mieux possible.

D'ailleurs, M. Ambert est peut-être revenu de son voyage, et il ne nous laissera pas dans l'embarras.

— Si je suis trop vif, permets-moi de trouver que tu es un peu trop tranquille. Tu arranges toujours les choses au gré de tes désirs.

— Pourquoi voir des difficultés partout afin de se donner d'avance la peine de les surmonter?

Nous voici devant Pointe-de-Galle où tu ne croyais jamais arriver, attends maintenant que tu sois à terre et nous verrons.

En ce moment une élégante embarcation recouverte d'une jolie tente, ornée d'un pavillon tricolore et montée par huit rameurs vêtus à l'égyptienne, accosta le *Tigre*. Un matelot l'assura vivement par une amarre, et un Européen, âgé de cinquante ans environ, portant à sa boutonnière le ruban de la Légion d'honneur, sauta lestement de son canot sur le pied de l'escalier malgré le mouvement croissant de la vague. Il monta tout aussi lestement à bord.

— Bonjour, lieutenant, dit-il amicalement à l'officier qui vint au-devant de lui. Tout va bien ici?

— Tout va bien, M. Ambert, et nous voici encore une fois à Pointe-de-Galle.

— Et vous y viendrez encore plus d'une fois, mon cher lieutenant, je l'espère bien. Allons voir le commandant, vous aurez bientôt, je le crains, de la besogne. Voici du mauvais temps qui s'annonce.

Et tous deux se dirigèrent vers la cabine du commandant.

Les deux jeunes gens avaient considéré attentivement celui qu'ils avaient entendu nommer M. Ambert, et, lorsqu'il se fut éloigné, André dit vivement :

— M. Ambert; as-tu entendu, Jacques? pourquoi ne l'as-tu pas abordé?

— Attendons un peu, dit Jacques, je me présenterai tout à l'heure.

Mais quelques minutes plus tard, on vint chercher les deux jeunes passagers de la part du commandant. En entrant dans sa cabine, ils y trouvèrent M. Ambert qui vint vivement au-devant d'eux.

— Vous êtes messieurs Dambrun? leur demanda-t-il.

Sur leur réponse affirmative, il leur serra cordialement la main, en leur disant:

— Je suis heureux de vous souhaiter la bienvenue dans l'Inde. Vous ne me reconnaissez pas, je le comprends; la dernière fois que je vous ai vus, il y a quinze ans, vous n'étiez pas de grands et beaux jeunes gens comme aujourd'hui.

Nous sommes de vieux amis avec votre père. Nous avons fait la Crimée ensemble. C'est moi qui ai reçu son régiment au débarquement. Un beau régiment, un fameux colonel!

Il m'a écrit par la dernière malle et je vous attendais.

Jacques et André répondirent avec empressement aux paroles affectueuses de M. Ambert.

Leur père leur en avait effectivement parlé bien souvent comme d'un ami dont il gardait le meilleur souvenir.

— Maintenant, reprit celui-ci, il faut partir et partir vivement. Cette nuit, j'aime mieux vous savoir à terre qu'à bord.

— A revoir, commandant, j'espère que tout se passera bien. Vous viendrez aussitôt que vous le pourrez. Allons, jeunes gens, embarquons.

Sur le pont, il appela un matelot et lui ordonna de faire mettre dans un canot et porter à terre les bagages que La Chance devait surveiller.

L'embarquement dans le canot devenait de moins en moins facile; la lame avait encore grossi et il fallait choisir juste le moment où le canot montait pour y sauter. M. Ambert embarqua le premier en homme habitué à la mer, puis il aida Jacques et André.

— Allons! ferme! dit-il aux matelots en prenant le gouvernail, et attention à la barre en arrivant.

Les avirons s'abaissèrent avec ensemble, et le canot vigoureusement enlevé s'éloigna du *Tigre*.

Nos voyageurs, heureusement, purent débarquer à pied sec, quoique la mer fût très-agitée. Les matelots prirent si bien le ur

temps en arrivant près de la barre, qu'ils la passèrent sans accident. Une vague dont ils surent profiter les porta au pied de l'escalier qui sert de débarcadère. — En une minute, ils furent sur le sol.

— Ma voiture est un peu plus loin, dit M. Ambert, pressons-nous, je crains pour cette nuit un ras de marée, et j'ai des ordres à donner.

Il ne fallait rien moins qu'une injonction aussi précise pour tirer nos deux jeunes amis de la place où les retenait l'étonnement
dans lequel ils étaient plongés. Tout ce qu'ils voyaient était si
étrange et si différent de ce qu'ils avaient vu jusqu'alors! Ici des
hommes nus déchargeaient des bateaux et traversaient le quai
avec de lourds fardeaux ; là, d'autres, un pagne attaché autour de
la ceinture, faisaient l'office de contre-maîtres et surveillaient
l'exécution des ordres qu'ils donnaient; d'autres encore, vêtus
moitié à l'européenne, moitié à la façon indigène, paraissaient
des gens d'importance. Il y avait des hommes jaunes, des hommes
cuivrés, d'autres à la peau noire, des musulmans aux vêtements
magnifiques. Tout cela s'agitait, criait, faisait un bruit assourdissant.

M. Ambert, officier de marine en retraite, remplissait à Galle les
fonctions de vice-consul de France et d'agent des Messageries impériales. Il était connu, chacun le saluait en l'appelant par son nom.

— Bonjour, *salam*, disait-il avec une bonhomie bienveillante;
allons, laissez-nous passer.

Une voiture l'attendait à la sortie du débarcadère. — Un domestique coiffé d'un turban bleu se tenait auprès du cheval.
M. Ambert fit monter ses deux compagnons et partit. Le domestique qui courait à côté du cheval en appuyant la main sur
le brancard criait gare, prévenait les passants qui sans cette
précaution se seraient fait écraser. Soit parce qu'ils n'entendaient
pas la voiture, soit par apathie, ils ne se dérangeaient de leur
route que lorsque le cheval était sur eux.

— Ah! les coquins, disait M. Ambert, s'ils avaient la plus
petite égratignure, ils se prétenderaient morts.

Après avoir passé sous une porte voûtée de fortification, on se
trouva dans la ville.

— Je regrette de ne pouvoir pas vous recevoir chez moi,
dit M. Ambert, je l'eusse fait de bien grand cœur, mais j'ai des

chefs de mon administration à qui j'ai donné tout ce que j'avais de logement disponible. Je vous ai recommandés à un hôtel où je vous conduis. Vous y serez aussi bien que l'on peut être à l'hôtel à Pointe-de-Galle, mais vous y serez peu, car ma maison est la vôtre, j'espère que vous en userez.

Après avoir suivi le rempart pendant quelques minutes, M. Ambert s'arrêta devant un grand bâtiment qui avait pour enseigne *Sea view Hotel*, Hôtel de la vue de la mer.

Un homme vêtu d'une veste semblable à celle de nos garçons de café et d'un pagne qui l'enveloppait depuis la ceinture jusqu'aux pieds vint recevoir les voyageurs. Ses cheveux noirs fort longs comme ceux d'une femme étaient retenus derrière sa tête par un grand peigne en écaille. Il portait en outre des favoris et des moustaches.

— Quelle étrange figure! dit André. Une veste, des moustaches, des cheveux de femme, un peigne et un jupon!

Ce qui n'empêcha pas l'individu en question de déployer une dignité comique en introduisant dans l'hôtel les voyageurs amenés par M. Ambert. Il les conduisit à leur chambre située au premier étage, et ne les quitta qu'après leur avoir fait de nombreux *salams*.

— Je vous laisse, dit M. Ambert; dans une heure je vous enverrai chercher pour dîner.

— Tra la déri, la déra, la dérette, dit André en se mettant à exécuter un pas lorsque M. Ambert fut parti. Nous voici débarqués et à Pointe-de-Galle! dans l'Inde! Si tout est aussi singulier que ce que nous venons de voir, que de choses nous aurons à étudier.

A ce moment, un indigène se présenta à la porte en faisant de profonds saluts. Pour tout costume il avait un pagne, le torse était découvert. De grands cheveux noirs épais et bien soignés, relevés sur le front et retenus par un peigne en écaille, retombaient sur ses épaules. Sa peau noire était lisse et brillante.

— *Barber!* barbier, dit-il aux jeunes gens, *barber!*

— Un barbier, dit André en riant. Le barbier de l'hôtel, Jacques, je t'en prie, fais-toi raser par lui. Que je suis malheureux de ne pas avoir de barbe, je voudrais me faire raser par un barbier comme celui-là.

Pendant qu'André parlait, l'indigène suivait de l'œil les mouvements des deux frères et cherchait à comprendre ce qui se décidait.

— *Very clever*, très-adroit, dit-il en souriant, et il tira d'un petit sac en cuir attaché à sa ceinture et qui contenait les instruments de sa profession, un livre qu'il présenta aux jeunes gens.

Chaque page était un certificat des voyageurs d'importance qu'il avait rasés. Des généraux, des juges, des fonctionnaires de tous les pays rendaient justice à la prestesse avec laquelle ledit barbier avait promené son rasoir sur leur figure.

A ce moment arrivait La Chance avec les malles.

— Donne-moi mon nécessaire de toilette, dit Jacques qui tenait médiocrement à se servir des ustensiles de l'indigène. Lorsque celui-ci vit de quoi il s'agissait, il prit savonnette, rasoirs et savon dans le nécessaire. Il avait de l'eau chaude dans une petite burette en métal, et, en quelques minutes, il étendit une belle mousse blanche sur le menton de son client. Celui-ci ne paraissait pas enchanté, c'était la première fois qu'une main noire lui prenait le nez.

André riait aux éclats de voir son frère en si singulière position.

Le barbier cependant avait la main très-légère, il fit son opération promptement et adroitement, et Jacques se déclara aussi satisfait que s'il eût eu affaire au plus habile artiste européen.

Quand il se retira avec force *salams*, arriva un autre individu vêtu de même, mais plus âgé et porteur aussi d'un chignon magnifique. Après avoir salué en portant plusieurs fois la main à son front, il fit comprendre, dans un baragoin anglais presque inintelligible, qu'il était le blanchisseur attitré de l'hôtel, et, de même que le barbier, il avait un livre de certificats.

— Ah ça, mais tout va comme sur des roulettes dans ce pays, dit La Chance, allons, je vais compter le linge.

Pendant que La Chance faisait ses affaires avec le blanchisseur, Jacques et André visitèrent leur appartement.

Il se composait de deux chambres à coucher très-hautes et assez vastes, abritées toutes deux par une large verandah bien ouverte du côté de la mer dont elle recevait la brise. L'ameublement était simple : une natte de Chine sur le sol, un lit étroit entouré d'une moustiquaire de tulle, une toilette garnie de poterie anglaise, une petite table, quelques chaises et un grand fauteuil à palettes. Afin de laisser circuler librement l'air, les portes, dont les panneaux consistaient seulement en une pièce d'épais calicot rouge, étaient à un pied du sol environ et n'avaient que la hauteur nécessaire pour que l'on ne pût pas voir par-dessus. La cloison de séparation même ne montait pas jusqu'au plafond. Les voyageurs n'ont aucun secret les uns pour les autres à l'hôtel de la Vue de la mer.

Un serviteur vint bientôt chercher Jacques et André pour les conduire au bungalo de M. Ambert. Ils furent désillusionnés en traversant des rues étroites où les constructions ne brillaient ni par l'élégance ni même par la propreté.

Çà et là cependant il y avait des maisons d'un aspect confortable, habitées par des Européens. Mais elles étaient entourées de cases recouvertes de feuilles de palmier, demeures des indigènes. Quelques magasins de produits d'Europe à l'usage des voyageurs tranchaient cependant un peu sur la monotonie générale.

La résidence de M. Ambert était une jolie habitation construite à la mode du pays. Un petit parterre plein de fleurs la séparait de la route et une large vérandah la protégeait contre l'ardeur du soleil.

M. Ambert pratiquait largement l'hospitalité, aussi, en arrivant, nos voyageurs trouvèrent-ils plusieurs personnes réunies pour le dîner : deux fonctionnaires français qui attendaient la malle pour Suez et plusieurs Anglais habitant Pointe-de-Galle. Le costume de ces derniers, qui ressemblait à celui de nos garçons pâtissiers, étonna nos voyageurs, ils portaient une veste en toile blanche avec un pantalon et un gilet pareils. C'est la toilette adoptée pour les dîners. On arrive en habit noir; mais, après avoir salué les dames, on va endosser la veste blanche qu'on a eu soin de faire apporter par son domestique.

Malgré son empressement à remplir ses devoirs de maître de maison, M. Ambert ne dissimulait pas ses appréhensions. La malle de Calcutta lui avait été signalée et l'on entendait la mer se briser en mugissant contre les rochers de la plage.

Aussi le dîner fut-il court. Nos jeunes gens cependant firent honneur entre autres plats à un excellent poulet au curry et à une salade de chou palmiste.

M. Ambert et ses invités prenaient le café au salon lorsqu'ils entendirent plusieurs personnes dans le jardin.

— Qui peut m'arriver à cette heure? dit M. Ambert, je n'attends pas de visites.

— Et surtout des visites si peu présentables, dit en entrant un grand gaillard dont les habits dégoûtaient l'eau. Il était suivi de quatre matelots dont la toilette n'était pas en meilleur état.

— Pardonnez-moi, Monsieur, nous venons vous demander l'hospitalité.

— Que vous est-il arrivé? demanda M. Ambert. Il n'y a pas de malheur?

— Non, Monsieur, sauf un bain un peu agité.

— A quel navire appartenez-vous?

— A la *Béatrice*, du Havre, qui est joliment en train de danser sur la rade pour le moment. Vous savez, Monsieur, le temps qu'il fait dehors. Nous étions tous occupés à tenir bon sur nos chaînes, et nous avions de la besogne, lorsque nous apercevons à tribord un canot qui filait d'un train à ne pas aller longtemps.

Voyant qu'il était en mauvaise position, le capitaine le hèle pour lui jeter une amarre. Impossible. Le canot file toujours en sautant comme un bouchon. Le capitaine le suit avec la lunette. Tout d'un coup, il m'appelle.

— Maître, dit-il, ces malheureux sont perdus. Le canot vient de chavirer.

— J'y vais, commandant, avec la baleinière et quatre hommes.

Le capitaine cependant me regardait et regardait la mer avec anxiété.

— Commandez, capitaine, nous partons. Ces gens ne s'en tireront pas.

— Parez la baleinière, dit le capitaine.

— C'est fait vivement, je prends quatre bons garçons et nous allons ferme du côté du canot. Ça n'était pas commode. Enfin nous approchons, qu'est-ce que nous voyons ? L'embarcation, la quille en l'air, trois hommes qui s'y étaient raccrochés et qui s'y tenaient comme ils pouvaient. Il faut les prendre. Ce n'est pas facile au milieu de ce charivari d'eau. Cependant nous les prenons. Il était temps. Sans entrer en conversation, nous voulons virer de bord et retourner au navire. Impossible, nous aurions chaviré. — Nous laissons filer vers terre. Ça va bien. — Arrivés à la barre, ça va encore bien. — Malgré du mal, nous passons dessus, mais après nous sommes envoyés si vite sur le débarcadère, que, sans avoir le temps de nous y reconnaître, la baleinière est brisée et nous nous trouvons dans la grande tasse. Ce n'est pas encore commode d'en sortir, mais il y avait là des gens qui nous ont jeté des bouts de cordes et on s'en est tiré.

— Et les malheureux que vous aviez sauvés ? demanda M. Ambert ?

— On a encore pu leur donner un coup de main pour les aider. Ils étaient plus fatigués que nous.

Salut, Messieurs, Mesdames, la compagnie, ajouta-t-il avant de boire le verre de vin que leur présentait un domestique et après avoir vu que ses matelots en avaient chacun un dans la main.

— Et qu'avez-vous fait de vos naufragés, continua M. Ambert, qui sont-ils ?

— Ma foi, je n'en sais rien. On nous a tous emmenés à un établissement où on nous a offert du grog. Un des trois devait être un homme bien, il nous a donné des poignées de main, en nous disant, *To morrow.* — Ça me fait supposer que ce sont des Anglais, parce que je sais qu'en anglais *to morrow* veut dire demain. Et la preuve encore, c'est ce grog, qui est la boisson favorite des Anglais. J'aurais voulu leur rendre leur politesse, mais nous avions oublié nos porte-monnaie.

Les matelots qui avaient paru prendre un vif plaisir au récit de leur chef, plutôt à cause de l'éloquence qu'il avait déployée devant une si belle compagnie, que parce qu'il avait parlé d'eux, accueillirent sa dernière plaisanterie par un éclat de rire vigoureux. — Le maître avait leur approbation.

Les invités de M. Ambert s'empressèrent alors autour de cès hommes qui venaient de risquer leur vie et se trouvaient heureux d'un simple remercîment.

— Allons, mes enfants, dit celui-ci, on vient d'allumer un bon feu, vous allez sécher vos habits, après quoi, je vous caserai quelque part jusqu'à demain matin.

— Merci, Monsieur, dit le maître, mais il faudra que vous ayez la bonté de dresser un petit bout de procès-verbal que nous signerons tous les cinq, au sujet de la baleinière cassée. Elle devra être remplacée, et pour que le capitaine soit en règle vis-à-vis de l'armement, votre papier est nécessaire.

— Soyez tranquille, nous arrangerons tout cela.

— Eh bien, voilà nos hommes, dit M. Ambert à ses hôtes, lorsque le maître eut quitté le salon. Celui-ci oublie qu'il vient d'accomplir un acte de dévouement pour penser à sa baleinière brisée dont le capitaine doit compte à l'armement. Il sait que l'armateur ou propriétaire du navire ne se paie que de raisons appuyées de preuves pour reconnaître une dépense non prévue. Ce brave maître, j'en suis certain, se reproche le bris de sa baleinière sans penser qu'il vient d'exposer ses jours pour sauver ceux de ses semblables.

Lorsqu'on se retira, M. Ambert fit reconduire Jacques et André chez eux en leur promettant d'aller les voir le lendemain matin.

— Et si la malle de Calcutta vient, ajouta-t-il, je vous enverrai vos lettres de suite.

Arrivés à l'hôtel, ils trouvèrent La Chance qui les attendait. Il était sous la verandah étendu dans un fauteuil à palettes, et fumant son cigare.

Quand ses jeunes maîtres n'étaient pas là, La Chance prenait des libertés.

Il s'empressa cependant de faire auprès d'eux son service du soir, tout en leur racontant ce qu'il avait vu et observé de nouveau.

Pendant qu'il parlait, il faisait briller avec affectation une grosse bague qu'il avait à l'annulaire de la main droite. Tantôt il se caressait la moustache, tantôt il se passait la mainsur le front. Il était impossible de ne pas remarquer un bijou si bien mis en évidence.

— Tu as, il me semble, une belle bague, lui dit Jacques.

— C'est un achat que je viens de faire; j'ai profité d'une bonne occasion.

— Peste, il n'y a pas cinq heures que nous sommes débarqués, et tu as déjà des occasions pour te procurer des pierres précieuses.

— Je ne m'appelle pas La Chance pour rien. Et vous savez, Monsieur, que je me connais un peu à tout cela.

La Chance avait la prétention de se connaître à tout.

— Voyez le beau saphir. Et il montra aux jeunes gens un saphir monté à la mode du pays sur un cercle d'or.

— Quelle belle couleur, ajouta-t-il, combien le bleu est pur, quel éclat!

La pierre était magnifique, en effet.

— Mais comment l'as-tu eue?

Ah! voilà, c'est tout une histoire. Après le dîner, à la brune, j'étais allé me promener sur les fortifications, lorsqu'un homme du pays m'accoste et me demande si je suis un des passagers du *Tigre*. Je lui réponds affirmativement, et il me raconte qu'il a trouvé un beau saphir, qu'un de ses camarades l'a taillé, mais qu'il ne veut pas le vendre dans l'île, parce qu'il lui faudrait donner des explications et ensuite payer des droits élevés au fisc. Achetez-le-moi, Monsieur, me dit-il, c'est une occasion comme vous n'en rencontrerez pas. Quoiqu'il y ait à Ceylan des saphirs, des rubis, des pierres précieuses de toutes sortes, on les vend très-cher, et les saphirs de la grosseur de celui-ci sont rares. En Europe, on ne l'aurait pas pour beaucoup d'argent. Et il me faisait briller sa pierre à la lueur du réverbère.

— Venez demain matin me l'apporter à l'hôtel, lui dis-je, je pourrai le voir mieux.

— Non, Monsieur, dit-il, je n'ai aucune raison pour aller vous trouver, cela me ferait remarquer.

— Emportez la pierre, j'ai bien confiance, examinez-la à votre aise, et si elle vous plaît, vous la garderez et me donnerez cent vingt-cinq roupies (300 fr.). Ne la montrez à personne, vous me feriez grand tort.

— J'étais bien décidé à ne pas donner 300 francs pour cette bague, cependant je la pris et l'apportai ici, où je lui fis passer un examen sérieux.

Elle n'a pas de défaut, pas une tache, pas une rayure, et il fallait vraiment que l'indigène eût bien besoin de s'en débarrasser pour n'en demander que 300 fr. Ce qui le décidait, c'est qu'il croyait que j'allais quitter Pointe-de-Galle avec le *Tigre*.

— En tous cas, cela était assez louche. Tu devais t'abstenir de faire cet achat.

— Quel mal y a-t-il ? dit La Chance, je ne suis pas chargé d'assurer le paiement du fisc anglais. Enfin je mets cinquante roupies dans ma poche et je reporte la pierre.

— Vous ne la prenez pas, me dit l'indigène; vous avez tort, Monsieur, et il s'éloigne comme s'il n'avait plus rien à me dire. — Ma foi, cela me pique, je cours après lui. Écoutez, lui dis-je, je ne vous rends pas votre pierre parce que je la trouve laide, mais parce que je n'ai pas assez d'argent pour la payer.

— Combien avez-vous ? me demanda-t-il.

— Cinquante roupies, que j'ai là sur moi.

— Écoutez, me dit–il, laisser un pareil saphir pour cinquante roupies, c'est le donner, mais j'aime mieux vous le donner que de le garder. J'attendrai peut-être longtemps avant de m'en dé- faire ici, prenez-le, mais en Europe ne l'abandonnez pas à moins de 400 roupies (1,000 fr.).

— Et voilà, termina La Chance, comment j'ai une si belle bague.

Je vais la mettre de côté pour ne pas attirer l'attention, mais je veillerai les occasions. Je vois maintenant pourquoi les voyageurs qui reviennent de ces pays-ci ont toujours leur fortune en pierreries.

LES PRÊTRES DE BOUDDHA.

LE JARDIN DES CANNELLIERS.

CHAPITRE II

Une lettre de Calcutta. — Itinéraire de voyage. — Où l'on apprend pourquoi Jacques et André venaient dans l'Inde. — La Chance. — Les marchands cingalais. — Avis aux voyageurs. — Le jardin des Cannelliers. — Rencontre d'un crocodile. — Comme quoi les singes sont des personnages dans l'Inde. — Les prêtres de Bouddha. — Waëkuela. — La Chance renonce au projet de mettre sa fortune en pierreries.

Le lendemain matin, M. Ambert envoya une lettre arrivée la nuit par la malle de Calcutta. Elle était adressée à Jacques qui, après en avoir pris connaissance, eut un mouvement de mauvaise humeur assez marqué.

— M. Rivière nous envoie à Bombay, dit-il à son frère, et de Bombay il nous fait faire un voyage impossible pour aller le retrouver dans je ne sais quelle ville de l'intérieur.

— Tant mieux, dit André, tant mieux, j'étais désolé de penser que nous allions retourner à bord d'un autre bateau à vapeur, nous renfermer encore dans une cabine et arriver dans sept ou huit jours à Calcutta sans avoir vu de l'Inde autre chose que cet hôtel et la salle à manger de M. Ambert. Mais pourquoi allons-nous à Bombay ?

— Lis toi-même, dit Jacques, qui malgré son calme habituel laissait décidément percer les marques d'une vive contrariété.

M. Rivière, oncle par alliance de nos jeunes gens, leur écrivait qu'obligé de quitter Calcutta, sa résidence habituelle, afin d'aller pour ses affaires à Jubbulpore dans les provinces centrales de l'Inde, il les engageait à aller à Bombay et de là à venir le rejoindre à Jubbulpore d'où ils reviendraient ensemble à Calcutta.

« Je vous préviens, mon cher Jacques, disait-il en terminant, « que mademoiselle ma fille prétend que le cheval me fatigue, aussi « renonce-t-elle à ses longues chevauchées journalières. Elle a « peut-être bien raison, mon cher ami, voici quelques années que je « suis dans l'Inde et je me sens plus vieux que je le voudrais. Arri- « vez donc vite pour être le cavalier de votre cousine comme au- « trefois. Nous ne manquons pas de jeunes et charmants écuyers « qui s'offrent avec empressement à accompagner mademoiselle « Laure, mais jusqu'à présent, je n'ai pas profité de leurs offres.

« Quant à la cousine Rose, qui monte un petit diable de poney à « tous crins, elle fait sérieusement dresser un bœuf trotteur pour « servir de monture à son ami André dont elle se rappelle les mé- « saventures équestres pendant les dernières vacances passées en « commun. »

— Je comprends, dit André, regardant son frère en souriant, tu aurais voulu arriver le plus tôt possible pour que notre pauvre oncle ne se fatiguât pas davantage à monter à cheval et surtout pour éviter aux jeunes et charmants cavaliers la peine de renouveler leurs offres.

— Et toi, dit Jacques, tu aimes mieux la route la plus longue, afin qu'on ait le temps de dresser ton bœuf.

— Je t'assure que mademoiselle Rose me paiera cette mauvaise plaisanterie. Je ne servirai pas de but à ses moqueries comme à Champrosay.

— Je ne crois pas que mademoiselle Rose se gêne davantage aujourd'hui.

— Nous verrons; quant à Laure, il me semble qu'en France elle n'avait pas un goût si prononcé pour le cheval.

Jacques se mordit la lèvre et ne répondit rien. Il appela La Chance et le chargea de s'informer de suite comment on allait à Bombay. Celui-ci remonta bientôt. On allait à Bombay par la malle anglaise, ou par un bateau à vapeur qui faisait un service à petite vitesse et s'arrêtait à toutes les villes importantes de la côte de Malabar. Ce dernier partait dans trois jours.

— J'aimerais assez ce bateau, dit André, nous serons plus longtemps en mer, mais le voyage aura plus d'intérêt.

Avant de continuer le récit des aventures de nos jeunes voyageurs, nous demandons au lecteur la permission de les lui présenter.

Jacques et André étaient les fils d'un brave officier qui, après avoir gagné ses grades en Afrique, en Crimée et en Italie, s'était retiré avec sa pension de colonel et celle de sa croix de commandeur. Ces ressources jointes au produit d'un petit bien qu'il avait en Touraine, du chef de sa femme, constituaient toute sa fortune.

Son fils aîné, Jacques, avait une profonde antipathie pour l'état militaire et pour l'administration. Il avait été témoin des tourments et des anxiétés qu'éprouvait sa pauvre mère pendant les campagnes du colonel, et il savait par quels dangers et par quelles fatigues son père avait acheté tous ses grades.

D'un autre côté, il ne se sentait pas le courage de rester pendant des années dans une administration pour atteindre une position qu'il espérait se faire plus promptement dans les affaires ou dans une carrière libérale. Il avait été encouragé dans ces idées par un de ses oncles, beau-frère de sa mère, qui possédait un grand établissement commercial dans l'Inde.

A dix-huit ans, après avoir été reçu bachelier, Jacques était donc entré dans une de nos grandes maisons d'exportation. Il avait appris au lycée à traduire l'anglais tant bien que mal et à déchiffrer un peu d'allemand, ce qui lui permit d'occuper de suite un emploi un peu au-dessus de ceux par lesquels on débute ordinairement.

Après deux ans de travail assidu, sa persévérance fut récompensée. Sa maison l'envoya à son agence de Londres avec une belle position.

Il y était depuis trois ans et avait été chargé de différentes missions en Allemagne et en Italie, lorsque son oncle M. Rivière lui proposa de venir à Calcutta. Il avait d'importantes relations d'affaires avec la maison de Jacques, et avait été tenu au courant de la conduite de son neveu. Se sentant fatigué et voulant se retirer des affaires à temps pour jouir encore de la fortune qu'il avait acquise, il l'avait appelé auprès de lui afin d'avoir un aide jeune, intelligent et actif à qui il pût d'abord confier une part de son fardeau et peut-être ensuite le lui laisser tout entier.

Jacques avait accepté avec empressement une offre qui lui ouvrait un bel avenir; ses parents, quoique malheureux d'une séparation qui devait durer plusieurs années, ne voulurent point s'opposer à sa résolution, et les préparatifs du départ avaient été poussés avec activité. Dans le fond de son cœur, Jacques était plus heureux qu'il n'osait le dire d'aller à Calcutta.

La fille de M. Rivière, mademoiselle Laure, avait été amenée à Paris par sa mère pour y faire son éducation. Mais madame Rivière étant morte deux ans après son arrivée, madame Dambrun, sa sœur, l'avait remplacée auprès de la jeune fille. Élevée dans un couvent à Paris, elle venait passer chez sa tante les jours de congé. Aux grandes vacances, tout le monde allait en Touraine, à la ferme

de la famille dont Jacques et André lui faisaient les honneurs de
leur mieux.

La cousine Rose était la fille d'un parent de M. Rivière établi
auprès de lui à Calcutta. Elle avait été envoyée au couvent où était
Laure qu'elle accompagnait chez M. Dambrun les jours de congé
et aux vacances.

Lorsque les jeunes filles eurent terminé leur éducation, M. Rivière vint les chercher et les emmena à Calcutta ; cette séparation
avait été bien triste quoiqu'il eût assuré qu'il reviendrait bientôt
demeurer définitivement en France.

Les intérêts de M. Rivière dans l'Inde étaient trop importants
pour qu'il pût tenir facilement sa promesse, et près de deux ans
s'étaient écoulés sans que l'on parlât de son retour. Il avait au
contraire mandé Jacques auprès de lui.

André venait de terminer ses études et était indécis sur le choix d'une carrière. Pressé par son frère dont il partageait les idées et animé du désir de faire un beau voyage, il avait écrit à M. Rivière qui lui avait répondu de venir avec Jacques.

La Chance était un enfant de troupe qui, malgré le zèle des moniteurs du régiment, n'avait pas pu devenir un grand clerc. A force de consignes et de stations à la salle de police il avait appris à lire et à écrire, c'était tout. En revanche il était de première force sur le clairon.

Bon cavalier, alerte, actif, excellent soldat, il aurait pu, s'il avait eu un peu d'ambition, faire son chemin tout comme un autre, car il était intelligent, mais en fait d'avancement, il avait des théories particulières. — Quand un soldat fait bien son service, disait-il, il est tranquille, personne n'a le droit de le tourmenter; mais un officier! allons donc! Le commandant est ennuyé par tous les

hommes de son escadron et le colonel par tous ceux de son régiment, ce n'est pas un métier.

On conçoit qu'un semblable raisonnement n'eut pas pour
résultat de faire porter La Chance sur le tableau d'avancement.

Le régiment de chasseurs à cheval commandé par M. Dambrun
fut envoyé en Italie pendant la campagne. Le colonel prit comme
ordonnance La Chance qui déploya un zèle et un dévouement à
toute épreuve et reçut une blessure à côté de lui dans un engage-
ment. La médaille militaire avait été la récompense de cette belle
conduite.

Lorsque le colonel quitta le service, il emmena La Chance qui
devint le favori des jeunes gens.

Il fut leur maitre d'équitation et d'exercice. Il aurait voulu joindre
à ces titres celui de professeur de danse, mais on avait fini par lui
faire comprendre que le pas du zéphir, qu'il exécutait avec une lé-
gèreté remarquable, était trop compliqué pour les salons de Paris.
Laure et Rose avaient été aussi ses élèves et il en avait fait d'élégantes écuyères.

Lorsque Jacques fut envoyé en Angleterre, il y alla aussi, et
l'accompagna ensuite en Allemagne et en Italie, ce qui avait, disait-
il, sérieusement complété son éducation. Il est vrai qu'il avait appris
l'italien dans ses différentes garnisons en Italie et l'anglais pendant
son séjour avec Jacques en Angleterre. Il parlait facilement ces
deux langues auxquelles il joignait une petite dose d'allemand.

Il pouvait, en outre, faire un peu de cuisine, un savonnage au
besoin et prendre l'aiguille quand il le fallait.

Il avait trente-deux ans et il était depuis sept ans avec Jacques et
André qui le traitaient moins comme un domestique que comme
un compagnon.

Le voyage des deux jeunes gens dans l'Inde lui aurait paru impossible s'il ne les eût pas accompagnés. Cette opinion était par-
tagée par M. et Mme Dambrun, Jacques et André, il partit avec eux.

Après avoir donné à Jacques les renseignements sur les moyens d'aller à Bombay, il avait entendu dire que l'on partait dans trois jours.

— Où allons-nous dans trois jours, monsieur Jacques ? demanda-t-il.

— Nous partons pour Bombay.

— Pour Bombay, il me semble que cette étape n'est pas sur notre feuille de route.

Jacques lui apprit que l'itinéraire était changé.

La Chance ne fit aucune réflexion. Ainsi qu'André, il préférait le voyage par Bombay; mais il n'en dit rien à cause de Jacques qui ne paraissait pas satisfait.

A sa lettre, M. Rivière en avait joint plusieurs pour des amis de Bombay.

En attendant M. Ambert qui leur avait fait dire qu'il viendrait bientôt les prendre pour faire une excursion, Jacques et son frère descendirent au salon écrire leurs lettres, après quoi ils s'installèrent sous la vérandah.

Ils furent bientôt assaillis par une quantité de marchands indigènes. Les uns vendaient des éléphants en bois d'ébène, d'autres des manches à couteaux en dents d'éléphant, d'autres encore des bijoux, des boîtes en bois de sandal, des cannes, des paniers, des parasols, des éventails, des étoffes. Rien n'égale la mauvaise foi de ces marchands, et les voyageurs ne sauraient trop se mettre en garde contre leurs manœuvres.

Leur importunité est sans limite, Jacques et André en firent l'expérience.

A peine assis pour lire les journaux, ils furent interrompus par un bourdonnement monotone semblable à celui de nos mendiants d'Europe.

— Achetez, achetez quelque chose, Monsieur, Monsieur.

Si on a le malheur de lever la tête, immédiatement il vous présente l'objet qu'il veut échanger contre vos roupies. Vous faites signe que non.

— Ah, ah! Monsieur, achetez.

— Non, non. Et vous vous remettez à lire. Le bourdonnement recommence. Vous feignez de ne pas y faire attention ; le marchand a de l'expérience, il sait bien qu'il vous ennuie, qu'il vous obsède, mais il connaît les voyageurs, il en a déjà vu des milliers ; à cette même place où vous êtes, il a manqué deux cents fois d'être jeté dans la rue par les moins patients, mais il a rarement été jeté dans la rue et il a toujours vendu.

Toujours vendu, c'est-à-dire toujours réalisé sur le crédule Européen un bénéfice de 300 pour 100. Car cet homme dont le corps est à moitié nu, ce sauvage à peau noire que vous méprisez, ne se fait aucun scrupule de se payer de vos mépris en profitant de votre ignorance.

— Jolis boutons de manchettes, jolie épingle.

— Non, vous avez refusé tout, vous ne voulez plus rien voir, cependant l'article paraît si curieux que vous vous laissez tenter. C'est ce qui arriva à nos amis.

Jacques vit tout d'un coup sur son journal une collection de bijoux indigènes, des éléphants, des singes, des panthères en argent, montés de toutes les façons. Il acheta quelques menus objets en pensant qu'ils seraient les bienvenus à Calcutta.

— Aussitôt le marchand de boîtes s'avança ; il prit délicatement ce que Jacques venait d'acheter, le mit avec soin dans une jolie boîte en bois de sandal, et la lui donna, en disant, six roupies, la boîte 15 francs.

— Non, dit Jacques. Le marchand prit un air suppliant.

— Notre cadeau fait beaucoup mieux dans cette boîte — prenons la — et ainsi de couteaux à papier en écailles, de bracelets et de petites sculptures en bois d'ébène.

Le marchand de paniers insinua alors qu'un panier était néces-

saire pour mettre ce qu'on venait d'acheter. On prit encore un panier en riant. — Enfin, La Chance venait de s'offrir une magnifique canne en bois d'ébène, lorsque M. Ambert arriva. On lui montra les emplettes.

— Avez-vous payé tout cela ?

— Non, nous allions le faire.

— Laissez-moi régler à votre place.

Les marchands ne parurent pas satisfaits ; ils se récrièrent, invo-
quèrent le marché conclu.

Rien n'y fit. Ils n'eurent que le choix de reprendre leurs marchandises ou d'accepter des prix raisonnables. Ils se résignèrent à cette
dernière extrémité.

Maintenant, je vous enlève, dit M. Ambert. Je vais vous faire
conduire au *Cinnamon-Garden* (Jardin des Cannelliers), une des
promenades de Pointe-de-Galle.

En route, Jacques lui fit part des nouvelles qu'ils avaient reçues
de Calcutta et de leurs projets de départ.

M. Ambert les approuva.

— Vous avez, dit-il, le temps de débarquer à Colombo, capitale
de l'île. C'est une ville encore assez curieuse, quoique bien déchue
de son ancienne splendeur. Elle est aujourd'hui la résidence du
gouverneur et le siége de l'administration anglaise.

Après un repos de quelques heures pendant la grande chaleur,
Jacques et André partirent pour le jardin des Cannelliers, dans une
voiture de louage que M. Ambert avait envoyé chercher pour eux.
Car on trouve à louer des voitures à Pointe-de-Galle aussi bien
qu'à Paris ; et peut-être sont-ce les mêmes voitures que celles
de Paris, seulement, elles arrivent à Ceylan après avoir servi
un demisiècle chez nous. Le prix est une roupie (2 fr. 50), la
course.

M. Ambert avait son domestique comme interprète. La Chance,
qui était venu trouver ses maîtres, les accompagnait.

Après avoir repris le chemin du port, on arriva au bazar. C'est le véritable marché de nos petites villes de province. On y vend de tout, des fruits, des légumes, du poisson, de la viande.

On distingue tout de suite les deux races qui habitent Pointe-de-Galle : les Cingalais, descendants des anciens habitants de l'île, et les Musulmans.

Les premiers suivent la religion de Bouddha et sont agriculteurs ou pêcheurs. A peine vêtus, ils habitent de pauvres cabanes couvertes en feuilles de bambou.

Les seconds, qui ont hérité de l'esprit mercantile de leurs ancêtres, font le commerce et se livrent aux grandes entreprises. Ils ont des habitations élégantes, souvent des voitures et des domestiques.

Lorsque, dans le seizième siècle, les Portugais abordèrent à l'île de Ceylan, les Musulmans avaient tout le commerce entre leurs mains. Au commencement du siècle suivant, quand les Hollandais chassèrent les Portugais, les Musulmans jouaient encore un rôle important dans les affaires commerciales de l'île. Depuis que les Anglais ont à leur tour pris Ceylan aux Hollandais et qu'ils sont maîtres du pays, les Musulmans leur font concurrence dans les affaires. Ils sont fins, rusés et persévérants, ne s'occupent pas de politique et sont reconnaissants aux Anglais des améliorations qu'ils apportent dans le pays et dont ils profitent eux-mêmes.

En quittant le bazar, nos voyageurs entrèrent dans un bois de cocotiers où se montraient çà et là quelques maisons habitées par des Européens.

De temps en temps, dans des éclaircies de bois, on voyait des champs de riz bien entretenus. La végétation était magnifique. Le jardin des Cannelliers n'offrait rien de bien curieux. C'est une plantation de ces arbres au milieu de laquelle est un petit cottage où l'on vend de la bière, du thé et autres rafraîchissements.

Jacques et André admiraient de jolies fleurs au bord d'une rivière qui coule au bout de ce jardin, lorsqu'ils virent un animal horrible sortir doucement de l'eau à quelques pas d'eux.

C'était un crocodile, jeune probablement, car la longueur de son corps ne dépassait pas cinq pieds anglais. Il fixa son regard glauque sur les jeunes gens, et rentra dans la rivière, mais sans se presser et sans paraître craindre une attaque. A peine avait-il disparu qu'un peu plus loin, il sortit la tête de l'eau. Il était presque sur le bord regardant toujours les jeunes gens et ouvrant une large gueule.

— Voici un particulier qui n'est pas timide, dit La Chance, j'ai envie d'aller lui donner de ma canne sur le nez, pour lui apprendre à regarder ainsi les gens.

— La Chance, laisse cette bête tranquille, dit André; ce crocodile doit appartenir à l'établissement. Il est probablement attaché par une chaîne que nous ne voyons pas. C'est une des curiosités du *Cinnamon-Garden*. Il en est peut-être ici de même que dans certains pays où l'on a des crocodiles apprivoisés.

A ce moment, un domestique venait apporter aux visiteurs des cannes en bois de cannellier. André lui montra l'animal.

— Oh, *Killit*, tuez-le, cria-t-il, je vais chercher un fusil. Il disparut du côté de la cabane et revint avec un fusil qu'il présenta à Jacques. Mais le crocodile, comme s'il eût compris les paroles peu charitables du domestique, était entré dans l'eau, et il ne reparut plus. On se mit en embuscade, on l'attendit, ce fut peine inutile.

— Tu n'aimes pas les crocodiles? lui demanda La Chance.

— Oh ! non, méchant, voleur, vilaine bête, beaucoup dans la rivière, eux manger tout, détruire tout, pas bon à approcher, dangereux, manger vos jambes.

— Par exemple, dit La Chance, avec cela que je l'aurais laissé faire.

— Ah, dit le Cingalais, lui malin, lui voir vous rien dans les mains, lui bien tranquille et sauter sur vos jambes.

— Diable, dit La Chance, une autre fois, je ferai attention.

En passant devant un arbre au pied duquel était attaché un grand singe, le domestique s'arrêta en disant à La Chance.

— Ça, bon ami, voilà bon ami ! Et il fit au singe des caresses que celui-ci lui rendit, avec de grandes démonstrations de plaisir.

— Bon ami, donne la patte, dit La Chance, en s'approchant de l'animal.

Mais au son de cette voix inconnue et à l'aspect de ce visage nouveau, le singe fit un bond en arrière et s'accroupit au pied de l'arbre. La Chance avança, le singe grinça des dents ; La Chance leva sa canne, deux exclamations furieuses retentirent ; le domestique et un jardinier qui était près de là se jetèrent devant lui en le regardant d'un air menaçant.

— La Chance, dit vivement Jacques, tu vas faire une imprudence ; celui-ci s'arrêta et abaissa son bâton. Les deux Cingalais reprirent leur physionomie calme et apathique. En quittant le jardin, on leur donna une roupie, et toute trace de mécontentement disparut.

— Tu ne connais donc pas l'histoire de Rama ? demanda Jacques à La Chance, lorsque la voiture recommença à rouler.

— Je n'en ai même jamais entendu parler.

— Eh bien, écoute-la, et fais-en ton profit, pendant que tu seras dans l'Inde.

Rama était le fils d'un roi d'Oude qui, après avoir parcouru le monde et éprouvé beaucoup d'aventures, vint faire la guerre à Ravana, roi de Lanka (Ceylan) dont il avait à se plaindre. Il prit son royaume, et le fit périr. Il fonda ensuite un État sur la côte de l'Inde en face de Lanka, donna des lois aux hommes, leur enseigna la religion, l'agriculture, les arts et monta au ciel où il est adoré comme la septième incarnation de Vichnou.

— Mais quel rapport cela a-t-il avec la bête qui me faisait des grimaces.

— On dit que Rama vint attaquer Ceylan avec une armée de singes, et c'est en souvenir de leur belle conduite envers un Dieu qu'ils vénèrent que ces animaux jouissent parmi les Hindous d'une si grande considération. Tu t'exposais beaucoup en voulant en maltraiter un, et je t'engage à ne jamais recommencer.

— On dit aussi, reprit le domestique de M. Ambert, qu'il avait pris lui-même la forme d'un grand singe.

— Ah ! vois-tu, dit André.

— Et les Anglais doivent le respecter, parce que c'est lui qui a fait le charbon de terre.

— Je ne savais pas cela, dit Jacques.

— Pendant qu'il allait à la bataille, il brûla au soleil le bout de sa queue qui était très-longue. Pour éteindre le feu, il la trempa dans la mer, mais elle perça le fond, entra dans la terre au-dessous de nous, la terre échauffée produisit la houille. Le brave indigène paraissait convaincu de la véracité de cette histoire.

A quelque distance de la ville, nos voyageurs furent témoins d'une pratique étrange. Un vieillard malade était étendu devant sa porte et un grand nombre d'indigènes, ses parents et ses amis, sans doute, dansaient autour de lui en faisant des contorsions atroces et en poussant des cris infernaux.

Ces danses et ces cris devaient, paraît-il, chasser le mauvais esprit du corps du malade qui, aussitôt délivré, reviendrait à la santé. Cette scène avait un caractère de sauvagerie lugubre, qui émut péniblement nos amis. Ils ne pouvaient pas croire que de notre temps encore, de pareilles croyances existassent, surtout dans un pays gouverné depuis si longtemps par un peuple européen.

Une partie de la journée du lendemain fut consacrée à visiter Vaïkuela, endroit délicieux situé à quelques milles de Pointe-de-Galle. C'est une excursion charmante, mais le voyageur qui ne veut pas éprouver de mécompte doit avoir soin d'emporter avec lui des provisions de bouche. On aura beau l'assurer qu'il y a un excellent restaurant à Vaïkuela, qu'il ne le croie pas et qu'il prenne ses précautions. Jacques et André avaient fait chez M. Ambert la connaissance d'un jeune officier de la marine royale qui demeurait aussi à *Sea Wiew hotel.* Il s'était montré plein de prévenance pour eux, leur avait donné ces mille petits détails si utiles aux voyageurs novices et leur avait promis des lettres de recommandation pour des amis à Bombay. Jacques l'engagea donc à venir déjeuner à Vaïkuela. On monta gaiement en voiture, et l'on partit afin d'arriver avant la grande chaleur.

Après avoir suivi le bord de la mer, dont la plage est charmante, ils mirent pied à terre et, en entrant dans un fourré de cocotiers où se trouvait abrité un joli petit temple, ils furent salués par plusieurs insulaires qui recevaient eux-mêmes des marques de respect des autres indigènes. Leur vêtement se composait d'une pièce d'étoffe jaune qui leur couvrait à peine la moitié du corps; ils avaient de grands éventails en feuilles de palmier, et l'un d'eux était garanti du soleil par un parasol que portait derrière lui un jeune garçon.

— Qui sont ces messieurs de jaune si peu habillés? demanda La Chance.

— Ce sont des prêtres de Bouddha, dit l'interprète.

— Bouddha! murmura La Chance après avoir cherché pendant quelque temps dans sa mémoire, Bouddha, encore un particulier du pays que je ne connais pas.

— C'est, lui dit André, le fondateur de la religion bouddhiste.

— Ah! très-bien, dit La Chance, la religion bouddhiste! connais pas davantage. Ah ça, mais dans ces pays chauds, ils ont donc une religion pour chaque endroit? En Afrique, c'est Mahomet, ici c'est Bouddha, et puis après?

— Et puis après, repartit André en riant, tu vas voir chez les Hindous le culte de Brahma et de ses incarnations.

— Excusez du peu, il y a du choix.

— Parmi toutes ces religions, reprit André, le bouddhisme est la plus ancienne; elle a été fondée, dit-on, au septième siècle avant Jésus-Christ, et, aujourd'hui encore, elle a environ 150 millions d'adeptes dans l'île de Ceylan, dans l'Hindoustan, en Chine et au Japon. Cakya, qui en est le fondateur, reçut à cause de sa science le titre de Bouddha, c'est-à-dire l'éclairé, le savant, et donna son nom à la religion.

Le bouddhisme a d'abord fleuri dans l'Inde pendant plusieurs siècles; mais, chassé par le brahmanisme, il s'est répandu dans les pays voisins où il a jeté des racines profondes. Au contraire de la religion de Brahma que certaines classes privilégiées peuvent seules connaître, celle de Bouddha est enseignée à tous, sans distinction de castes, aux plus pauvres comme aux plus riches. Elle proclame tous les hommes égaux sous le rapport religieux et ordonne la pratique de six perfections : l'aumône, la morale, la science, l'énergie, la patience et la charité.

— Eh bien, dit La Chance, si les gens que nous venons de voir donnent l'exemple de tout cela, il n'y a trop rien à dire.

Ils continuèrent leur promenade et arrivèrent bientôt au pied d'une colline assez élevée. Il fallut en gravir la moitié à pied, car la voiture n'était pas assez solide pour faire l'ascension.

Le cocher indiqua au bas de la montée un endroit où il attendrait les voyageurs. Lorsque ceux-ci parvinrent au terme de leur route, ils jouirent du plus beau spectacle qu'il soit donné à l'homme de contempler. A leurs pieds se déroulait une immense vallée bor-

dée de bois qui s'étendaient à droite et à gauche à perte de vue.
Une jolie rivière dessinait ses méandres capricieux au milieu de ri-
zières et de champs de cannes à sucre et allait se perdre au pied de
montagnes qui formaient le fond de ce tableau enchanteur.

— Quel ravissant endroit! dit André, on voudrait passer sa vie
ici. On aurait tous les plaisirs, la pêche, la chasse, les longues
promenades.

— Tout cela n'est peut-être pas aussi facile que vous le pensez,
dit l'officier en lui passant une excellente lorgnette qu'il avait en
bandouillère, regardez donc un peu ce que l'on aperçoit sur les
bords de cette jolie rivière.

— Mais, dit André, si je ne me trompe, ce sont des crocodiles,
j'en vois un, deux, trois! Allons, je renonce à la pêche.

— Quant à la chasse, lorsque vous vous serez trouvé plusieurs
fois en face d'une panthère ou d'un tigre après être parti pour tirer
des perdrix, elle vous tentera moins.

Le maître du restaurant, cingalais, habillé à l'européenne, vint
prendre les ordres pour le déjeuner.

André commanda du poisson, du gibier et un rôti.

— Oui, Monsieur.

Il se retira en saluant profondément. Une demi-heure, trois
quarts d'heure se passèrent sans apparence de repas. Le maître de
l'hôtel lui-même n'avait plus l'air d'y penser. Il était assis dans un
coin de la verandah et buvait et fumait tranquillement avec ses amis.

Jacques alla lui demander si le déjeuner avançait.

— Rien n'est encore arrivé, dit l'homme.

— Quoi, rien ?

— Le poisson, le gibier, le rôti.

— D'où cela arrive-t-il ?

— De la ville.

— Mais, malheureux, si vous avez envoyé chercher cela depuis
notre arrivée, nous ne déjeunerons pas avant quatre heures d'ici.

— Je n'ai pas besoin d'envoyer chercher, on m'apporte tous les jours ce qu'il faut.

— Si vous m'en croyez, n'attendez pas davantage, dit l'officier; qu'il nous donne ce qu'il a.

L'homme avait des œufs et des côtelettes de mouton. Il apprêta le tout d'une façon exécrable et présenta une note ridiculement élevée.

Il s'était vanté en disant qu'il attendait des provisions de la ville, il n'avait jamais eu l'idée d'en faire venir.

Lorsque le déjeuner fut terminé, plusieurs marchands qui attendaient le moment de faire leurs offres exhibèrent leurs articles.

Parmi eux était un marchand de pierreries, Jacques et André en marchandèrent quelques-unes, entre autres des saphirs. Les prix n'en étaient pas très-élevés, mais la couleur n'avait pas la pureté de celle que La Chance avait achetée l'avant-veille à Pointe-de-Galle, le bleu n'était pas aussi franc.

— Fais-lui voir ton saphir, dit Jacques à La Chance; celui-ci s'empressa de tirer sa bague d'un petit étui.

Le marchand, après l'avoir examinée attentivement, la rendit en disant :

— Ce n'est pas une pierre de Ceylan.

— Comment, pas une pierre de Ceylan ! d'où est-elle alors ?

— De Paris, dit imperturbablement le marchand.

Le pauvre La Chance avait acheté un saphir fabriqué à Paris et valant huit ou dix francs.

Bien en prit au marchand de ne pas rester longtemps, car La Chance le regardait d'une façon peu amicale. Il est à présumer d'ailleurs que celui-ci n'était pas plus honnête que son confrère, car il offrait de laisser pour quarante francs un lot pour lequel il avait demandé cent cinquante francs.

En rentrant le soir à l'hôtel, nos voyageurs apprirent que le *City of Bombay*, bateau à vapeur faisant le service de la côte, était arrivé et qu'il quittait le lendemain matin Ceylan pour Bombay.

LE PORT DE GOA.

CHAPITRE III

Départ de Pointe-de-Galle. — Colombo-Travancore. — Cochin. — Calicut-Bombay. — Un bungalow. — La Chance trouve que dans l'Inde il y a trop de serpents et de scorpions. — Les Parsis. — Cérémonies funèbres des Parsis. — Les Tours du silence. — Visite à une famille parsie. — Mœurs et usages.

Hurrah ! pour le *City of Bombay,* c'est un joli bateau, disait le lendemain La Chance en se promenant sur le pont du steamer à bord duquel nos voyageurs avaient quitté Ceylan le matin. — Il file bien, et si nous nous arrêtons un peu en route, il regagnera le temps perdu.

Le *City of Bombay* la *Ville-de-Bombay* était en effet un joli steamer, fin, bon marcheur et très-bien aménagé.

Le premier point de relâche fut Colombo, ancienne capitale de l'île de Ceylan, aujourd'hui résidence du gouverneur anglais. Nos amis visitèrent cette ville en deux heures, admirèrent d'anciennes églises bâties autrefois par les Portugais et revinrent à bord après avoir fait quelques emplettes qu'on leur fit payer le double de leur valeur.

— Les indigènes de Ceylan ne brillent décidément que par l'honnêteté commerciale, disait La Chance qui avait sur le cœur de sa transaction au sujet du saphir.

Colombo a été prise par les Portugais en 1517, par les Hollandais en 1613, et enfin, par les Anglais, en 1796.

On s'arrêta ensuite à Travandrum, capitale de Travancore, qui n'a jamais été soumis aux Mahométans. Une grande quantité d'indigènes sont catholiques, on les reconnaît au scapulaire qu'ils portent tous au cou. Le Rajah de Travancore est sous la souveraineté de la Grande-Bretagne. Celui qui règne aujourd'hui est un prince éclairé et ami des beaux-arts. Un officier supérieur passager à bord reçut la visite d'un monsieur J***, peintre européen, en résidence depuis quelque temps à la cour du Rajah qui faisait exécuter les portraits des membres de sa famille et ceux de ses ministres.

Les villes de Cochin et de Calicut intéressèrent ensuite Jacques et son frère à cause des souvenirs qu'elles rappellent.

Cochin fut la seconde station. L'aspect de la rade et de la ville abritée par de grands rideaux de palmiers et de cocotiers est charmant, ainsi que celui de tous les ports de l'Inde. Cochin a joué un grand rôle dans l'histoire de ces contrées, mais aujourd'hui ce n'est plus qu'un comptoir anglais. Le Rajah y réside, il est vrai, encore ; il y a sa cour et ses grands officiers, mais il est soumis à l'Angleterre qui entretient auprès de lui un envoyé, dont l'autorité est beaucoup plus effective que celle du Rajah.

En 1503, Vasco de Gama, pour protéger les établissements portugais, fit bâtir une forteresse à Cochin.

En 1663, les Hollandais prirent la ville ; en 1796 les Anglais s'en emparèrent, enfin en 1806 les fortifications furent démantelées et elle est restée ce qu'elle est aujourd'hui.

Arrivé devant Calicut, le capitaine dit aux passagers qu'il ne repartirait que le soir et que chacun était libre de se rendre à terre.

— Descendons-nous? demanda Jacques à son frère.

— Certainement, puisque nous en avons le temps; il faut voir le plus que nous pourrons.

Le *City of Bombay* était entouré de petites embarcations montées par des indigènes qui faisaient des appels réitérés aux voyageurs pour les engager à descendre. Mais ces embarcations n'inspiraient qu'une très-médiocre confiance à La Chance qui ne voulait pas que les jeunes gens s'exposassent à s'en servir pour aller à terre. C'étaient des barques longues et si étroites qu'une seule personne pouvait y prendre place avec les rameurs. Et encore devait-il être entendu que cette personne s'abstiendrait de tout mouvement brusque qui pourrait déterminer un accident. Il y avait un grand mille à faire en rade pour gagner le rivage.

— Monsieur André, Monsieur Jacques, j'espère que vous n'avez pas l'intention de vous embarquer là-dedans, dit-il aux jeunes gens.

— Pourquoi ?

— Parce què, ... je ne voudrais pas avoir l'air de vous traiter en petites filles et vous faire peur de tout ; mais franchement ces embarcations ne sont pas faites pour des gens comme vous et moi, pour des gens qui ont l'habitude de porter des vêtements..... des vêtements qui..... alourdissent considérablement..... le poids d'un homme et qui, en outre...... l'empêchent de se mouvoir à l'aise...... s'il tombe à l'eau.

Après cette longue phrase qu'il n'avait menée à bonne fin qu'avec peine, tant il craignait de contrarier ses jeunes maîtres par ses observations, il reprit d'une façon plus assurée :

— Ces gens-là, parbleu, ce n'est pas malin de leur part de voyager dans de pareilles coquilles de noix. Ce n'est pas leur toilette qui les gêne! Un morceau de calicot sur la tête et un autre autour de la ceinture. Et puis c'est leur métier.

— Vous avez raison, dit un des voyageurs anglais qui avait

entendu les observations du brave garçon, vous avez tout à fait raison et, pour mon compte, ces petits bateaux ne me plaisent pas. Il y a longtemps que je voyage sur cette côte du Malabar, et j'aime mieux me servir des grandes embarcations que vous allez voir arriver tout à l'heure. Comme vous le dites avec justesse, c'est le métier de ces gens; lorsque le canot chavire, ils le retournent et remontent dedans; mais je me sens incapable d'en faire autant. En outre, il y a tant de requins dans ces parages qu'il vaut vraiment mieux, habillé ou non, ne pas aller se promener sous l'eau.

— Des requins, s'écria La Chance, des requins! c'est une affaire entendue, nous attendrons d'autres moyens de transport.

Autant pour faire plaisir à La Chance que pour profiter de l'offre que leur fit leur compagnon de voyage de les guider dans leur première excursion à Calicut qu'il connaissait bien, Jacques et André ne cédèrent pas au désir qu'ils avaient de se rendre à terre le plus tôt possible. Ils n'attendirent pas longtemps d'ailleurs, et bientôt après ils quittèrent le steamer dans un canot monté par trois hommes.

— Cela n'est pas encore très-solide, dit La Chance, en frappant contre le bord.

— Cela n'est même pas solide du tout, reprit le voyageur que nous nommerons M. Wilcox, puisqu'il s'appelait ainsi, mais c'est construit pour ces parages. Ce sont des écorces réunies par de la toile. C'est très-léger et très-maniable.

— Savez-vous nager? demanda-t-il à ses compagnons.

— Oui.

— Très-bien. Je vous préviens donc que, lorsque nous allons arriver à la barre, s'il survient quelque chose, il faut vous tirer d'affaire vous-mêmes, car il ne viendra jamais l'idée à un de nos insulaires qu'un homme ne sait pas nager.

— Cependant, malgré les mauvais pronostics, le canot glissait légèrement sur la mer calme et unie comme un lac.

Les Hindous, pour charmer leurs passagers et, aussi, dans l'espoir d'une bonne récompense, chantaient en chœur des chansons de leur pays. La barre qui se faisait à peine sentir fut franchie presque sans secousse et l'embarcation échoua à quelques mètres du rivage. Des indigènes attendaient nos voyageurs et, les prenant sur leur dos, les transportèrent sur le sable sec de la plage.

— Calicut! premier port de l'Inde où aborda Vasco de Gama, je te salue! s'écria André.

— Eh bien, il était joli le premier port, dit La Chance, si ce Vasco de Gama a été obligé de débarquer, comme je l'ai fait, sur le dos d'un de ces gens couleur verte, je ne lui en fais pas mon compliment.

— Encore un que je ne connais pas, d'ailleurs, que Vasco de Gama.

— Eh bien, pendant que ces messieurs vont devant, je vais en deux mots te faire faire sa connaissance.

Vasco de Gama est un célèbre navigateur portugais qui ouvrit à son pays le commerce des Indes. Le premier port où il aborda en mai 1498 fut Calicut. Je ne veux pas te raconter son histoire, tu la liras si elle t'intéresse, et elle est intéressante. Sa mission était difficile, le commerce de Calicut, et celui de presque toute la côte de Malabar était entre les mains des Maures ainsi qu'il l'est encore à Ceylan. Très-bien reçu d'abord par les Zamorin ou Rajah de Calicut, Vasco de Gama fut ensuite obligé de se défendre contre les embûches que lui dressèrent les Maures. Il se fit des alliés des souverains environnants, entre autres de celui de Cochin, et enfin, après être allé chercher des navires en Europe, il revint à Calicut qu'il bombarda pour punir les offenses faites aux Portugais.

— Toujours la même chose, interrompit La Chance, on a toujours bombardé pour prouver que l'on avait raison.

Après avoir été oublié dans son pays pendant vingt ans, Vasco de Gama, reprit André, a été nommé vice-roi des Indes. Quelques mois après, il venait mourir à Cochin.

Tout en causant, ils rejoignirent Jacques et M. Wilcox qui les attendaient près d'un bâtiment d'assez belle apparence, quoique construit à la façon du pays.

— Mes chers messieurs, leur dit ce dernier, dans l'Inde on ne se promène pas au soleil ainsi que vous le faites. Quoique vous ayez eu la précaution de vous munir de parasols, la réverbération est assez forte pour vous donner une insolation. Rappelez-vous bien que le soleil est ici le plus grand ennemi des Européens. On peut s'habituer à la chaleur, aux changements de saisons, mais jamais on ne brave impunément les rayons du soleil. En arrivant d'Europe, on néglige souvent les précautions à prendre, mais vous vous apercevrez bientôt combien il est dangereux pour nous. Là où un indigène sera des heures entières sans souffrir, vous ne resteriez pas un quart d'heure sans tomber foudroyé. Allons maintenant nous rafraîchir au club.

— Comment, il y a un club ici? demanda Jacques.

— Un club anglais. Certainement, dans toutes les stations anglaises, il y en a un où l'on trouve la table et le logement pour les voyageurs qui y sont présentés par un des membres.

Comment ferions-nous autrement? Les indigènes ont conservé les mœurs et les habitudes qu'ils avaient lorsque Vasco de Gama à débarqué ici. De notre côté, nous aimons à garder les nôtres, de sorte que nous vivons d'une façon tout à fait distincte. Nous sommes établis à Calicut depuis 1790, et notre situation vis-à-vis des indigènes est la même qu'elle était le premier jour. Vous verrez ici de même qu'à Pointe-de-Galle la ville hindoue où demeurent les indigènes et le cantonnement composé de bungalows, résidence des Anglais.

En entrant au club, M. Wilcox, qui était membre de tous les clubs de l'Inde, inscrivit le nom de ses compagnons sur le registre des visiteurs et les introduisit ensuite dans la salle à manger où il se fit servir un lunch.

Il avait bien raison, M. Wilcox, en disant que les Anglais conservent leurs habitudes partout. Si ce n'eût été l'ameublement, le punka et les domestiques hindous, on aurait pu se croire dans un hôtel de Londres. Roastbeef froid, jambon d'York, fromage de Chester, pale ale, rien ne manquait!!

Après le lunch que M. Wilcox aurait prolongé jusqu'au moment du départ si nos jeunes gens n'eussent pas insisté pour voir la ville, ils trouvèrent à la porte une espèce de calèche qui devait dater du temps de Dupleix et à laquelle étaient attelés deux petits bœufs trotteurs; ils s'y installèrent tant bien que mal, et parcoururent ainsi les différentes parties de Calicut, qui n'offre rien de remarquable. Ils revinrent à bord dans un grand chaland à marchandises que La Chance avait absolument voulu louer afin d'éviter les accidents au retour. Il était d'ailleurs enchanté de son excursion et répétait : On apprend tous les jours en voyageant. Je sais maintenant que le calicot s'appelle calicot parce qu'il venait d'abord de Calicut.

Au grand déplaisir de nos jeunes gens, on passa, sans s'arrêter, devant Mahé, un de nos établissements français dans l'Inde. Il est de bien petite importance, sa superficie est de 500 et quelques mètres carrés, et le commerce est presque insignifiant. Le seul avantage que nous en retirons est d'avoir dans ces parages un point où flotte encore notre drapeau.

L'île de Mahé, que nous avons acquise en 1727, a été occupée par les Anglais de 1761 à 1783. Puis de 1793 à 1815. Depuis 1815 nous la possédons de nouveau.

On passa de même sans s'arrêter devant les jolies villes de Mangalore et de Cananore, et devant l'île de Goa, autrefois chef-lieu de la vice-royauté portugaise dans l'Inde. L'ancienne capitale, Goa, prise en 1570 par les Portugais commandés par Albuquerque, a été abandonnée au dix-huitième siècle par suite d'une épidémie qui l'a ravagée, elle est tombée tout à fait en décadence. Elle a été remplacée par Villanova de Goa bâtie à l'embouchure de la Mandora. C'est la résidence de l'archevêque primat des Indes et du gouverneur des possessions portugaises qui comprennent, outre Goa, les territoires de Diu et de Damon. Le nombre total des habitants de ces possessions est de 418,000. Les Anglais avaient pris Goa en 1807, mais ils l'ont rendu aux Portugais en 1814.

Saint François Xavier, surnommé l'apôtre des Indes, a commencé à Goa les missions dans lesquelles il avait converti plus de 25,000 indigènes avant d'aller au Japon.

Dans l'après-midi du sixième jour le *City of Bombay* jetait l'ancre dans la rade de Bombay.

Une immense quantité de navires portant les pavillons de toutes les nations y étaient à l'ancre. Une foule de bateaux et de canots conduits par des matelots européens ou des indigènes circulaient au milieu d'eux. L'activité qui régnait partout indiquait bien l'importance du port de Bombay, l'un des plus beaux et des plus sûrs du monde.

Quelque temps après que le *City of Bombay* eut stoppé, le second du navire leur annonça un jeune homme qui se présenta comme envoyé par le colonel W... de l'armée anglaise. Cet officier par un billet fort aimable leur faisait connaître que, prévenu de leur arrivée par M. Rivière, il les invitait à descendre chez lui. Il s'excusait de ne pas pouvoir aller les chercher lui-même à bord et de se faire représenter par M. Francis, son secrétaire.

Les malles furent descendues dans le bateau qui avait amené celui-ci, on s'installa dans une cabine couverte à l'arrière, et, peu de temps après, on était sur le quai de Bombay.

En débarquant, nos voyageurs trouvèrent la chaleur si forte qu'il leur sembla qu'ils allaient suffoquer.

— Quelle chaleur! dit Jacques, on croit respirer du feu.

— Vous arrivez dans le mois le plus désagréable de l'année, dit M. Francis, octobre est difficile à supporter, surtout pour les nouveaux arrivants, mais il est probable que le colonel vous emmènera dans les montagnes si vous devez rester quelque temps ici.

— L'Algérie n'est rien auprès de cela, dit La Chance. J'ai eu bien chaud aussi en Italie, mais je ne me doutais pas qu'il pût y avoir une chaleur comme celle-ci.

— Vous avez été pendant quelques jours sur mer, dit M. Francis, la brise apporte toujours un peu de fraîcheur, c'est ce qui vous fait sentir davantage la transition.

— Fait-il aussi chaud à Calcutta ? demanda La Chance.

— Je n'ai jamais été à Calcutta, mais je sais qu'il y fait au moins aussi chaud.

La Chance fit une grimace significative qui prouva qu'il n'était pas partisan de la chaleur.

La curiosité de nos voyageurs fut vivement excitée par le spectacle qui s'offrit à eux. Le colonel, en envoyant sa voiture, avait tracé au cocher son itinéraire de façon à ce qu'ils pussent voir une partie de la ville.

Après avoir traversé une esplanade plantée d'arbres, on entra, en passant devant le bâtiment de la poste, dans une grande et large rue aboutissant à une très-belle place (Elphinston Circus). Elle est entourée de maisons magnifiques à plusieurs étages, nouvellement construites et au milieu desquelles se trouve l'hôtel de ville, vaste bâtiment dont la simplicité fait tache au milieu de l'élégance de ce qui l'entoure. Ces maisons servent de bureaux aux grands négociants et aux banquiers européens. Un beau boulevard, bâti sur l'emplacement occupé autrefois par les fortifications, conduit au bazar ou ville Noire, demeure des marchands indigènes. Il est impossible de décrire les temples avec leurs façades peintes de mille couleurs, les boutiques si diverses des fabricants de turbans, de passementeries, de bijouteries, de pâtisserie, de chaudronnerie, de marchands de chaussures, toutes remplies d'une foule aux costumes les plus bizarres. Turbans rouges, verts, bleus, bonnets persans, grandes robes blanches, brunes, jaunes, en cachemire, en soie, en étoffe de coton, les individus qui les portaient se poussaient, se coudoyaient dans les rues au milieu desquelles circulaient des indigènes portés dans des palanquins par des hommes à peu près nus ou dans des voitures de toutes sortes, depuis le petit chariot de louage traîné par un bullock jusqu'au landau venu de Paris ou de Londres. C'était un mélange de physionomies de toutes sortes. Ils virent des tavernes anglaises et des cafés arabes, des pâtisseries européennes et des boutiques de sucreries indigènes. L'aspect de Bombay est bien celui du grand caravansérail de l'Inde. Au coin d'une rue un vieux ménestrel hindou râclait les cordes d'une espèce

de guitare, tandis qu'en face de lui un misérable estropié apitoyait le public en montrant une de ces plaies hideuses telles que l'on n'en voit que dans les pays chauds.

— Eh bien, dit La Chance, voilà des gaillards qui ont le crâne bien constitué. La chaleur ne paraît pas les gêner. Je sais bien qu'ils ont des turbans, mais pas sur le nez.

Après avoir traversé la ville Noire, on arriva à Malabar Hill (colline de Malabar) que la voiture gravit au pas. Nos voyageurs purent alors admirer la baie de Bombay que l'on compare à celle de Naples. En haut de la côte sont situés une grande quantité de bungalows qui servent de résidence aux Européens.

Faisant face à la mer dont il recevait la brise, celui du colonel V***, était un des plus vastes de Malabar Hill.

La voiture entra par la porte d'une belle grille dans un grand jardin, et s'arrêta devant une vérandah. Ils furent reçus par deux serviteurs hindous qui les conduisirent dans un salon où bientôt après parut un gentleman portant l'uniforme des officiers anglais en petite tenue. Sa moustache blanche, son teint bronzé, lui donnaient un aspect martial. C'était le colonel V***.

— *Welcome*, soyez les bienvenus chez moi, Messieurs, dit-il à Jacques et à André en les abordant. Merci d'avoir accepté mon invitation. J'aurais voulu aller vous serrer la main sur le bateau, mais j'ai une vieille ennemie qu'on appelle miss la Goutte et qui me retient à la maison plus que je ne le voudrais.

Jacques et André remercièrent le colonel qui, après les avoir fait asseoir et commandé des rafraîchissements, leur demanda des nouvelles de leur voyage. Mais il ne leur laissa pas le temps de répondre.

—Tout a bien été? Oui, allons, très-bien. Vous n'avez pas été malades? Non, tant mieux. Cela se voit d'ailleurs à votre visage; l'œil vif de la jeunesse, très-bien, très-bien. Vous feriez deux jolis officiers. Vous n'en avez pas envie ; non, je sais cela, vous êtes attendus là-bas; une charmante miss; n'est-ce pas, monsieur Jacques? très-bien, très-bien. Moi, j'ai la goutte.

Le colonel avait l'habitude, surtout lorsque sa goutte le faisait souffrir, de répondre lui-même aux demandes qu'il faisait.

— Vous devez être un peu fatigués cependant? Je vais vous conduire à votre appartement.

En passant par la salle à manger, il aperçut La Chance qui se leva et salua militairement le colonel. Celui-ci parut surpris et il allait questionner Jacques, lorsqu'André le lui présenta, comme un ami qui avait voulu les accompagner dans l'Inde. En deux mots, il lui dit quels étaient les titres de La Chance à leur affection.

— Eh bien, soyez le bienvenu aussi, Monsieur, dit le colonel à qui plut la tournure du sous-officier, qui portait à sa boutonnière la médaille militaire et celle de Crimée.

Un petit pavillon composé d'un salon, de deux chambres à coucher et de deux salles de bain avait été préparé pour Jacques et André.

— Reposez-vous, dit le colonel, on viendra vous prévenir pour le dîner. Avant de vous quitter, laissez-moi vous faire quelques recommandations générales qui sont toujours utiles aux Européens qui arrivent dans l'Inde.

1° Ne vous couchez jamais sans avoir fait visiter avec le plus grand soin votre lit, pour voir s'il n'y a ni scorpions, ni cent-pieds, ni serpents, etc.

2° Cela fait, que votre domestique ferme bien votre moustiquaire, sans quoi vous seriez la proie des moustiques pendant la nuit. Ne vous hasardez jamais à poser un pied par terre sans vous être bien assurés que vous ne courez pas le risque de le poser sur un des animaux que je viens de vous citer. Vous ferez attention, de même, à ne jamais mettre vos chaussures sans qu'elles aient été bien secouées.

Je viens de vous nommer les bêtes malfaisantes, ne vous préoccupez pas des lézards blancs, des chauves-souris, des crapauds, qui viendront certainement dans votre appartement.

J'oublie les rats, ils sont extrêmement nombreux, et de deux sortes : la première, fort désagréable, mais inoffensive, est celle des rats musqués ; vous reconnaissez facilement ces animaux à l'odeur fétide qu'ils exhalent lorsqu'ils sont effrayés. Les rats de la seconde espèce sont très-gros et très-dangereux. Il faudrait bien vous garder de les attaquer en leur coupant la retraite jusqu'à ce que vous sachiez comment vous y prendre. Ils sauteraient sur vous et leurs morsures sont très à craindre.

Vous vous habituerez à tout cela, dit le colonel en remarquant que les jeunes gens n'avaient pas l'air précisément charmés en entendant l'énumération des hôtes avec lesquels ils devaient s'habituer à vivre.

— Ce qu'il vous faut, c'est à chacun un bon domestique du pays; j'en ai retenu deux que je vais envoyer chercher et sur lesquels j'ai eu des renseignements qui me permettent de les mettre auprès de vous en toute confiance.

— Des serpents, des scorpions, des cent-pieds, des chauves-souris, des lézards blancs, de petits rats, de gros rats ! Elle est bien tenue la maison du colonel, dit La Chance, lorsque celui-ci fut parti. Alors nous allons passer notre temps à nous garer de ces bêtes-là. Je crois qu'il a voulu plaisanter.

Mais le soir, lorsqu'il fut dans son lit, il s'aperçut bien que le colonel avait dit vrai. A la lueur de la lampe qui reste toujours allumée la nuit dans les chambres à coucher, le pauvre La Chance assista aux ébats de rats, de chauves-souris et d'autres animaux qui se poursuivaient à travers les chambres. La Chance, quoique brave, avait horreur de toutes ces bêtes, il lui fut impossible de fermer l'œil, et le lendemain, lorsqu'il alla voir Jacques et André dans leurs chambres, il marchait sur ses pointes comme un maître de danse, tant il avait peur de voir sortir quelque scorpion ou quelque cent-pieds de dessous la tresse de jonc qui couvrait le sol.

Jacques et André n'avaient pas mieux dormi.

Le jour même, les deux domestiques engagés par le colonel prirent leur service auprès des jeunes gens. Celui de Jacques était un jeune Musulman, grand et beau garçon à l'air intelligent, nommé Abdhul. Celui d'André était un Portugais ou se disant tel. Son nom était Pedrod, etc.

Pendant quelques jours, les jeunes gens visitèrent la ville de

Bombay. Tous les soirs ils prenaient des notes afin d'écrire à leurs amis d'Europe ce qu'ils avaient vu d'intéressant.

Un soir, après que le colonel eut répondu aux questions que les deux frères lui avaient adressées, sur tout ce qu'ils avaient remarqué dans leurs courses à Bombay, André lui dit :

— Jacques a oublié de parler de certains indigènes qui ont

piqué notre curiosité. Leur teint à peine plus brun que celui des habitants du sud de l'Europe, la régularité de leurs traits, leurs manières aisées et leur costume qui diffère de celui des Hindous nous ont fait supposer qu'ils étaient eux-mêmes étrangers à Bombay.

— Comment sont-ils vêtus? demanda le colonel, car nous avons ici tant d'étrangers, Persans, Chinois, Arabes, sans compter les autres, qu'il m'est difficile de vous répondre si vous ne me donnez pas d'autres indications.

— Leur costume, dit Jacques, se compose d'un long vêtement de calicot blanc où l'on trouve les éléments mélangés de la tunique et du paletot, fermé autour du col, agrafé sur la poitrine et descendant jusqu'aux genoux ; d'un pantalon en soie ou en satin de Chine de couleur claire, de chaussures à l'européenne et d'une coiffure de forme étrange, de couleur sombre, qui n'est ni un turban ni un chapeau européen et que je ne puis pas vous décrire aisément.

— Elle ressemble, dit La Chance qui vit son maître embarrassé, à une espèce de mitre terminée carrément et que ces gens-là se plantent en arrière de la tête comme des conscrits portent leur shako.

— Je sais, dit le colonel, en riant de la comparaison. Ce sont les Parsis, autrement dit, les anciens Guèbres ou adorateurs du feu. Leur histoire est intéressante. Ils sont originaires de la Perse d'où ils ont été obligés de fuir lorsque les Arabes l'envahirent, vers la fin de l'année 600. Ils cherchèrent d'abord un refuge contre le fanatisme musulman dans l'île d'Ormuz (golfe Persique) ; ils vinrent ensuite à Diu (extrémité sud-est de la province de Kattywar), et enfin, au commencement du siècle suivant, ils débarquèrent à Sanjam.

L'histoire ne parle presque pas d'eux jusqu'aux premières années du seizième siècle, époque où ils prêtèrent leur appui au monarque indien qui leur avait donné asile contre les attaques du sultan musulman d'Ahmedhabad, Mahmoud-Bejada.

Dans cette circonstance, afin de mettre leur feu sacré à l'abri de toute profanation, ils le transportèrent dans les jungles de Wasanda, d'où, après la défaite et la fuite de Mahmoud-Bejada, ils le rapportèrent à Nansari. Il y est encore.

Depuis cette époque, ils se sont établis dans le Guzerate, à

Surate, à Broach, à Khambayat, à Ahmedhabad, à Damon et à Bombay, où ils se livrent généralement aux affaires de commerce.

Il y en a aussi à Calcutta, dans la présidence de Madras, et vous en avez vu à Aden et à Ceylan.

— Ils adorent le feu? demanda André.

Non, on se trompe lorsqu'on les appelle adorateurs du feu. Ils croient à un Être suprême, à l'immortalité de l'âme et vénèrent la mémoire des morts. Soir et matin vous pouvez les voir sur le bord de la mer, prosternés devant le soleil et la lune; mais ils ne les adorent pas, c'est un hommage qu'ils rendent aux plus belles créations de l'Être suprême. Dans leurs temples, ils entretiennent le feu sacré avec le plus grand soin et font allumer par le prêtre un morceau de bois de sandal qui brûle pendant leurs prières. Ce sont des gens paisibles, industrieux; ils apprennent facilement les langues, et tous ceux de la classe moyenne, outre l'indostani, savent l'anglais. J'en connais plusieurs qui parlent très-bien le français. Leur caractère tranquille les éloigne de l'état militaire et de la marine. Les professions auxquelles ils s'adonnent plus particulièrement sont celles de courtiers de commerce, changeurs, pharmaciens, tapissiers, boulangers, pâtissiers, horlogers, peintres, cuisiniers.

— Cuisiniers, boulangers, pâtissiers! Pardon, excuse, mon colonel, interrompit La Chance, eh bien, ce n'est pas moi qui mangerai de leur cuisine ou de leurs gâteaux.

— Pourquoi donc? Leur cuisine est bonne, et, sauf qu'ils s'abstiennent de la chair du bœuf et de celle du porc, ils se nourrissent comme nous. Mais il faut que leurs mets soient apprêtés par un cuisinier de leur religion.

— Sauf votre respect, mon colonel, je répète que je ne voudrais pas de la cuisine du cuisinier. Ces gens-là sont trop sales!

— C'est une erreur. Leur religion les oblige à prendre les plus grands soins de leur personne. Pourquoi dites-vous cela?

— Mon colonel, je respecte trop la compagnie pour me permettre de raconter ce que j'ai vu.

— Vous m'étonnez beaucoup.

— Eh bien, hier matin pendant une promenade que j'ai faite de bonne heure, pour prendre le frais, j'ai vu un de ces Parsis, comme vous les appelez qui a bu, dans un petit vase de cuivre, de l'urine d'une vache qu'on avait amenée devant sa porte et qui s'en est débarbouillé. Ce n'est pas déjà si engageant !

Le colonel se mit à rire.

— Oui, dit La Chance, et, après qu'il a eu fini, on a mené la vache à la porte d'un autre tout comme à Paris on mène les ânesses le matin.

— C'est, dit le colonel, une pratique hindoue, je conçois qu'elle vous ait paru répugnante.

Lorsque les premiers Parsis vinrent dans l'Inde, ils durent promettre de respecter certaines coutumes religieuses des Hindous et de ne rien faire qui pût les blesser.

Peu à peu, l'exemple de ceux au milieu desquels ils vivaient les amena à adopter quelques-unes de ces coutumes qui ne portaient pas atteinte à leur religion même.

Aucune prescription ne défend aux Parsis l'usage de la viande de bœuf, et s'ils n'en mangent pas, ce n'est que pour obéir à une des premières conditions imposées à leurs ancêtres par les Hindous, pour qui le bœuf est un animal sacré.

Cependant, de génération en génération, la tradition première s'est perdue ; les Parsis en sont arrivés à avoir pour le bœuf un respect qui va si loin, qu'ils donnent à son urine la vertu de laver toutes les souillures morales ; non-seulement ils s'en frottent les yeux et le bout des oreilles, mais encore ils s'en rincent la bouche. Souvent le matin, je les ai vus moi-même, armés du *lota*, ou petit vase en cuivre destiné à recevoir la précieuse liqueur, se livrer à cet exercice de purification ; mais je connais beaucoup de Parsis éclairés qui considèrent toutes ces pratiques comme les restes d'un temps de superstition et d'ignorance et qui regarderaient comme une sorte de dégradation de les continuer.

Maintenant, mes amis, dit le colonel, nous n'avons que le temps d'aller faire à l'hôpital des animaux la visite que nous avions projetée. La voiture nous attend devant la vérandah, partons.

On se dirigea vers la ville Noire en descendant Malabar-Hill.

Au détour d'une rue, la voiture s'arrêta.

— Qu'y a-t il? demanda le colonel à son cocher.

— C'est une procession funèbre.

— Et, ajouta le colonel, ce sont des Parsis dont nous parlions tout à l'heure.

Les assistants étaient nombreux; quelques hommes de police ouvraient la marche. Le cadavre enveloppé dans un vêtement blanc était porté sur un cadre ou civière en fer, par des Parsis.

Les parents et les amis suivaient à pied, selon la coutume. Ils étaient en grande toilette, c'est-à-dire, qu'ils avaient le djama ou large ceinture blanche avec un gros nœud sur le côté. Ils marchaient deux à deux en se tenant ensemble par un mouchoir blanc.

— En Italie j'ai vu pareille chose, dit La Chance, mais cela parait moins lugubre, parce que les Italiens ont des costumes plus gais.

— Suivons-les, dit le colonel, ils vont aux Tours du silence.

On reprit le chemin de Malabar-Hill et l'on aperçut bientôt trois grosses tours d'aspect lugubre; c'étaient les Tours du silence (Dockma) en haut desquelles étaient perchés de sinistres vautours qui s'agitèrent en poussant des cris affreux lorsque le funèbre cortége approcha.

A quelque distance des tours (26 mètres environ) on s'arrêta; les prêtres commencèrent le satom ou service religieux pendant que les porteurs s'acheminaient vers l'une d'elles. Après avoir dépouillé le corps de son linceul, ils l'y introduisirent. C'était celui d'un garçon de vingt ans.

Les vautours se précipitèrent alors dans l'intérieur d'où bientôt quelques-uns reparurent, tenant dans leurs serres des lambeaux de chair saignante qu'ils dévorèrent avec avidité.

— Il ne restera bientôt plus rien de ce pauvre corps, dit le colonel.

— C'est effroyable, dit André pâle d'émotion. Comment ! les Parsis donnent leurs morts en pâture à ces oiseaux féroces ?

— Oui, et l'on dit aussi, mais cet usage a cessé, que les hommes chargés d'introduire le cadavre dans la Tour, restaient pour guetter quel œil était le premier arraché des orbites. Selon que c'était l'œil droit ou l'œil gauche, on prédisait l'état de félicité ou de misère qui attendait l'âme dans l'autre monde.

Rien n'égale le respect des mahométans pour leurs morts, ils le prouvent par la magnificence des tombeaux qu'ils leur élèvent. Les Hindous brûlent les leurs et en jettent les cendres dans le fleuve. Les Parsis devraient renoncer à une pratique si abominable.

— Les Parsis ont beau être doux et paisibles, dit André, je ne les verrai jamais sans penser involontairement à ces affreuses Tours du silence.

— J'en suis toujours pour ce que j'ai dit, ces gens-là ne me reviennent pas, dit La Chance.

— Lorsqu'un Parsi est sur le point d'expirer, reprit le colonel, on le descend au rez-de-chaussée de la maison dont le sol est toujours en pierre ou en terre battue et peut être lavé. C'est là qu'il rend le dernier soupir. Alors et sans attendre beaucoup, car, sous ce ciel de feu, il ne faut pas garder les morts longtemps, le corps, après que les membres ont été attachés d'une façon particulière, est enveloppé dans une pièce de coton blanc et placé sur le cadre ou civière en fer. Les porteurs le sortent par une porte latérale de préférence à la porte d'entrée, car c'est déjà pour eux un objet immonde qui souille la maison et dont on doit la débarrasser au plus tôt. Placé sur les épaules de deux hommes, il est porté aux Tours du silence, accompagné par les parents et les amis ainsi que vous venez de le voir.

— Vous nous avez dit que, parmi les indigènes, les Parsis sont ceux qui cherchent le plus à se rapprocher des Européens, dit Jacques, je ne comprends pas qu'ils aient conservé un usage aussi barbare. Dans la vie ordinaire, quelles sont leurs habitudes ?

— Ils cherchent à nous imiter, reprit le colonel ; leurs voitures, leurs ameublements sont à la mode anglaise, mais cela forme un mélange assez singulier avec quelques-unes de leurs anciennes coutumes. Puisque ce sujet vous intéresse, laissons pour aujourd'hui l'hôpital des animaux et allons faire une visite à un riche Parsi avec qui je suis lié. Il sera enchanté de vous voir.

La proposition étant acceptée, on se dirigea vers la route de Parell, un des quartiers de Bombay, où l'on s'arrêta devant la grille d'une maison de belle apparence.

Le colonel envoya Abdhul s'informer si M. P*** était chez lui.

Sur sa réponse affirmative, nos visiteurs entrèrent dans un beau jardin où ils furent quelque peu surpris de voir des choux, des choux magnifiques, il est vrai, se prélasser majestueusement entre les myrtes, les roses et les jasmins.

— Ah! la bonne farce! dit La Chance; des choux comme ornements dans un jardin. C'est une drôle d'idée!

— Avant tout, ce que l'on recherche ici, c'est ce qui est vert, dit le colonel. Les choux sont verts, on a des choux. Et ce que vous ne savez pas, c'est qu'il y a une saison où ce légume est un objet de luxe qui se paie très-cher. Avoir un chou sur sa table est alors une rareté.

— C'est possible, dit La Chance, mais ils n'en font pas moins un singulier effet dans un jardin d'agrément.

La voiture s'arrêta devant une vaste vérandah où le maître de la maison vint recevoir le colonel et ses amis, qu'il introduisit ensuite dans un grand salon meublé à l'anglaise.

Le costume de M. B*** frappa Jacques et André par sa singularité. Le chapeau carré était remplacé par une petite calotte en étoffe de soie et or posée sur le sommet de la tête, et la grande tunique, par une veste en calicot blanc, sous laquelle il portait une espèce d'aube en tulle brodé descendant presque jusqu'aux genoux. Un pantalon en satin de Chine de couleur cerise et des souliers avec des pointes très-relevées complétaient cet habillement qui ne manquait pas d'une certaine élégance. C'est celui que portent les Parsis dans l'intérieur de leurs habitations.

En disant que le salon était meublé à l'anglaise, c'est cependant dire beaucoup; il est plus juste de dire qu'il était meublé avec des meubles anglais; il y en avait autant que l'on avait pu en mettre à côté les uns des autres dans une chambre, canapés, fauteuils, poufs, coins de feu même formaient un assemblage d'articles de tapissiers des plus singuliers et des plus discordants. Au milieu du salon, un beau tapis de Bruxelles; à un bout, un tapis des plus communs de fabrication anglaise, et, à l'autre extrémité, un joli tapis de Perse.

— Ce n'est pas un salon, dit La Chance à André, c'est une boutique de bric-à-brac.

Mais ce qui étonna le plus les visiteurs, ce fut l'ornementation des murs recouverts d'un de ces affreux papiers communs anglais à dessins lourds, de couleur bleue sur un fond chocolat. Des spécimens de tout ce que la France produit de peintures de mauvais goût étaient accrochés là : des choses impossibles, dans le genre de celles que l'on voyait il y a quelques années dans les bureaux des omnibus : à vingt francs les quatre, à l'huile, tout encadrés ; de mauvaises lithographies, des enluminures telles que l'on en gagnait *à tout coup, à la rouge ou la noire* aux boutiques de macarons et représentant les *Deux Amis, l'empereur Napoléon et le général Bertrand se serrant la main.*

M. P*** paraissait éprouver pour ces productions une admiration sérieuse. Il faut mentionner aussi le tableau mécanique de rigueur avec un vaisseau qui se balance sur la mer agitée, un train de chemin de fer qui traverse un pont, tandis qu'au-dessous, une compagnie de soldats passe sur un autre petit pont ; dans un coin, une blanchisseuse bat son linge. Ces tableaux, ainsi que les cartonnages sabliers, ont un grand succès auprès des indigènes.

Sur les consoles et sur les tables, des vases contenant des fleurs artificielles de toutes couleurs, semblables à ceux qui ornent les cheminées de nos ouvriers, et encore chez nous a-t-on fait justice de ces objets ridicules ; des pendules en porcelaine, en marbre, en zinc doré, tout ce que le mauvais goût peut étaler de plus désagréable à l'œil. Il ne serait plus possible de retrouver ces modèles à Paris.

Le Parsi P*** prisait par-dessus tout comme objets véritablement artistiques des poules en terre cuite peinte qui servent sur nos tables à contenir les œufs à la coque pour le déjeuner. Il y en avait six de différentes couleurs sur une console dorée.

Les Parsis aiment beaucoup les lumières et les glaces. Tout autour du salon, il y avait une certaine quantité de grandes et belles glaces richement encadrées. Trois lustres à girandoles de cristal étaient suspendus au plafond, en compagnie d'une vingtaine de lampes de couleurs verte, rouge et blanche qui devaient produire le soir un assez bel effet.

Pendant que M. P*** faisait admirer à ses hôtes toutes ces magnificences, ils avaient avec lui une conversation en musique extrêmement fatigante. Aussitôt leur arrivée dans le salon, on avait lâché les ressorts d'une boîte à musique d'une sonorité formidable, et tout ce qu'ils se dirent fut accompagné de morceaux choisis des opéras de Verdi, de Donizetti, d'Auber et de Gounod. C'est une véritable passion que les indigènes ont pour ces boîtes ; chaque maison a la sienne, petite ou grande. et on en achète toujours.

M. P*** demanda à présenter ses enfants, et il laissa son monde seul pour aller les chercher lui-même.

— Quel odieux mauvais goût! dit Jacques au colonel, c'est vraiment sauvage.

— On ne peut cependant pas trop blâmer ces gens-là, dit celui-ci ; ce n'est pas tout à fait leur faute. Ils ont bonne volonté et payent très-cher ce qu'ils achètent ; mais l'Europe ne leur envoie que ses rebuts.

— Pourquoi les achètent-ils et en ornent-ils leurs maisons?

— Ils n'en savent pas plus long. Le bon goût et la connaissance du beau ne s'acquièrent que par la comparaison que l'on peut faire à chaque instant entre des œuvres choisies de beaux-arts. L'épuration dans les sentiments des Parsis en fait de choses d'art et de goût doit être l'œuvre du temps. Lorsqu'ils iront en Europe étudier de près les œuvres de nos maîtres pour revenir ensuite dans leur pays répandre parmi leurs compatriotes les connaissances qu'ils auront acquises, alors le mouvement commencera.

M. P*** revint avec ses enfants, filles et garçons, au nombre de cinq; l'aîné pouvait avoir dix ans. A cause d'une grande fête qui devait avoir lieu le soir, ils étaient revêtus de leurs plus beaux habits.

On ne peut pas imaginer jusqu'où va l'extravagante passion des Parsis pour la parure de leurs enfants. La coiffure de l'un des petits garçons, espèce de calotte haute, était brodée de perles de la plus grande beauté; les autres avaient aussi des coiffures semblables plus ou moins riches. Filles et garçons portaient des boucles d'oreilles et des colliers de très-bon goût et d'une grande valeur. Une des petites filles avait un collier en émeraudes et en diamants que M. P*** dit valoir 6,000 roupies (15,000 fr.). Tous étaient revêtus de robes de soie à broderies d'or et d'argent auxquelles le seul reproche à faire était d'être d'un effet trop lourd pour de si petites personnes.

On passa ensuite dans la salle à manger, longue pièce dont l'ameublement n'offrait rien de particulier. La table préparée pour une cinquantaine de convives était ornée de fleurs et de fruits de toutes sortes. Au dîner ne devaient assister que les hommes, car les dames parsies ne sont jamais admises aux réunions, de même qu'elles n'accompagnent jamais leurs maris aux théâtres, aux concerts ou à la promenade.

Ayant aperçu à l'extrémité de la salle à manger les dames de la maison qui surveillaient les apprêts du dîner, Jacques et André demandèrent à leur faire leur salam. Elles portaient le costume de leur secte: une robe à manches courtes en soie de nos meilleures fabriques de Lyon et un sahri en satin de Chine qui leur entourait la taille, leur couvrait les épaules et la tête. Les pierres précieuses qui brillaient sur leurs bijoux, étaient véritablement splendides.

Comme elles ne pouvaient pas dire deux mots d'anglais, les

compliments qui s'échangèrent par l'intermédiaire du colonel ne furent pas de longue durée.

Lorsque ses hôtes se retirèrent, M. P*** leur offrit, selon la mode parsie, un joli bouquet de fleurs naturelles qu'il aspergea d'essence de rose.

La Chance en eut un aussi.

— Permettez-moi de faire observer, dit-il au colonel, que ce bouquet est plus joli qu'un chou.

— Oui, mais je vous répète que, pendant la saison sèche, vous donneriez souvent tous les bouquets du monde pour un de ces beaux choux dont vous vous moquez aujourd'hui.

— Je suis émerveillé, dit Jacques lorsqu'on fut en voiture, de la magnificence des vêtements et des bijoux que portaient les dames et les enfants. Il y avait là toute une fortune.

— C'est là un des côtés du caractère oriental, dit le colonel, beaucoup de vanité. Vous avez rendu mon ami P*** bien heureux en admirant ainsi que vous l'avez fait les richesses qu'il déployait à vos yeux.

Si j'en trouve l'occasion, je vous ferai assister aux fêtes d'un mariage parsi. Toutes les dépenses folles que l'on peut imaginer ont lieu dans ces occasions. Musique, feux d'artifice, repas, réjouissances, rien n'est ménagé pendant plusieurs jours, et souvent les parents sont longtemps dans la gêne des suites de ces prodigalités. Ainsi que les Hindous, les Parsis marient les enfants aussi jeunes que possible, vers quatre ou cinq ans. Ceux que nous venons de voir sont déjà mariés.

Voici en quoi consiste la cérémonie du mariage : on place à côté l'une de l'autre deux chaises sur lesquelles on fait asseoir les deux enfants. Le marié prend dans sa main droite la main droite de la mariée. Les parents tiennent un mouchoir déployé entre eux deux pour les empêcher de se voir, et pendant que le prêtre dit les prières d'usage, les chaises des enfants sont réunies par un fil qui en fait plusieurs fois le tour. C'est la partie décisive et importante de la cérémonie. Après les fêtes dont je viens de vous parler les deux mariées retournent ensuite dans leurs familles où ils restent jusqu'à ce qu'ils aient l'âge d'entrer en ménage.

— Quelle singulière coutume, dit André, que celle d'unir pour la vie des enfants qui n'ont pas conscience de ce qu'on leur fait faire !

— Cette coutume tombera comme beaucoup d'autres. Elle est déjà fort attaquée et je suis certain que, dans quelques années d'ici, elle n'existera plus.

LES FAKIRS INDIENS.

UN BUNGALOW.

CHAPITRE IV

L'hospice des animaux. — La Chance a des succès auprès d'un singe de Zanzibar. — Les fakirs Indiens. — De la femme hindoue. — Poor people. — La mousson. — Le départ pour Poonah. — Les Ghats.

Il faisait nuit lorsqu'on rentra au bungalow. Après le dîner La Chance commença de nouveau la chasse aux rats et aux crapauds, mais il avait beau faire, les rats étaient toujours aussi nombreux et les crapauds montraient le même désir de venir sauter dans le salon et dans les chambres à coucher.

— Comment voulez-vous que ces animaux ne pullulent pas, disait La Chance furieux, les domestiques les reçoivent du mieux qu'ils peuvent. Ils les prennent délicatement, leur disent des choses aimables et les remettent dans le jardin. Ils reviendront toujours.

Le lendemain il en dit bien d'autres lorsqu'il accompagna Jacques et André à l'hôpital des animaux. Ce riche établissement est entretenu par les Hindous pour y soigner les animaux malades ou ceux qui doivent y mourir de vieillesse.

Dans une cour carrée entourée d'une galerie couverte, il vit un assemblage de toutes sortes d'animaux qui y avaient été mis par la piété des Hindous afin qu'ils pussent y finir leurs jours tranquillement. Poules, canards, perroquets, chiens, chats, chevaux, bullocks, singes : tout cela vivait dans une touchante fraternité.

Un grand singe de Zanzibar qui paraissait fort âgé attira l'attention des visiteurs à cause de la gravité avec laquelle il semblait écouter le gardien qui lui parlait comme à un ami.

La Chance s'approcha. Il avait une prétention, celle d'être le bienvenu de tous les animaux.

Le singe le considéra attentivement, après quoi il lui tendit une de ses longues mains pelées. La Chance regarda le gardien qui fit signe que l'animal n'était pas méchant. Notre ami alors mit sa main dans celle que lui tendait le singe, mais celui-ci, l'attirant violemment, l'enlaça dans deux grands bras musculeux et le serra contre sa poitrine. Cette action avait été si prompte et exécutée si vigoureusement que La Chance n'avait pas eu le temps de résister et qu'il ne put s'empêcher de pousser un cri de frayeur. Il chercha à se dégager, mais il n'osait pas entamer une lutte avec un adversaire qui avait à son service une mâchoire assez formidable pour étrangler facilement un homme.

Le singe d'ailleurs ne paraissait pas avoir de dispositions malveillantes. Après avoir assujetti son ami contre son cœur d'une façon solide, il se mit à regarder tranquillement autour de lui comme ayant l'air de penser à autre chose. Mais cette scène ne pouvait se prolonger plus longtemps et le gardien la fit cesser en décroisant les bras du singe qui ne fit aucune résistance. Cependant lorsque La Chance, pâle et plus ému de l'aventure qu'il n'aurait voulu le paraître, se recula à une distance qui le mettait à l'abri des démonstrations d'amitié du camarade, celui-ci poussa des cris aigus, montra les dents et entra dans une colère violente. Puis, se calmant tout d'un coup, il tendit de nouveau la main à La Chance. Mais celui-ci n'avait pas envie de recommencer.

— Merci, dit-il, j'en ai assez de tes amabilités. A-t-on vu un imbécile pareil ! Il a manqué de m'étouffer.

— Allons, La Chance, lui dit André en riant, ne te fâche pas contre ce singe qui nous a donné une fois de plus la preuve de l'affection que tu inspires aux animaux. Il a été un peu expansif, c'est vrai, mais il ne faut t'en prendre qu'à toi-même.

— C'est égal, c'est un fameux gaillard, dit La Chance, et il vaut encore mieux être son ami que son ennemi.

Lorsque La Chance s'éloigna avec Jacques et André, le singe recommença ses cris et, s'il n'eût été retenu par une solide chaîne en fer, nul doute qu'il n'eût couru après lui. Malgré l'offre du gardien de leur faire visiter plus en détail l'établissement, Jacques proposa de se retirer. Il s'était, ainsi qu'André et La Chance, aperçu que les animaux placés dans l'hôpital par les Hindous n'en étaient pas les seuls locataires.

La gent sautillante en faisait aussi les honneurs aux étrangers avec un tel empressement que le bas de leurs pantalons blancs était véritablement de couleur puce. En rentrant, ils furent obligés de changer de vêtements et de se plonger ensuite dans leur baignoire afin de n'être pas tourmentés trop longtemps par le souvenir de leur visite à l'hospice des animaux.

Jacques et André employèrent les jours suivants à visiter les différents quartiers de Bombay, Baïcola, Coloba et Parell, où est le palais du Gouverneur de la Présidence de Bombay. Cette résidence, qui a appartenu autrefois aux Jésuites, n'est remarquable que par les jardins. Ce qui leur parut beaucoup plus intéressant que la vue de ces quelques monuments, ce fut de voir tous les mar-

chands accroupis devant leurs boutiques et leurs échoppes. Ils ne
se lassaient pas d'examiner leurs types souvent très-variés suivant
les différentes races auxquelles ils appartenaient.

Ils avaient entendu beaucoup parler des fakirs et ils étaient
très-curieux d'avoir quelques renseignements sur cette secte qui
tend heureusement à disparaître. Dans une de leurs promenades
ils prièrent M. Ambert de bien vouloir les renseigner sur ces singuliers personnages.

Très-volontiers, leur dit-il. Les fakirs sont des religieux qui
ont fait vœu de pauvreté et, malheureusement aussi, de saleté ; ils
portent des habits déchirés parce que, d'après les croyances des
musulmans, les anciens prophètes portaient des habits déchirés.
Ils se couvrent le corps et les cheveux de poussière et de terre.
Vous les verrez. — Ce sont des fanatiques, quelquefois trop
exaltés. Il y en a environ un million dans l'Inde. Ils vivent de
charités et, au besoin, ils ne se font pas scrupule, dit-on, d'employer
la violence vis-à-vis de leurs coreligionnaires qui ne se montrent
pas assez empressés de répondre à leurs demandes. Beaucoup
vivent isolés, ne portent pas de vêtements, couchent sur la terre
nue et s'astreignent aux pratiques du fanatisme le plus extrava-
gant. Les uns gardent un de leurs bras élevé en l'air jusqu'à
ce que les chairs soient desséchées; d'autres contemplent le
soleil assez longtemps pour se rendre aveugles; d'autres encore

ferment les mains jusqu'à ce que les ongles entrent dans la chair.

Tout en continuant leur promenade, nos voyageurs allèrent en voir un qu'on leur avait dit être enfermé depuis deux ans dans un tombeau ou petit temple près de Malabar Hill. Ils n'en purent croire leurs yeux : cet homme était, en effet, couché sur le dos dans un tombeau trop étroit pour qu'il pût faire le moindre mouvement. Il avait les pieds en l'air, appuyés contre la muraille, et sa position était celle d'une équerre parfaite. Et il vivait ainsi depuis deux ans ! Les indigènes qui l'avaient en grande vénération le nourrissaient et, à certaines fêtes, lui apportaient, en outre, des fleurs dont ils le couvraient en signe de respect.

La Chance prétendait que cet homme était un farceur qui venait faire son petit somme dans ce tombeau où il était au frais et il s'apprêtait à le réveiller, disait-il, lorsque Jacques l'en empêcha.

— Il va encore t'arriver quelque histoire désagréable dans le genre de celle du singe. Tiens-toi tranquille. Tu pourrais te faire une mauvaise affaire avec les indigènes qui ne paraissent pas voir avec plaisir que nous restions si longtemps près du tombeau de leur fakir. — La Chance se rendit aux observations de son maître et, au lieu de chercher à éveiller ce farceur, comme il l'appelait, il alla déposer une petite pièce de monnaie sur le bord du tombeau ; cela lui valut des salams répétés de la part des indigènes qui semblaient d'abord assez mal disposés pour lui.

Tous les fakirs ne se torturent pas ainsi.

Beaucoup se réunissent par bandes, sous la direction d'un chef, et parcourent les villes et les villages, où leur présence n'est pas toujours accueillie avec plaisir.

On m'a dit qu'ils se livraient à des danses religieuses, si l'on peut employer ce mot pour les contorsions qui m'ont été décrites et après lesquelles ils tombent dans un état d'épuisement extatique.

Je n'ai jamais vu ces danses, mais je tiens le fait de gens dignes de foi.

Il y a certains fakirs qui se livrent dans les mosquées à l'étude du Coran et des lois pour devenir mollahs ou docteurs, mais ils sont en petite quantité. Ce sont, d'ailleurs, des paresseux, qui trouvent plus facile de se livrer à la vie contemplative en mendiant sur place que d'aller courir les grandes routes.

Jacques et André ne manquaient jamais de se rendre à cinq heures à *la Musique*. C'est le lieu de réunion de la gentry de Bombay, et le coup d'œil qu'il présente leur offrait toujours de l'intérêt. Européens et indigènes y font montre de leurs plus beaux chevaux et de leurs plus belles voitures. Les dames anglaises y déploient leurs plus jolies toilettes venues soi-disant directement de Paris, car à Bombay, comme dans toutes les stations anglaises de l'Inde, on subit la loi des modes de Paris.

Les dames hindoues de leur côté y étalent leurs riches atours et leurs bijoux éblouissants; quelques-unes sacrifient au goût européen, et portent des bas et des bottines, mais avant qu'elles en arrivent au faux chignon et aux confections des magasins du Louvre ou du petit Saint-Thomas, il s'écoulera des siècles. Les cachemires brodés d'or, les vestes de satin aux couleurs éclatantes ne seront pas détrônés facilement.

Un fait qui frappe l'observateur dans ces réunions, c'est que, tandis que les dames anglaises y sont accompagnées de leurs maris et de leurs amis, et que leurs voitures sont entourées de leurs connaissances qui leur tiennent compagnie pendant le concert, les dames hindoues viennent toujours seules, et aucun homme soit européen, soit indigène, ne leur adresse la parole. Le cas du moins est si rare qu'il fait une exception, lorsqu'il se produit.

Si la femme hindoue a conservé pour sa toilette les usages des siècles passés, son instruction et son éducation n'ont pas changé davantage. C'est un malheur pour l'Inde, c'est un malheur pour le progrès moral des peuples de cette magnifique contrée qui est encore à l'état sauvage, malgré les chemins de fer, les télégraphes et les communications nouvelles qui la relient aujourd'hui à l'Europe.

Le progrès moral d'un peuple n'est pas tout entier dans le développement des affaires commerciales et dans l'accroissement de l'importation et de l'exportation. Il n'est pas davantage dans l'introduction du luxe européen. S'il suffisait de remplacer les palanquins incommodes par de confortables voitures fabriquées à Londres ou à Paris, et les sandales par des bottines vernies, les habitants indigènes de Bombay n'auraient rien à nous envier. Mais la véritable transformation, celle des idées et des sentiments est loin d'être faite. Les riches Hindous qui affichent, en conduisant leurs voitures, les manières faciles et distinguées de nos élégants redeviennent, une fois le seuil de leur maison franchi, des sauvages ignorants et grossiers qui se prosternent devant une idole à tête d'éléphant et la remercient de leur avoir été propice dans leurs affaires.

— Aucune réforme n'est possible dans l'Inde, tant que la femme ne sortira pas de l'état d'abaissement, où elle a été tenue jusqu'à présent. Or deux causes contribuent à l'y retenir : la position inférieure qu'elle occupe dans la famille et son manque de culture intellectuelle.

La position inférieure de l'épouse dans la famille apparaît dans tous les détails de la vie, et est réelle avec des différences de degrés pour toutes les classes de la société.

Dans le peuple, elle est esclave, prépare les repas du maître son mari, et ne les partage pas avec lui. Chargée de tous les travaux grossiers de la maison, souvent elle est encore obligée de gagner quelques anas en se louant comme manœuvre ou comme commissionnaire. Elle gâche le mortier, casse des pierres et porte de lourds fardeaux.

Dans les voyages à pied, la femme est toujours chargée des ustensiles du ménage, ce qui ne l'empêche pas de porter, à la façon du pays, un petit enfant sur sa hanche. Le mari marche devant avec sa pipe pour tout bagage.

Dans la classe aisée, la femme n'est pas obligée de travailler, mais jamais elle n'accompagne son mari dans les promenades, dans les fêtes ou au théâtre, et jamais elle n'assiste aux réunions qu'il a chez lui avec des amis.

On a bien fondé quelques écoles, mais elles sont peu fréquentées. Cependant, une dame dont les hautes capacités sont appréciées en Angleterre, miss Carpenter, est venue dernièrement à Bombay avec l'intention d'y fonder d'abord une école normale destinée à former des institutrices. En attendant que ces efforts soient couronnés de succès, la femme hindoue, loin de connaître les nobles jouissances de l'intelligence, vit dans un ordre d'idées tout à fait infime et ne s'élève pas au-dessus des joies d'une vanité puérile.

—Disons-le, cependant, à côté de cette futilité et de l'état d'abaissement de la femme, il y a un trait intéressant à noter et où la nature humaine reparaît avec sa dignité première, c'est le respect et l'amour que tout Hindou professe pour sa mère.

Nous qui écrivons ces lignes, en vîmes un jour, à Poonah (1), un exemple que nous nous plaisons à rapporter.

Lors de la guerre contre Théodoros, un régiment anglais avait reçu l'ordre de partir pour l'Abyssinie. Nous allâmes à l'embarcadère serrer la main à quelques officiers. La gare était encombrée par les parents et les amis d'indigènes qui suivaient en qualité de domestiques ou de palefreniers. Pour ces gens, un voyage semblable avec la mer à traverser, c'était une épreuve terrible. Aussi, persuadés qu'ils ne reviendraient pas, donnaient-ils les marques d'une désolation profonde. De tous côtés, nous n'entendions que des pleurs et des sanglots. Nous en aurions été plus émus s'ils eussent été moins bruyants. Et puis nous nous demandions presque quel chagrin ces êtres noirs, verts et cuivrés, si laids et si déguenillés, pouvaient éprouver à se séparer.

Parmi tout ce monde une pauvre famille attira notre attention.

La mère était une vieille femme. Ses yeux éraillés dont les paupières rouges tranchaient sur la peau noire et ridée de la face, ses cheveux d'un blanc sale tombant en mèches désordonnées sur sès épaules ; l'affreuse maigreur de son corps informe dont la décrépitude était à peine cachée par quelques lambeaux d'étoffe en faisaient une créature repoussante.

Près d'elle, une jeune et jolie Hindoue tenait sur sa hanche un baby noir charmant.

Un homme de vingt-cinq ans environ, vêtu en domestique, leur faisait des adieux. Il serait plus juste de dire qu'il les faisait à sa mère ainsi que nous l'entendîmes l'appeler. Il ne parlait qu'à elle et ne s'occupait que d'elle ; il lui prenait les mains, la serrait contre sa poitrine et lui donnait les marques de la plus touchante affection. Lorsqu'il adressait la parole à sa jeune femme, ce n'était que pour lui faire des recommandations au sujet de sa mère. Tout cela entremêlé de pleurs et de sanglots.

(1) Ancienne capitale du Deccan.

Mais la douleur des indigènes est ordinairement si criarde que celle de cette famille ne nous inspirait que peu de commisération. Nous cessâmes de nous occuper d'elle pour considérer les autres groupes qui offraient tous à peu près le même spectacle. Cependant, quand on donna le signal du départ, nous reportâmes les yeux sur la vieille et son fils. Celui-ci tomba à ses genoux, ôta son turban, ce qui est la plus grande marque d'humilité que puisse donner un Oriental, et se prosterna le front dans la poussière en s'écriant :

— Oh ! ma mère, ma mère, adieu, ma mère.

La vieille releva son fils et lui imposa les mains en implorant le ciel. Nous ne voyions plus sa laideur ! Dans ce moment suprême, la jeune femme elle-même ne paraissait s'occuper que de la mère de son mari ; elle la soutenait et la consolait. Un sentiment vrai est irrésistible. Nous nous prîmes à dire :

Pauvre vieille, pauvre bon garçon, pauvres gens !

Un second coup de sifflet retentit. Il fallait partir. Il se prosterna une dernière fois devant sa mère, l'étreignit ensuite longuement, embrassa sa femme et son enfant et se dirigea vers le wagon où il monta. Le train allait s'ébranler. On ne pouvait plus se serrer les mains. Les voyageurs étaient séparés de leurs parents par des barrières que gardaient des soldats. Nous considérions, d'un côté cette foule éplorée, et de l'autre, ces têtes noires ou jaunes qui passaient par les portières en grimaçant des tendresses.

Machinalement nous répétions : Mon Dieu, les pauvres, pauvres gens ! Et nous sentîmes couler nos larmes.

— Ah, ah, nous dit en passant devant nous sir G..., l'un des membres importants de l'administration anglaise. Vous vous attendrissez, cela se passera après un plus long séjour aux Indes. Tout sèche ici.

Sir G... se trompe, et la preuve, c'est que le colonel T..., vieux soldat de l'armée des Indes, qui était venu présider au départ de la troupe, arrêta le chef du train au moment où il allait donner le dernier signal, le temps de laisser échanger encore quelques signes d'adieu. Lui aussi vit notre émotion et il nous dit :

— *Yes, poor people !* Oui, ce sont de pauvres gens.

Puisque l'Hindou peut éprouver un tel sentiment, le jour où la femme sera capable d'élever ses enfants, elle rendra un immense service à la société en lui préparant des hommes nouveaux. L'histoire de chaque peuple offre des exemples de grands citoyens qui n'ont dû leurs succès qu'aux principes qu'ils avaient reçus au foyer de la famille.

Depuis quelques jours, la santé d'André s'altérait visiblement. Obligé par plusieurs accès de fièvre répétés de garder la chambre, il avait perdu le sommeil et l'appétit, et sentait ses forces décliner. Il craignait de tomber malade et d'être incapable de faire le voyage de Jubbulpore, qui ne pouvait s'effectuer que dans la seconde quinzaine de novembre lorsque les routes détrempées par les pluies de la mousson seraient devenues praticables. Il fallait laisser au soleil le temps de sécher la terre.

La Chance lui-même, le solide La Chance était éprouvé aussi par la chaleur. Non qu'il eût perdu l'appétit, mais il souffrait beaucoup de milliers de petits boutons connus sous le nom d'échauboulure et que les marins appellent communément *bourbouilles*. Le pauvre garçon ne pouvait pas faire un mouvement sans éprouver la souffrance que lui auraient fait ressentir autant de petites épingles piquées dans sa peau. Et, chose singulière, lui qui avait affronté dans sa vie les dangers les plus sérieux sans y penser, il avait peur, réellement peur des serpents, des scorpions, des cent-pieds, de tous les animaux malfaisants qui pullulaient autour de lui. Ils lui inspiraient un sentiment d'effroi qu'il ne pouvait pas surmonter.

— Quel chien de pays ! répétait-il souvent. Je ne suis pas bien délicat, mais toutes ces bêtes me taquinent.

Elles faisaient plus que de le taquiner, elles troublaient son existence.

La brise de mer rend le climat de Bombay supportable de décembre à avril: cependant dès le commencement du mois de mars, la chaleur devient accablante. Tous ceux qui peuvent partir vont à Matharan, situé à mi-côte des montagnes du Deccan, à quelques heures de Bombay. Matharan n'est pas une ville. Des bungalows, jetés sans symétrie au milieu d'un paysage magnifique en font un endroit délicieux à habiter, où l'on vit sans observer les formalités d'étiquette auxquelles les Anglais tiennent partout ailleurs.

A l'époque de la mousson, le gouverneur, les principaux fonctionnaires et tous ceux à qui leurs affaires le permettent, quittent Matharan pour Poonah, ancienne capitale du Deccan que la situation salubre à 2,500 pieds au-dessus de Bombay a fait choisir pour être le siége du gouvernement de la Présidence pendant la saison des pluies, c'est-à-dire depuis le 15 juin jusqu'à la fin de septembre. La mousson se fait sentir aussi à Poonah, mais d'une façon presque agréable. On ne se figure pas dans nos climats ce qu'est dans l'Inde la saison des pluies à son début. Elle s'annonce généralement par une pesanteur plus grande de l'atmosphère, une chaleur plus accablante. On sent qu'il va s'accomplir une révolution. Tout souffre. A peine a-t-on le courage de se mouvoir. Il y a neuf mois qu'il n'est pas tombé une goutte d'eau de ce ciel éclatant. La terre est fendue, les pierres sont brûlantes, les plantes sont desséchées. On ne respire qu'un air embrasé.

Le repos est impossible et, après la fatigue d'une nuit de fièvre et d'insomnie, on se traîne vers le bain pour chercher un soulagement que l'on n'y trouve pas. Le ciel se couvre enfin de nuages noirs, le vent commence à souffler, la tempête se déclare et des torrents d'eau inondent la terre. Il en tombe sans discontinuer pendant près de trois mois. Il règne alors une humidité chaude, encore plus dangereuse que la chaleur pour les Européens : elle est telle que, du jour au lendemain, les meubles, les chaussures, les habits sont couverts d'une mousse verte.

Les serpents, les crapauds, les scorpions, les cent-pieds, tous les animaux malfaisants ou dégoûtants, chassés de leurs demeures, viennent chercher un refuge dans les habitations. Cette société n'est pas un des moindres désagréments à supporter. La mousson cesse vers le 10 septembre.

Le soleil darde ses rayons brûlants sur le sol détrempé et les exhalaisons fétides achèvent de vicier l'air.

Un soir qu'André était plus abattu qu'à l'ordinaire, le colonel lui dit :

— Mon cher monsieur André, il me semble qu'avant votre grand voyage une petite promenade chez les Mahrattes vous ferait du bien, voulez-vous venir ?

— Ce serait avec plaisir si je le pouvais, répondit André, mais je ne me sens pas fort pour voyager.

— Allons donc, vous n'aurez pas plutôt quitté Bombay que vous vous sentirez remis. D'ailleurs, nous n'avons que quelques heures de chemin de fer.

— Où prenez-vous les Mahrattes?

— A Poonah, dans le Deccan, nous y trouverons tout le monde de Bombay. J'ai besoin moi-même d'aller me reposer un peu ; et si vous voulez faire vos préparatifs, vous ne m'attendrez pas.

— Quand partirons-nous, demanda Jacques?

— Demain matin, bouclez vos malles, je vais en faire autant.

La Chance ne dissimula pas le plaisir qu'il éprouvait en apprenant que l'on quittait Bombay, il espérait que le changement d'air le débarrasserait de ses bourbouilles dont il souffrait de plus en plus.

Le lendemain matin, à 9 heures, on quitta le bungalow. Une ligne de chemin de fer qui sera continuée jusqu'à Madras permet de se rendre en six heures de Bombay à Poonah. Pendant le trajet, le voyageur admire dans les montagnes qui forment la base du plateau du Deccan des sites magnifiques et jouit du plaisir délicieux de respirer un air frais et fortifiant. Il n'en devait pas être de même cette fois pour les nôtres. L'écroulement d'un viaduc qui n'était pas encore réparé les obligea à faire l'ascension à la façon hindoue.

Partis à 9 heures, ils arrivèrent à midi au pied de la montagne. Le colonel retint de suite des palanquins et des porteurs; il confia les bagages à des coolies, et deux heures après, on était arrivé. Mais quel supplice pendant ces deux heures. Enfermés dans leur palanquin sur lequel tombaient verticalement les rayons du soleil, rien ne les garantissait contre la chaleur. On ne peut avoir chez nous une idée des effets produits par la chaleur de l'Inde. Le palais se dessèche, le visage pèle et les lèvres gercées se fendent. Il serait impossible à un Européen de rester un quart d'heure exposé au soleil sans être foudroyé s'il n'avait pas d'autre coiffure que celle que nous portons en Europe.

Arrivés à Khandala, point culminant de la montagne et où l'on devait prendre la voie ferrée jusqu'à Poonah, on retrouva les coolies avec les caisses. Ces pauvres gens sont d'une probité exemplaire. On leur confie des objets qui ont toujours de la valeur pour eux, ils ne portent ni numéros ni marques pour se faire reconnaître, et il est rare qu'il s'égare quelque chose. Ils ne reçoivent que quatre anas (environ 60 centimes) pour gravir la montagne avec les plus lourds fardeaux sur la tête. On donna la valeur d'un franc à chacun d'eux et cette petite somme suffit pour les satisfaire amplement.

Deux heures après Jacques et André étaient installés dans le bungalow que le colonel avait loué dans les lignes civiles de la station de Poonah.

LA DIVINITÉ PATRONALE DE PARERTHALAGENDY.

TEMPLE MONOLITHE A SEVEN PAGODE.

CHAPITRE V

Temples monolithes. — Divinité patronale de Parenthalagendy. — Seven Pagode. — Poonah. — Visites. — Où l'on voit que l'éducation des dames hindoues laisse beaucoup à désirer. — Un Durbar chez les Mahrattes. — Le dieu Gunputti. — Une représentation théâtrale chez les Mahrattes. — Les Brames.

La prédiction du colonel se réalisa si bien, que le lendemain même de l'arrivée à Poonah, André éprouva un mieux sensible et que le surlendemain il put sortir. Il dirigea sa première promenade du côté d'un temple monolithe situé à peu de distance de la ville.

Les ruines de ce temple creusé dans une montagne sont intéressantes pour le voyageur. On y voit, à l'entrée, dans un état de conservation presque complète une sculpture du Taureau sacré ; on pénètre ensuite dans une excavation d'assez grande dimension, autrefois l'enceinte où étaient des divinités. Au fond règne une galerie sur laquelle ouvraient les portes de plusieurs cellules, sans doute destinées aux prêtres.

Une grande quantité de ces monuments monolithes existent encore dans l'Inde. — Un des plus remarquables est celui de la divinité patronale de Parenthalagendy.

Ce groupe gigantesque, qui représente un personnage à moustache retroussée, n'est, dit-on, que la copie d'un monument monolithe détruit par les bouddhistes vers le huitième ou le neuvième siècle de notre ère. Ce personnage était sans doute un héros serviteur de Siva et les chevaux faisaient allusion à quelque incarnation divine. Après avoir rendu un culte à tous les objets, pierres ou arbres, de formes bizarres et étranges, qui satisfaisaient leurs idées superstitieuses, les Hindous cherchèrent ensuite à représenter leurs divinités et à leur élever des temples. Mais n'étant pas assez inventifs pour façonner leurs idoles séparément et les rapprocher ensuite les unes des autres, ils ont taillé en pleine montagne ou en plein rocher.

Seven Pagode près de Madras est un des plus beaux restes de cette architecture.

Un vieux fakir qui gardait les ruines du temple de Poonah demanda à nos voyageurs de vouloir bien lui donner une petite contribution pour l'aider à faire creuser un puits dont les habitants d'alentour devaient profiter.

Après quelques jours donnés au médecin qui entreprit de rendre les forces à André, et surtout grâce à l'air pur et frais de Poonah, le colonel et les deux jeunes gens commencèrent à faire les visites d'usage. Il existe dans la présidence de Bombay des règles d'étiquette qui diffèrent de celles de la mère patrie. En Angleterre, lorsqu'on arrive dans une ville, il faut attendre les premières visites avant d'en faire. Si l'on n'a pas de lettres d'introduction, on risque fort de rester longtemps en tête-à-tête avec les brouillards du pays. A Bombay, à Poonah, au contraire, tout nouvel arrivant est tenu, s'il occupe une certaine position, d'aller faire des visites aux dames anglaises de la station. Sa qualité d'Européen est un titre d'introduction. Dans la semaine qui suit la première visite on reçoit une invitation à dîner. Si on l'accepte, les relations sont établies et l'on fait partie du cercle de la maison. Il y a une grande cordialité dans cette coutume; elle permet d'établir des relations qui aident à supporter l'exil. Mais nos voyageurs maugréèrent souvent contre l'usage qui veut que l'on se présente chez les dames de une heure et demie à deux heures, c'est-à-dire au moment le plus chaud de la journée. C'est l'heure adoptée.

Rien n'est plus monotone que la manière de vivre des dames anglaises dans l'Inde. Elles n'ont pas, ainsi que leurs maris, des affaires qui les occupent et elles passent leur temps à regretter leur pays et leurs familles. — Leurs enfants mêmes ne restent pas auprès d'elles. Aussitôt qu'ils ont atteint l'âge de six ou sept ans, on les envoie en Europe autant pour les soustraire à l'influence du climat que pour leur donner une éducation qu'ils ne trouveraient pas dans l'Inde. La place de la femme est auprès de son mari, disent les Anglaises, et elles restent auprès de leurs maris malgré les inquiétudes sans cesse renouvelées par l'éloignement des chers petits êtres dont elles sont séparées. Combien de mères ne voit-on pas pâlir et avoir peine à maîtriser leur anxiété à l'annonce de l'arrivée de la malle d'Europe. Les femmes des officiers suivent leurs maris dans leurs changements de garnison : elles s'exposent ainsi à toutes les maladies de ce terrible climat. Si elles y échappent, les fatigues les fanent avant l'âge. Elles arrivent dans tout l'éclat de leur jeunesse et de leur beauté, et peu d'années suffisent pour les vieillir. Excepté dans quelques stations importantes, la vie est d'une uniformité spléenique. Aussi savent-elles très-bon gré aux nouveaux arrivants de venir les voir.

Parmi toutes les visites que firent Jacques et André, ils assistèrent à un spectacle qui les amusa beaucoup. — Un Hindou de

haute caste, riche, intelligent, qui était partisan du progrès et travaillait à l'émancipation morale de ses concitoyens, s'était décidé à présenter sa femme à celle d'un officier anglais avec qui nos amis avaient fait connaissance. — Il arriva au jour dit dans une belle voiture où madame Saheb était assise à ses côtés. Fort jolie, quoique de couleur safran, la jeune dame portait le costume hindou dans toute sa richesse et son élégance : corsage en satin de couleur cerise, jupe en soie brodée, sahri en cachemire, bijoux splendides.

Après la salutation et une conversation mimée, on passa

dans la salle à manger où l'on avait préparé une collation de fruits, la seule chose qu'un Hindou puisse accepter chez un Européen.

Durant le court trajet du salon à la salle à manger, madame K... trouva le temps de dire à Jacques : — « Mon mari n'est-il pas ridicule de m'amener ici ce monde ?

— Ce petit être pain-d'épice va quoi faire ? monter sur la table ? » Les dames anglaises sont peu indulgentes pour tout ce qui n'est pas correct.

La petite dame s'assit convenablement à la place qu'on lui indiqua et examina avec beaucoup d'attention le service de la table. Madame K*** lui offrit des gâteaux qu'elle refusa. Tout cela ne l'amusait pas, elle bâillait avec un sans-façon peu flatteur pour la compagnie. Son mari lui ayant dit qu'elle pouvait accepter une orange, madame K*** lui en choisit une. Madame Saheb la prit, puis l'échangea contre une autre de la corbeille qui lui parut meilleure. Elle en ôta la peau avec beaucoup de soin et commença à en manger ou du moins à en sucer la chair.

— C'est bon ? demanda madame K*** par un signe de tête.

— Oui, répondit la dame hindoue par un autre signe.

Lorsqu'elle eut fini, elle tira délicatement de sa bouche la chair de son orange, et, en souriant gracieusement, elle la posa sur l'assiette de sa voisine stupéfaite. Celle-ci eut le bon esprit de ne pas se fâcher contre son invitée, mais elle lança à son mari, qui l'avait exposée à de telles choses, un regard qui annonçait un orage prochain.

Après la collation, nous retournâmes au salon. Madame K*** se mit au piano, mais notre musique ressemble trop peu à celle du pays pour que madame Saheb la comprît. Cependant elle remercia madame K*** et sans doute, pour être aimable jusqu'à la fin, elle lui fit compliment de sa jolie taille, de sa grâce et termina en la priant de danser, d'exécuter un pas devant elle. Celle-ci fort heureusement ne comprit pas et l'on fit entendre à madame Saheb que les dames anglaises ne dansaient pas devant le monde comme des bayadères.

Tout en s'acquittant de leurs devoirs de politesse envers les membres de la colonie anglaise, Jacques et son frère profitaient des occasions qui leur étaient offertes pour étudier de près les indigènes. Pendant leur séjour à Poonah, ils virent beaucoup de chefs (*sirdars*), et visitèrent quelques-unes des stations environnantes les plus intéressantes ; telles qu'Ahmédnuygur, *Porrendhur Kholapoor*.

Les Mahrattes paraissent plus intelligents et sont, en tous cas, moins indolents que les habitants du littoral.

Ils sont très-fiers de leur nationalité, et rappellent volontiers qu'il a fallu beaucoup d'efforts à la puissance britannique, pour les soumettre entièrement. Ils ont d'ailleurs ou plutôt on leur a laissé leur ancienne forme de gouvernement. Les Sirdars, sauf pour la perception des impôts et le droit de condamner à mort, ont conservé à peu près les prérogatives dont ils jouissaient sous les anciens souverains du pays.

Tous les ans, ils viennent, ainsi qu'ils le faisaient avec eux, assister à un Durbar tenu par le gouverneur de la présidence de Bombay. Dans ces occasions, ils déploient la plus grande pompe pour paraître devant le représentant de la reine.

Pendant que nos amis étaient à Poonah, eut lieu un Durbar auquel ils assistèrent. C'était le premier que tenait le nouveau gouverneur de la présidence, aussi l'assistance était-elle très-brillante. Chaque Sirdar s'était fait accompagner d'une suite nombreuse de serviteurs et de soldats, qui formaient une véritable armée autour du monument, où la cérémonie avait lieu. Les uns étaient arrivés sur des éléphants richement ornés, les autres dans des palaquins magnifiques.

Quelques-uns, outre les gens de pied, avaient une escorte

de cavaliers, derniers représentants de cette brillante cavalerie mahratte, dont la renommée dure encore dans le pays. A les voir de près, cavaliers et fantassins ne sont guère attrayants. Le soin

UN DURBAR.

de l'uniforme est complétement inconnu parmi eux, ils sont sales, déguenillés, et ne pourraient certainement pas rivaliser pour la tenue avec la suite du bœuf gras à Paris. Ils ne sont pittoresques que parce qu'on ne peut les voir que sous le ciel de l'Inde, dans un cadre splendide.

Les chefs cependant sont pour la plupart très-richement vêtus, et quelques-uns ont sur eux en bijoux une véritable fortune.

L'étiquette est observée très-rigoureusement dans les Durbars;

chaque chef est reçu selon son rang, et conduit à sa place par un officier anglais plus ou moins élevé en grade.

Au Durbar de Poonah, il y avait au moins deux cents Sirdars occupant tout un côté de la salle, vis-à-vis d'eux étaient les autorités anglaises, civiles et militaires.

CAVALIER MAHRATTE.

Lorsque chacun fut arrivé, le gouverneur, en grand uniforme, fit son entrée.

Derrière lui étaient portés les insignes de la royauté hindoue. Lorsqu'il eut pris place sur le trône qui lui était destiné, ayant à sa droite le Rajah d'Ahmednuygur et à sa gauche le Rajah de Kholapoor, le premier fit à Son Excellence un discours en anglais dans lequel il le remerciait de tous les bienfaits envoyés dans l'Inde par la Grande-Bretagne. Rien n'était plus discordant que la chaleur des expressions louangeuses de ce discours avec la froideur des assistants au nom de qui il était lu, par le prince le plus puissant de l'ancien pays mahratte. Il est vrai qu'aucun d'eux, sauf quelques très-rares exceptions, ne comprenait l'anglais, mais cette ignorance de la langue de leurs vainqueurs n'était-elle pas une

LE RAJAH D'AHMEDNUYGU,

protestation flagrante contre tout ce qui se disait au pied du trône.

Excepté les marchands et ceux qui exercent des professions qui les mettent en rapport avec les étrangers, les Hindous n'apprennent pas l'anglais.

— Nous sommes chez nous, me disait un jour un chef, c'est aux Anglais à apprendre notre langue.

C'est, du reste, ce qu'ils font.

Après les discours du Rajah de Kolapoor, le gouverneur en fit un autre en mahrathi, ce qui flatta infiniment l'assistance indigène.

Après quoi chaque chef, à son tour, conduit selon son rang par un officier, vint présenter ses hommages à Son Excellence. Les Sirdars ont, pour leur servir d'intermédiaires auprès du gouverneur pour les affaires de leur gouvernement, un représentant qui, dans cette occasion, fait l'office d'introducteur pour les Sirdars d'un rang élevé.

Quoiqu'il soit chargé des intérêts indigènes auprès de la Grande-Bretagne, il n'y a pas besoin de dire qu'il est anglais et désigné par l'administration anglaise.

Lorsque la présentation des hommages, cérémonie longue et ennuyeuse, fut terminée, le gouverneur offrit lui-même de l'essence de rose et des colliers de jasmin aux deux princes qu'il avait à ses côtés, ses officiers en offrirent aux autres Sirdars, et on se sépara au son du canon, du tambour et de la trompette.

Rentrés chez eux, les officiers prirent une tasse de thé (a cup of tea), et une tartine de beurre (bread and butter) en parlant de la grandeur de leur pays, le thé en est la preuve, et les Hindous se prosternèrent devant l'idole de Gunputti pour remercier le dieu de ce que tout s'était bien passé.

Les Mahrattes honorent d'un culte tout particulier Gunputti, le dieu à trompe d'éléphant. Son image est dans toutes les maisons.

Voici son histoire.

Un jour que le puissant dieu Siva s'en revenait de la chasse de fort mauvaise humeur, parce qu'il n'avait pas trouvé de gibier, il coupa la tête à son fils nouveau-né, qu'il ne reconnut pas, parce qu'il avait grandi de six pieds depuis le matin. On n'est pas le fils d'un dieu pour rien.

La chose arriva ainsi. Le dieu Siva allait entrer chez lui, lorsqu'il fut arrêté par un grand et beau garçon que madame Siva avait mis de faction à sa porte avec l'ordre de ne laisser entrer personne.

C'était son fils qu'il avait laissé le matin au maillot, et que sa mère avait fait grandir dans la journée, afin d'avoir une société en l'absence de son mari. Naturellement il ne le reconnut pas, et celui-ci ne sut pas que Siva était son père. Aussi, malgré l'apparence terrible du dieu, se plaça-t-il résolûment devant lui en disant :

— On ne passe pas.

— Ne sais-tu pas qui je suis ? lui dit Siva.

— Quand bien même vous seriez le grand Dieu Brahma en personne, on ne passe pas.

Malheureusement pour le pauvre garçon, le dieu était mal monté : aussi, au lieu de lui tirer tout simplement l'oreille, ainsi qu'il aurait dû le faire en dieu bienveillant, il lui coupa brutalement la tête.

Après quoi, il entra fort en colère chez madame Siva. Sans lui laisser le temps de revenir de la surprise que lui causait son retour inattendu, il lui demanda qui était ce garçon qui avait voulu l'empêcher d'entrer.

Madame Siva, piquée du ton et des façons de son mari, ne lui dit pas de suite la vérité.

— En tous cas, dit Siva, je lui ai coupé la tête pour le punir de son insolence.

— Malheureux, tu as coupé la tête à ton enfant !

— Comment, comment, mon enfant ! La pauvre mère expliqua la chose à son mari, et le supplia de rendre la vie à son fils.

Quoique Siva fût le dieu de la destruction, ainsi que chacun le sait, et qu'il n'eût pas le cœur tendre, il aimait beaucoup sa femme et regretta de l'avoir affligée. Il promit donc de faire ce qu'elle désirait.

Mais quand il voulut exécuter sa promesse, il ne trouva que le corps du jeune homme. La tête avait disparu.

Il la chercha partout; ses recherches n'eurent aucun résultat. La tête avait été probablement enlevée par quelque oiseau de proie. Comment faire? il était fort embarrassé, car il ne voulait pas causer à madame Siva le chagrin de le voir rentrer sans son enfant.

Il en était là, lorsqu'il aperçut, dans un champ de riz, une tête d'éléphant séparée du corps.

— « Ma foi, dit-il, quand on fait ce qu'on peut, on fait ce qu'on doit. Puisque je ne retrouve pas la tête de mon nouveau-né, je vais employer celle-ci. — Ma femme me tiendra compte de ma bonne volonté, et Siva ramassa la tête d'éléphant qui se trouvait, malgré la grande chaleur, en parfait état de conservation. — Au moyen d'une eau merveilleuse dont il avait le secret, il la fit tenir sur les épaules de son fils.

Puis il rentra chez lui.

Madame Siva ne fut que médiocrement charmée à la vue de son enfant, mais le jeune Gunputti, c'est ainsi qu'on l'appela, se montra si-aimable et si intelligent, qu'elle l'aima bientôt de tout son cœur, et que Siva le mit au rang des dieux.

Gunputti devint très-populaire chez les Hindous. — Les Mahrattes surtout l'ont en grande vénération et n'entreprennent pas une affaire de quelque importance sans se mettre sous sa protection. C'est le dieu de la sagesse. Il écarte les difficultés et veille à la réussite des projets de ceux qui se le rendent propice.

On le fête particulièrement au mois d'août (le 25). Chaque maison est dès la veille lavée et ornée avec soin afin de recevoir l'image du dieu qui est apportée en grande pompe et au son de la musique.

La journée de la fête se passe en réjouissances de toutes sortes. Il y a musique, chants et festins partout. On fait au dieu des offrandes de riz, de sucreries, de fruits et de fleurs que les brahmes invités se chargent, moyennant beaucoup de roupies (1), de lui faire accepter.

LE DIEU GUNPUTTI.

Lorsque la nuit arrive, le maître de la maison, les amis et les invités lui font de nouvelles offrandes et lui adressent de nouvelles prières pour le rendre propice à la famille, après quoi on le reconduit avec la même pompe jusqu'au fleuve voisin dans lequel on le jette avec de grandes démonstrations de regrets à cause de la séparation qui doit avoir lieu jusqu'à l'année suivante.

(1) Pièce de monnaie qui vaut 2 fr. 50. — La valeur d'un lac de roupies est de 250,000.

Durant cette cérémonie, et toute la nuit, on doit éviter avec le plus grand soin d'apercevoir la lune, sans quoi on serait exposé pendant l'année à toutes sortes de mauvaises chances et même de malheurs.

Un soir que Gunputti voyageait monté sur sa souris favorite, il fit une chute. La lune rit de de sa mésaventure. Le dieu de la prudence oublia sa réserve ordinaire et, dans sa colère, maudit cet astre et tous ceux qui le contempleraient. Lorsqu'il fut plus calme, cependant, il adoucit cet arrêt et ne maintint sa malédiction que pour la nuit de sa fête. Aussi, quand par hasard un Hindou transgresse la défense du dieu et par malheur voit la lune, s'empresse-t-il de chercher une querelle et de se faire dire des injures. Il paraît que c'est le dérivatif à employer pour éloigner les maux qui ne manqueraient pas de pleuvoir sur lui, sa famille, ses animaux et tout ce qui lui appartient.

L'assistance de Gunputti est invoquée par les Mahrattes, non-seulement pour les affaires sérieuses, mais encore pour les plaisirs.

On exécute cette cérémonie même au théâtre, au lever du rideau.

Par l'entremise d'un brahme qu'ils avaient pris comme interprète, Jacques et son frère purent satisfaire le désir qu'ils nourrissaient depuis longtemps d'assister à une réprésentation théâtrale indigène.

Ils se rendirent au théâtre à dix heures du soir. Les représentations théâtrales ont lieu le soir, elles commencent généralement entre dix et onze heures pour finir vers quatre heures du matin. Après avoir parcouru plusieurs corridors très-sombres et d'où ils n'auraient jamais pu sortir si le directeur du théâtre n'avait pas eu l'attention de leur envoyer un porteur de torche, ils pénétrèrent dans une vaste salle assez bien éclairée par des lampes et des lanternes. Elle était comble et n'aurait pas pu, certainement, contenir vingt spectateurs de plus. Il est vrai que le spectacle avait ce soir-là un attrait extraordinaire. Dans le drame qu'on allait représenter et qui avait pour sujet un épisode de la guerre de Ceylan dans les temps mythologiques, des femmes hindoues devaient, contre la coutume, paraître sur le théâtre.

MASQUE D'ACTEUR HINDOU.

Il n'y a pas qu'à Paris ou à Londres où l'on s'entend à faire la réclame. Les Mahrattes ont bien aussi leur petit talent. Voici celle qui depuis plusieurs jours annonçait la représention :

Femmes hindoues jouant sur la scène.

RÉUNION SANS RIVALE DE CAPACITÉS ARTISTIQUES.

LA PRISE DE SITA ET LA MORT DE RAVAN.

NUIT DU SAMEDI 2 NOVEMBRE 1867.

Nos jeunes gens allèrent à leurs places en passant au milieu des spectateurs qui se dérangèrent tous fort poliment pour les laisser gagner les fauteuils envoyés par leur interprète et qui se trouvaient au milieu de la salle.

D'abord ils ne se crurent pas capables de rester là même dix minutes. L'affiche annonçait une réunion sans rivale de capacités artistiques. L'huile de coco de l'éclairage, l'eau de rose, l'essence de
sandal et l'impatience très-remuante de l'assistance formaient une
combinaison d'odeurs insupportable. Je n'ai pas besoin d'ajouter
que la température de la salle atteignait un degré très-élevé. Ils
tinrent bon cependant et, en attendant le drame, ils furent bientôt
absorbés par le spectacle que leur offrait le public.

Il n'existe rien de nouveau dans ce monde et ils furent fort
étonnés de retrouver au théâtre hindou de Poonah les usages de
nos théâtres des boulevards. Il y a certainement des différences de
détails qui tiennent aux mœurs et aux coutumes, mais que de rap-
prochements curieux l'observateur peut faire ! Le peuple est toujours et partout le même. Il faut à ses sentiments une expansion
bruyante, et les cris, les sifflets, les huées, les trépignements sont
en honneur aussi bien chez les Hindous que chez nous. On n'entendait pas l'air des lampions, il est vrai, mais on demandait la toile
sur un rhythme qui a de l'analogie avec cette mélodie si chère aux
Parisiens de l'avenir.

Et les sifflets ! La toile ! La toile ! et les pieds de frapper en cadence. La salle assez vaste contenait environ douze cents spectateurs,
parmi lesquels nos amis étaient les seuls européens. De loges d'avant-
scènes, il n'en est pas question. Il y a un parterre et une seconde
galerie pour les hommes et une première pour les dames.

Le devant de cette galerie est à claire-voie et une natte étendue
sur le parquet sert de fauteuils et de canapés au beau sexe, qui
n'est pas encore assez avancé en civilisation pour se servir de
siéges. Elles étaient là une centaine de dames, les unes couchées,
les autres accroupies à la façon des singes, qui bavardaient et
mangeaient des fruits et des sucreries. Le reporter le mieux
disposé à faire un compte rendu aimable n'aurait pu parler du
spectacle charmant qu'elles offraient.

De même que dans nos théâtres, on distribue le programme qui donne l'analyse de la pièce que l'on va représenter. Sans cette précaution beaucoup de spectateurs ne pourraient pas suivre les péripéties du drame. Mais avant de commencer, on invoque Gumputti. C'est une action tout à fait indépendante de la pièce.

Le programme l'annonçait ainsi :

Au lever du rideau, le *soothradar* (régisseur) et Nati (sa femme) feront à l'assistance le plaisir de paraître sur la scène, et dans une conversation qu'ils auront en sanscrit, ils décideront de faire représenter une pièce de comédie. *Widooshah* (le clown) paraîtra alors et causera avec le régisseur. Après quoi aura lieu une invocation au dieu Gumputti, et la pièce commencera.

Suivait l'explication de la pièce.

Lorsque les machinistes eurent terminé leurs préparatifs, le rideau s'ouvrit aux chaleureux applaudissements du public.

Le théâtre représentait une salle dans un palais. A en juger par la salle, le palais devait être fort modeste ; cependant le public parut très satisfait, et lorsque le soothradar et sa femme Nati parurent, ils reçurent un excellent accueil. Ainsi que le programme l'annonçait, ils eurent une longue conversation avant de décider ce qu'ils pourraient bien faire pour amuser le public. Enfin, ils tombèrent d'accord qu'ils feraient jouer un drame.

Parfait ! (applaudissements dans la salle), et que ce drame sera la prise de Sita (très-bien, très-bien, redoublement d'applaudissements). Ils discutèrent ensuite l'intrigue adoptée. Arriva alors le clown, ou plutôt le paillasse Widooshah. — Il était habillé en soldat anglais. — Il n'a pas encore eu le temps de saluer le public et de dire trois mots, que son patron l'accable d'injures et lui administre une maîtresse râclée (tonnerre d'applaudissements, trépignements). Paresseux, menteur, ivrogne, gourmand et maladroit, tels étaient, paraît-il, les défauts du malheureux clown. Il faut avouer franchement que, si nos amis eussent été anglais, ils auraient pris peu de plaisir à ce qui se passait, mais on savait qu'ils étaient français, et leur amour-propre ne souffrait pas. Aussi prirent-ils leur parti de voir malmener ,pendant un quart d'heure, ce malheureux artilleur, car c'était un artilleur. Ils étaient entre eux, ces braves Hindous, et ils s'offraient le régal d'une petite vengeance.

Enfin, on annonça que le dieu Gumputti allait paraître et qu'après lui avoir demandé de veiller à ce que tout se passât sans encombre, on commencerait. Le clown cessa alors ses farces et, sur un ordre du régisseur, une idole de Gunputti, suivie de musiciens et de bayadères, fut amenée en pompe sur la scène. On brûla des parfums, les musiciens exécutèrent des chœurs, les bayadères dansèrent, le soothrada expliqua au Dieu ce qu'il désirait faire. Le Dieu n'éleva pas d'objections et promit que tout se passerait bien. Les applaudissements frénétiques éclatèrent, et après une attente d'un quart d'heure, le drame commença.

Il faut avouer que, même avec le programme à la main, la pièce était difficile à comprendre. Ce fut un enchevêtrement de combats, de cérémonies religieuses, de transformations, de chasses, d'apparitions, de singes, d'oiseaux de proie, de rois et de princesses impossible de débrouiller. Le personnage principal, Ravan, géant à dix têtes et roi de Ceylan, fit des prodiges de valeur pendant toute la durée de la représentation. Mais que de bruit, que de contorsions ! les acteurs jouent leur rôle en conscience, mais à en juger par la fatigue que leurs cris faisaient éprouver à nos amis, ils devaient être exténués. Que l'on suppose les acteurs des drames militaires qui se jouent à nos fêtes nationales, obligés, au lieu de mimer, de se faire entendre d'un bout de l'esplanade des Invalides à l'autre, et on a une idée de ce qui devait se faire dans la salle du théâtre de Poonah.

Les costumes étaient en général fort beaux. Le roi de Ceylan avait un jeu de dix têtes du plus merveilleux effet, et les généraux et les ministres avaient su se grimer d'une façon remarquable.

Les géants obtenaient un magnifique succès, et chaque fois qu'ils paraissaient, le public poussait des cris d'effroi. Malgré l'intérêt que nos amis prenaient à la représentation, ils n'en attendirent pas la fin. Leur qualité d'Européens les avait rendus l'objet des convoitises d'une telle quantité de ces petits animaux, contre la morsure desquels il n'y a pas de résistance, qu'il leur fallut quitter la salle. Rentrés chez eux, leur domestique les pria de se dévêtir avant d'entrer dans la chambre, s'ils ne voulaient pas être plusieurs jours sans recouvrer leur tranquillité. Ils ne firent aucune difficulté de suivre l'avis qu'il leur donnait, en voyant l'entrain qui régnait parmi toute la gent sauteuse qui s'était emparée de leurs personnes.

La visite à l'hospice des animaux leur était revenue à la mémoire.

On a en France des idées erronées sur les brahmes, aussi aura-t-on été étonné de lire que Jacques et André avaient un indigène de cette caste comme interprète. On croit que les brahmes sont les prêtres hindous. C'est une erreur. Les brahmes forment dans l'Inde la caste la plus élevée; eux seuls peuvent être prêtres et expliquer les *Védas*, mais il ne s'ensuit pas qu'ils sont tous prêtres. Obligés de subvenir aux nécessités de la vie, comme les individus des autres castes, ils embrassent des professions.

Cependant, ils s'abstiennent, autant que possible, d'exercer des professions qui les abaisseraient trop. Malgré cela, il y a quelques exemples de brahmanes qui se sont faits domestiques. Généralement, ils sont médecins, professeurs, employés dans des administrations; quelques-uns même font le commerce. Il faut dire que dans les conditions les plus infimes, ils conservent une dignité et un respect d'eux-mêmes qui les place au-dessus des autres indigènes. Les anciennes lois de Menou leur ordonnaient, à ce que l'on croit, de s'abstenir de la chair des animaux et de tout ce qui avait eu un principe de vie. Les prescriptions n'étaient pas aussi sévères, ils

pouvaient manger de la chair des animaux offerts dans les sacrifices. Encore aujourd'hui, ils suivent les lois qui leur ont été données à cet égard et dans la vie ordinaire les brahmes ne mangent
pas de viande : leur nourriture habituelle se compose de riz, de légumes et de sucreries. Tous leurs mets doivent avoir été apprêtés
par un indigène de leur caste, et jamais un individu d'une caste inférieure ne doit les regarder pendant qu'ils prennent leur repas.
Un jour André ayant eu la curiosité de voir ce que son interprète
avait apporté pour se nourrir pendant la journée, celui-ci donna
immédiatement le tout aux domestiques. C'était cependant un
homme éclairé et n'ayant pas tous les préjugés de ses compatriotes.

LE DÉPART DE POONAH.

PRÉPARATIFS DE VOYAGE.

CHAPITRE VI

La Chance fait le serment de ne jamais acheter de chevaux à des médecins. —
Préparatifs de départ pour les provinces centrales. — Un wagon de première
classe dans l'Inde. — Les domestiques hindous.

Nos voyageurs se proposaient d'aller visiter près de Poonah les
États du Rajah de Kolapour, un des Princes les plus puissants
du Deccan, lorsqu'ils eurent l'occasion de rencontrer, chez le gouverneur de la Présidence, M. Campbell, qui occupait une position
importante dans l'administration anglaise des provinces Centrales.
Naturellement ils lui parlèrent de leur prochain voyage à Jubbulpore et lui demandèrent conseil sur la manière de l'exécuter.
M. Campbell, qui avait fait une partie de son éducation en France,
se mit obligeamment à la disposition de nos amis.

— Je ne dois pas vous dissimuler, dit-il, que ce voyage offre quelques difficultés pour des nouveaux venus dans l'Inde. Vous ne pour-

rez faire qu'une partie du trajet en chemin de fer, et pour le reste, je ne puis pas vous assurer que les nouvelles routes sont très-praticables. Je crains bien que les pluies de la mousson ne les aient sinon détruites complétement, du moins fortement endommagées.

— C'est parce que nous avons eu ces informations à Bombay, que nous avons retardé notre voyage, mais nous devons être à Jubbulpore pour l'Exposition.

— Je suis dans le même cas; je fais partie de la commission de l'Exposition et je vais partir pour Jubbulpore. Il faut vous-mêmes vous presser.

— Mon frère qui était indisposé est tout à fait remis, dit Jacques, rien ne nous retient plus à Poonah et nous pouvons nous mettre en route.

— Attendez une lettre de moi, à Bombay. Je pars demain matin pour Nagpore, ancienne capitale du royaume de Nagpore, qui fait aujourd'hui partie des provinces Centrales. Je vous donnerai tous les renseignements dont vous aurez besoin et je ferai à Nagpore tous les arrangements nécessaires pour faciliter votre voyage.

Le colonel avait besoin lui-même de retourner à Bombay, il fut donc résolu que l'on quitterait Poonah le surlendemain.

Jacques et André étaient le jour suivant occupés à mettre en ordre les notes qu'ils avaient prises pendant leur séjour, lorsque La Chance entra chez eux, les traits animés par la colère et en gesticulant plus qu'il ne le faisait même dans les grandes occasions.

— Ah! monsieur André, dit-il, si vous saviez le tour que votre médecin nous a joué.

— Comment, quel tour le docteur nous a-t-il joué?

— Ah! le gueux; c'est renouvelé de Gil Blas, une histoire que j'ai lue il n'y a pas bien longtemps.

— Qu'est-ce que l'histoire de Gil Blas peut avoir de commun avec le docteur?

— Ah! le docteur! Un drôle de docteur! Ce n'est pas un médecin, c'est un marchand de chevaux, moins que cela, c'est un maquignon.

Et dire que moi, un ancien du deuxième chasseur, j'ai été enfoncé par ce carabin-là.

— Mais explique-toi donc, dit Jacques.

— Eh bien, monsieur, vous avez dû remarquer combien il a insisté pour faire monter M. André à cheval aussitôt qu'il a été un peu mieux portant. Il ne cessait de répéter : il faut monter à cheval, monsieur, c'est un exercice nécessaire dans l'Inde, un exercice excellent qui vous rendra vos forces.

— Oui, eh bien ?

— Eh bien, quand vous lui dites qu'il vous était impossible de trouver un cheval à louer pour le temps que vous deviez rester à Poonah, il vous offrit de vous en vendre un que vous deviez revendre vous-même facilement le même prix et si ce n'était avec bénéfice lorsque vous n'en auriez plus besoin.

— Oui.

— Et il a amené son cheval, nous l'avons essayé dans le jardin et il vous a plu.

— Oui ; mais explique-toi donc.

— Ça vient. Vous vous rappelez qu'il m'a semblé un peu faible des jambes de devant, et que je vous en ai prévenu.

— Oui, mais arrive donc au fait, nous savons que tu as eu raison et que j'ai été obligé de renoncer à monter cette bête qui manquait de se mettre à genoux à tous les coins de route et de m'envoyer par-dessus sa tête, exercice qui n'était pas dans l'ordonnance.

— Bon, reprit La Chance, quand nous avons prié le carabin de reprendre son cheval, il nous a répondu qu'il l'avait remplacé, qu'il n'avait plus de place dans son écurie et il vous a demandé son argent.

Il devait nous trouver une bonne occasion pour nous le faire revendre, disait-il, mais la bonne occasion n'ayant pas encore été trouvée, je suis allé le proposer au marchand de chevaux, puisque nous devons partir demain. Le marchand de chevaux m'a ri au nez et n'a pas voulu me donner un prix.

— C'est, me dit-il en riant, le cheval que le docteur fait monter à ses clients ; il est bien connu à Poonah, et vous ne le vendrez pas, tout le monde sait qu'il ne tient pas sur ses jambes. L'avez-vous payé cher ?

— Non, heureusement ,j'ai donné 250 roupies (750 francs).

— Le marchand rit encore plus fort. Ne vous inquiétez pas, me dit-il, le docteur vous le fera reprendre pour 400 francs.

Jacques et André cherchèrent de leur mieux à consoler La Chance, mais ce n'était pas facile ; l'amour-propre de l'ancien cavalier souffrait.

— M'être laissé prendre ainsi par un carabin, répétait-il à chaque instant, c'est honteux !

Enfin, dans la journée, il parvint à placer son cheval avec deux cent cinquante francs de perte, mais il quitta Poonah, avec Jacques et André, sans avoir pardonné au docteur.

Afin de le faire connaître, disait-il, il racontait l'histoire à to ut le monde. Mais comme chacun riait en disant : « *It is a good trick,* » c'est un bon tour, il avait pris les gens de Poonah en exécration.

Il finit par se calmer pendant le voyage, et par rire lui-même de l'aventure.

— C'est égal, dit-il, c'est une drôle d'idée de faire acheter ses mauvais chevaux par ordonnance de médecin !

Le retour à Bombay n'offrit rien de remarquable, mais au pied de la montagne, le changement de température se fit sentir.

L'atmosphère était si lourde, si épaisse et la chaleur tellement accablante qu'André se trouva indisposé. Ses compagnons en souffrirent aussi.

— Il faut vous mettre en route pour Jubbulpore, le plutôt possible, dit le colonel, car le climat de Bombay ne convient décidément pas à notre ami André.

— Nous terminerons nos préparatifs demain, répondit Jacques, et nous partirons ensuite.

— Demain si rien ne nous en empêche. J'irai demain matin au chemin de fer prendre des informations.

Le lendemain, André, qui s'était éveillé tard, appela son domestique et lui demanda si Jacques était revenu du chemin de fer.

— Pas encore, maître, il a dit qu'il reviendrait bientôt et il a prié maître de l'attendre.

— As-tu porté, ainsi que je t'en avais donné l'ordre, les malles et les caisses chez l'homme qui doit les remettre en état?

— J'ai été dire à l'homme de venir les chercher.

ABDHUL ET PÉDRO.

— Ce n'est pas tout à fait la même chose, dit André, et je commence à m'apercevoir que les domestiques hindous ne brillent pas par le zèle.

Abdhul ne comprit pas la dernière phrase; le mot zèle n'avait aucun sens pour lui. Voyant que son maître ne lui demandait plus rien, il sortit et alla s'asseoir à la porte à côté du cipaye. Une minute après il dormait.

André était impatient de savoir ce que son frère avait appris. Bombay l'avait vivement intéressé, mais il connaissait cette ville maintenant; il avait tout vu. Il voulait partir. Et puis un voyage dans l'intérieur parlait à son imagination. Un voyage dans un pays inconnu! Que de notes on allait prendre, que de croquis on rapporterait, que de choses à raconter au retour, car le retour est la pensée de tous les voyageurs. Lors de leur départ ils y songent déjà. Sans attendre si longtemps, André se disait que, lorsqu'il se présenterait devant la moqueuse mademoiselle Rose à Calcutta, elle ne le traiterait plus comme un collégien. Quand on a traversé l'Inde dont les jungles sont peuplées de bêtes féroces! Les bêtes féroces en effet ne manquent pas dans les provinces centrales. D'après le dernier relevé officiel qu'André avait en ce moment sur son bureau, il y avait été abattu, en 1867, 2584 animaux féroces, soit 653 tigres, 860 panthères, 8 léopards, 177 loups, 462 ours et 442 hyènes. 546 personnes avaient été tuées par les bêtes fauves, 661 par les serpents, 187 blessées par les premières et 112 par les seconds. Dans la dernière chasse aux éléphants sauvages on avait pris 45 de ces animaux. Notre ami n'avait donc pas trop tort de faire entrer les tigres et les panthères en ligne de compte dans son voyage.

Jacques arriva au milieu des projets de son frère.

— Eh bien, lui demanda-t-il, les informations?

— Elles se réduisent à peu de chose, personne ne peut me dire comment aller à Jubbulpore. La voie ferrée n'est même pas terminée jusqu'à Nagpore. On ne peut nous transporter que jusqu'à Scindie, à 30 milles avant cette ville.

— Très-bien; mais de Scindie à Nagpore, comment voyage-t-on?

— Impossible de le savoir. Je crois que nous ferons la route à cheval. Trente milles ne sont pas une distance bien effrayante.

— Non, mais de Nagpore à Jubbulpore?

— Oh, quant à cela, mon cher André, c'est tout à fait l'inconnu. La seule chose que l'on m'affirme, c'est que le trajet ne peut pas s'effectuer en voiture. Or nous savons déjà qu'on n'y va pas en chemin de fer.

— Le major Thin, que je viens de rencontrer, m'a assuré que nous ne pourrions faire la route qu'à cheval ou en bullock gharry.

— Qu'est-ce qu'un bullock gharry?

— C'est un chariot recouvert d'une capote en toile et traîné par deux bullocks ou, si tu l'aimes mieux, deux bœufs trotteurs. Il paraît que c'est un moyen de locomotion désagréable. Du reste, d'après le major, le voyage d'ici à Jubbulpore est le plus pittoresque que l'on puisse faire dans l'Inde.

— Eh bien, dit André, qu'as-tu décidé?

— Nous allons consulter le colonel, mais mon avis est qu'il faut nous mettre en route. Je viens de recevoir une lettre de M. Campbell qui me fait savoir que si nous partons demain soir, nous le trouverons à Nagpore et qu'il nous aidera pour aller à Jubbulpore.

Le colonel fut consulté, et il fut convenu que l'on se rendrait à l'invitation de M. Campbell.

Outre La Chance, chargé de la surveillance générale, Jacques et André devaient emmener chacun leur domestique.

— Avant tout, dit le colonel, qui avait l'expérience des voyages dans l'Inde, il faut penser aux approvisionnements. Il n'est pas certain que vous trouviez sur la route ce qui vous sera nécessaire, emportez des conserves alimentaires et du vin. Lequel de vos deux domestiques sait faire la cuisine?

— Il est inutile de s'adresser à ces moricauds, dit La Chance, je me charge de cela.

— Non, dit le colonel, vous ne le pourriez pas; vous n'êtes pas acclimaté. Il vous serait difficile de supporter la chaleur du feu, et, en outre, vous ne sauriez pas tirer parti, comme un indigène, des ressources du pays. Abdhul et Pedro, interrogés sur leur savoir-faire en cuisine, se déclarèrent capables de confectionner les repas.

— As-tu déjà voyagé ? demanda le colonel à Abdhul.

— Oui, avec mon ancien maître.

— Alors que sais-tu faire ?

— Moi, griller un poulet, faire cuire une côtelette, ajouta-t-il après avoir beaucoup cherché ce qu'il savait encore faire.

— Bon, bon, dit le colonel ; et toi, Pedro ? Pedro prit un air important et répondit :

— Griller un poulet, une côtelette et faire le thé et le café.

— Moi aussi faire café et thé, dit vivement Abdhul.

— Et cuire le riz, ajouta Pedro.

— Moi aussi, dit encore Abdhul qui ne voulait pas être au-dessous de son camarade.

— C'est bien, dit le colonel, je suis fixé sur vos talents, vous ferez la cuisine chacun à votre tour. Celui qui se distinguera aura une récompense après le voyage.

Abdhul et Pedro se retirèrent enchantés.

La journée et celle du lendemain se passèrent en préparatifs. Outre une petite malle pour les habits, nos voyageurs emportaient une batterie de cuisine portative qui consistait en un sceau en fer battu dans lequel étaient renfermés un gril, une poêle, des casseroles, deux plats et différents objets aussi en fer battu ; une caisse contenant du vin, des boîtes de conserves, de la bougie.

Jacques et André avaient chacun un lit de voyage se composant d'une grosse couverture ouatée qui sert de matelas, d'une autre plus légère et d'un oreiller. Roulé et attaché par une courroie en cuir, ce lit est très-portatif et tient peu de place.

Tout cela est, sans doute, encore un attirail, mais si l'on relit les anciens voyageurs dans l'Inde, l'on verra que les choses sont simplifiées : on peut se mettre en route pour aller loin, puisque Jubbulpore est à 800 kilomètres de Bombay, sans se préoccuper de ce qui était indispensable il y a quelques années, c'est-à-dire de tentes et d'une suite considérable de domestiques, de chevaux et de bêtes de somme.

Quant aux armes, on ne va pas dans un pays comme celui que nos deux voyageurs allaient parcourir et qui est infesté de tigres, de panthères, de hyènes, d'ours et de loups, sans prendre ses précautions. Outre un fusil double, Jacques et André emportaient chacun un rifle de très-fort calibre, un révolver et un couteau de chasse. La Chance avait une bonne carabine américaine et son ancien sabre de chasseur d'Afrique.

Le lendemain après le dîner, le colonel et ses deux jeunes amis se rendirent à la station. Les domestiques étaient allés d'avance avec les bagages.

— Allons, dit le colonel en serrant les mains des jeunes gens, bonne chance. Vous allez faire un voyage intéressant. Nous n'avons rien oublié, vous avez des lettres de recommandation, tout ira bien. Encore une fois à revoir. J'espère, dit-il à Jacques, que vous me ferez bientôt venir à Calcutta pour une jolie fête. Le jeune homme rougit un peu, c'était la seconde fois que le colonel faisait allusion à son mariage avec mademoiselle Laure.

Le colonel s'était attaché à ces deux jeunes gens qui, pendant plusieurs jours, avaient égayé sa solitude, et le train était déjà en marche qu'il leur faisait encore des signes d'adieu.

Inspection faite de leur compartiment, nos voyageurs furent satisfaits. Sur les chemins de fer de l'Inde, l'espace est moins ménagé que dans nos wagons français et il n'y a pas de séparations de places. Ils étaient dans un véritable petit salon bien aéré par le haut et par les côtés, ayant une large banquette à droite, une autre à gauche et une troisième au fond ; en face de celle-ci une porte pour communiquer avec un second salon. Les domestiques avaient préparé les lits de leurs maîtres, c'est-à-dire qu'ils avaient étendu les couvertures sur les banquettes et arrangé le coffre aux provisions sur une autre. Il n'y avait plus qu'à se coucher.

— Eh bien, André, dit Jacques, nous voici de nouveau en route. Tu vois que le tout n'est pas aussi difficile que nous le supposions.

— Attends, nous ne sommes pas arrivés ; nous partons. C'est aujourd'hui seulement que notre voyage commence. Jusqu'à présent, nous avons trouvé tout si bien arrangé, si bien organisé que nous n'avons eu aucune préoccupation. Nous allons être livrés à nous-mêmes maintenant. Je me promets un grand plaisir de toutes les difficultés qui se présenteront.

— Je suis enchanté de te voir en de si bonnes dispositions.

— Oui, je suis heureux de penser que nous partons sans savoir comment nous continuerons notre voyage et même si nous pourrons l'accomplir. Nous avons pourtant lu assez d'ouvrages anciens et de publications récentes sur l'Inde, et, aujourd'hui, nous ne savons rien, nous n'avons pas d'informations utiles. Tu prendras beaucoup de notes, je ferai des croquis, et plus tard nous publierons un livre qui donnera à ceux qui se trouveraient dans le même embarras que nous, tous les renseignements que nous voudrions avoir.

— Parfait, dit Jacques, notre voyage aura ainsi un double intérêt.

— Nous commencerons par l'île de Ceylan...

— Si tu veux bien, nous commencerons par dormir ; je ne te cache pas que je suis très-fatigué. La journée d'hier et celle d'aujourd'hui ont été un peu agitées. Nous ne savons pas ce que sera celle de demain et je suis d'avis de profiter du temps que nous avons pour nous reposer.

André ne fit pas d'observations à ce sage discours, il s'étendit ainsi que son frère sur son lit improvisé et, cinq minutes après, ils dormaient tous deux aussi bien que s'ils eussent été dans leur lit.

Ce ne fut pas pour longtemps. Ils s'éveillèrent bientôt, fort incommodés par une poussière épaisse qui remplissait leur voiture et leur entrait dans la gorge.

Dans un pays où il ne pleut pas pendant cinq minutes depuis le mois de septembre jusqu'au mois de juin, la poussière de la route n'est pas un vain mot. Aussi nos voyageurs endurèrent-ils tout d'abord un véritable supplice.

A deux heures du matin, il y eut un temps d'arrêt. André qui, voulait avoir de l'eau fraîche, sauta hors de son compartiment et appela Abdhul. Abdhul ne répondit pas. Il appela Pedro, Pedro ne répondit pas davantage.

Jacques descendit aussi sur la voie et se joignit à son frère pour appeler les domestiques.

Mais ceux-ci se gardèrent bien d'entendre. Ils savaient que leurs maîtres ignoraient dans quel wagon ils se trouvaient, aussi ne bougèrent-ils pas. En revanche La Chance parut.

— Qu'y a-t-il, monsieur André, que voulez-vous ?

— Je voudrais de l'eau. Nous mourons de soif et de chaleur. Sais-tu où sont Abdhul et Pedro ?

— Je n'en sais rien ; je suis monté dans mon compartiment de seconde après leur avoir donné leur billet de troisième.

— Est-ce qu'ils ne seraient pas partis ?

— Oh que si ! j'en réponds, ils avaient trop envie de venir. Ils dorment sans doute, ou ils ne veulent pas se déranger. Je connais mes gaillards. Je vais aller vous chercher de l'eau.

Et La Chance alla à la fontaine placée selon l'usage du pays à l'endroit le plus apparent de la station, et qui contient de l'eau filtrée pour les voyageurs. Il leur en apporta une bouteille pleine.

— Voilà une bonne idée, dit-il, d'avoir de ces fontaines dans les stations. On devrait bien en faire autant chez nous où, en voyage, un pauvre diable est obligé de dépenser son argent à la buvette s'il a besoin de se rafraîchir. Je marquerai cela, et quand je reviendrai, je le dirai.

La Chance aussi était, on le voit, animé du désir de rendre service à ses semblables.

Les Parsis et les Hindous cependant n'usent jamais de l'eau de ces fontaines. Les premiers reçoivent la leur d'un parsi et les seconds ne boivent que celle qui leur est offerte par un brahmane.

L'eau dont se servent les Hindous pour boire, faire leurs ablutions et laver leurs idoles, ne doit pas avoir été souillée par le contact d'un individu qui n'appartient pas à leur religion. Les prescriptions à cet égard sont si rigoureuses qu'il est interdit aux brahmanes, comme étant de la haute caste, d'accepter de l'eau de qui que ce soit, mais les individus des autres castes peuvent la recevoir d'eux. Dans les villes indigènes et dans les villages, ce sont les femmes qui vont fort loin, quelquefois, chercher la provision d'eau nécessaire à la consommation de la journée. Avant de partir, elles doivent faire leur toilette de même que si elles se rendaient à une cérémonie religieuse.

La Chance alla prendre une nouvelle bouteille d'eau fraîche pour ses maîtres et le train se remit en marche sans qu'Abdbul ou Pedro eussent paru.

On se figure assez mal, chez nous, ce que sont les domestiques de l'Inde. On se les représente comme remplis de prévenances pour leurs maîtres dont ils reçoivent les ordres en s'inclinant avec les marques du plus profond respect. On dit même qu'il n'est pas nécessaire de parler pour se faire obéir, qu'un signe suffit. Il est possible qu'il en ait été ainsi lorsque les maîtres coupaient la tête aux serviteurs dont ils étaient mécontents, mais depuis que les maîtres sont cités devant la cour de justice s'ils se permettent de maltraiter les domestiques, les choses ont bien changé.

On n'en voit nulle part d'aussi indolents et moins attachés à leurs devoirs. Ils ne se plaisent pas dans la maison de leur maître, aussi y passent-ils le moins de temps possible. Aussitôt que le service du dîner est fini, on ne peut plus compter sur eux. Ils partent pour ne revenir que le lendemain matin, le plus souvent leur maître ne sait pas où ils logent. Ils sont d'une paresse que rien ne peut vaincre et l'on n'obtient quelque chose d'eux qu'en diminuant leurs gages à la fin du mois ; on leur retranche une roupie ou une demi-roupie selon la gravité de la faute commise. C'est la seule punition qu'ils redoutent. Pour ne rien faire, ils inventent tous les tours imaginables. En voici un entre autres.

Un gentleman avait un valet de chambre qui prit l'habitude, après quelques jours de service, de ne plus venir le soir lorsque son maître l'appelait. Il était hindou-portugais, par conséquent catholique. Son maître lui donna son congé. Mais la place était bonne, Diégo y tenait ; il avait besoin de quelques soirées de congé pour aller à une fête, mais il ne voulait pas perdre une bonne position. Il vint donc demander sa grâce et dit à son maître :

— Pardonnez-moi, maître, si je ne réponds pas le soir lorsque vous m'appelez, ce n'est pas ma faute, c'est celle du diable. Dès la nuit tombante, il vient sous la forme d'un chien ailé, d'une hyène ou d'un animal féroce extraordinaire s'asseoir devant la porte de votre chambre et, lorsque je veux entrer chez vous, il me menace en faisant des grimaces affreuses.

Naturellement, son maître n'admit pas cette excuse.

— Maître, continua Diégo, vous êtes bon, grand, généreux, bon catholique. Je suis votre serviteur fidèle et bon catholique aussi ; l'esprit malin cherche à nous épouvanter, mais d'ici à quelques jours, il cessera en voyant que ses tours ne servent à rien. Alors je n'aurai plus peur et le maître sera satisfait de moi. Son maître comprit que le drôle avait encore besoin de quelques soirées, et que, pour être tranquille, il se permettait de lui raconter une histoire qu'il supposait bien effrayante afin de le faire tenir coi. Il appela ses autres domestiques en témoignage. Tous déclarèrent avoir vu le diable à la porte du gentleman, mais tous l'avaient vu sous une forme différente. Un de ses amis qui demeurait avec lui demanda pourquoi l'esprit malin ne venait pas le tourmenter aussi.

— Oh ! Saheb, répondit-il, vous êtes protestant, le diable est votre ami et ne voudrait pas vous tourmenter.

Il est inutile de dire qu'il fut congédié et que le diable ne vint pas faire de grimaces à son remplaçant.

Le grand nombre de domestiques dont on est obligé de s'entourer est un des désagréments de la vie dans l'Inde. Ce n'est pas un luxe qu'on se donne, c'est une nécessité à laquelle on se soumet. Chacun d'eux a son travail particulier et n'en veut pas faire d'autre. C'est un usage qui convient tout à fait à leur caractère apathique. On prétend que ce nombreux service ne coûte pas plus cher que trois domestiques à Paris. C'est une erreur. Chacun d'eux coûte de deux cent cinquante à six cents francs par an.

Voici la liste de ceux qui constituent un établissement honorable, non pas d'une maison avec un grand train, mais d'une maison montée sur un pied convenable.

1° Boy, remplissant les fonctions de valet de chambre français. Il s'occupe de tout ce qui concerne la toilette de son maître et il le

LE BUTLER.

sert à table, soit à la maison, soit lorsqu'il va dîner dehors. C'est l'habitude d'emmener son domestique pour se faire servir par lui partout où l'on est invité.

2° Le butler, espèce de maître d'hôtel chargé de surveiller les autres domestiques. Il va tous les matins faire le bazar, ce que nous appelons faire le marché. Il dirige le service de la table, découpe et remet au boy de chaque convive ce qui est offert à son maître. Le butler est l'homme important de la maison, le *Deus ex machinâ*, il est traité en considération, car il est indispensable pour tout. Il connaît les habitudes des marchands, des ouvriers, il n'est embarrassé pour rien. Même quand la maison est gouvernée par une dame, le butler est nécessaire parce qu'elle ne peut ni aller au bazar, ni avoir affaire aux autres domestiques. La position du butler est la plus lucrative.

3° Le cipaye, qui se tient à la porte du bungalow, il fait l'office d'huissier et annonce les visites. Il est chargé aussi de porter les missives. C'est un service assez actif par suite de l'habitude du pays de traiter, même les affaires, par petits billets que l'on s'envoie les uns aux autres. Le cipaye est toujours vêtu avec une certaine élégance. Quelques-uns mêmes portent des épaulettes brillantes qui font un assez singulier effet avec le turban, le vêtement long des Hindous et l'absence de pantalon. Le nombre des cipayes est en raison de l'importance de la maison, plus on a de cipayes, plus on est considéré.

4° Le cuisinier, qui est presque toujours un Portugais.

5° Le hammal, qui a la charge de balayer les appartements et d'en prendre soin. Jusque dans l'après-midi, il est accroupi devant les meubles, il les frotte et les essuie, mais comme il n'est pas possible à un Hindou de rester cinq minutes accroupi sans dormir, le hammal passe la moitié de son temps à faire un petit somme devant chaque pièce du mobilier.

6° Le mossal qui prépare les lampes et nettoie les chaussures.

7° Le mali, jardinier. Chaque bungalow a un jardin et il faut nécessairement un jardinier.

8° Un aide-jardinier.

9° Le cocher (gharrywhalla). Il est de toute nécessité à Bombay d'avoir sa voiture.

10° Les gorawallas, palefreniers ; il en faut un par chaque cheval.

UN COOLI.

11° Le bhesty, porteur d'eau.

12° Le ramousi, homme de police qui vient prendre son service le soir pour veiller sur la maison jusqu'au lendemain matin.

13° Plusieurs coolies pour porter les paquets et faire les gros ouvrages de la maison.

14° Un pariah, chargé de nettoyer et de balayer dehors. Il est chargé de tous les ouvrages répugnants. Même dans le jour il disparaît aussitôt son travail fait.

Tous les Européens qui arrivent dans l'Inde croient pouvoir se passer de cette quantité de domestiques. Il leur faut cependant se conformer à l'usage, sans quoi ils n'en trouveraient pas un seul. Le boy ne prendrait pas soin des lampes, le hammal ne donnerait pas à manger aux chevaux et ainsi de chacun.

KAGPORE.

LE BUNGALOW DES VOYAGEURS.

CHAPITRE VII

Vingt minutes d'arrêt. — Le buffet. — Jacques et André plantent chacun une cheville dans leur cercueil. — Une bonne histoire d'ours. — Les provinces du Béjar. — Le bungalow des voyageurs. — Un major prussien. — Une promenade en Lorry. — Nagpore.

A huit heures du matin, le train s'arrêta à une station appelée Mandgaum. Un gentleman, tout de blanc habillé, vint très-poliment avertir nos voyageurs qu'il y avait ving-cinq minutes d'arrêt, et, remarquant qu'ils étaient étrangers, il ajouta.

— Puis-je vous être utile, messieurs? je suis à votre disposition.

C'était un des employés anglais du chemin de fer.

— Est-il possible trouver à déjeuner ici? demanda André après l'avoir remercié.

— Certainement, je vais vous faire conduire.

Il appela un cooli auquel il donna un ordre et celui-ci mena les jeunes gens vers une petite salle, où une table toute préparée attendait les voyageurs. A l'arrivée des deux frères, un Parsi, le chef de l'établissement, fit servir le déjeuner, ils n'eurent qu'à s'asseoir, et à découvrir les plats. Le déjeuner se composait de côtelettes, d'œufs au jambon, de fromage, le tout accompagné d'excellente ale anglaise.

On pouvait désirer mieux sous le rapport de la propreté dans le service, mais en voyage comme en voyage. Quelques années auparavant, Mandgaum était un endroit sauvage où le voyageur se trouvait obligé de planter sa tente s'il voulait s'y reposer.

Avant le départ Jacques et André eurent le temps de faire une promenade sur la plateforme, qui était encombrée de voyageurs hindous de toutes les castes.

— Quel singulier spectacle! dit André. Des brahmanes, des parsis, des bayadères, des femmes musulmanes en chemin de fer! Et la poésie de l'Orient, que devient-elle?

— La poésie y perd quelque chose, mais la civilisation y gagne beaucoup, répondit Jacques. Il est certain que ces gens-là devaient faire meilleur effet en palanquins, ou montés sur des éléphants, qu'entassés dans un compartiment de chemin de fer, mais alors on ne pouvait pas facilement, comme nous le faisons aujourd'hui, venir visiter et étudier ce magnifique pays.

Du reste, attendons Scindie; d'après ce que m'a dit le major Thin, la couleur locale ne nous fera pas défaut. Le train reprit sa marche et ne s'arrêta qu'à midi à la station de Bossaful.

Un employé aussi blanc de costume et aussi courtois que son collègue de Mandgaum, vint prévenir que les voyageurs pour Scindie changeaient de voiture.

Cette opération est ennuyeuse partout. Elle occasionne toujours un dérangement désagréable qui s'accroît beaucoup lorsqu'il faut procéder au déménagement d'une salle à manger et d'une chambre à coucher (car le wagon de nos voyageurs était tout cela pour eux). Mais sur l'ordre de l'employé, trois ou quatre coolies enlevèrent en un clin d'œil les malles, le coffre à provisions et les lits qu'ils déposèrent sur la plate-forme.

Abdhul et Pedro, que La Chance avait fini par retrouver, commençaient à emballer et à mettre tout en ordre sous la surveillance de leurs maîtres lorsque le même employé dit à Jacques :

— Vous n'êtes pas habitué au soleil, monsieur, ne restez pas ici, allez au buffet. Je vais faire transporter ce qui vous appartient dans le nouveau wagon que vous devez occuper jusqu'à Scindie. Vos domestiques prendront ensuite soin de tout et je vous ferai prévenir au moment du départ.

Partout dans l'Inde on trouve la même complaisance de la part des employés anglais.

Jacques était horriblement fatigué, son frère ne l'était pas moins ; ils s'empressèrent donc de suivre le bon conseil qui leur était donné. La Chance resta avec les domestiques. Il ne se fiait pas assez à eux, disait-il, pour les laisser tout arranger eux-mêmes, et le soleil ça le connaissait, il avait été en Afrique.

André était malade, la chaleur l'avait accablé, il avait la peau brûlante, la bouche sèche et il pouvait à peine se soutenir.

Jacques n'était guère mieux.

La salle du buffet était une grande pièce assez sombre, où il faisait presque frais.

Des tables et quelques sophas avec un fond en natte de bambou en composaient tout l'ameublement.

Un gentleman, étendu sur l'un d'eux près d'une fenêtre, parut s'éveiller lorsqu'ils entrèrent. André se laissa tomber sur un siége.

— Je n'en puis plus, dit-il, cette chaleur terrible m'accable. Voilà seize heures que nous sommes en route. Quand arriverons-nous à Scindie?

— Vous arriverez entre minuit et une heure, dit le gentleman qui était sur le sopha, le train s'arrête à Scindie et la voie n'est terminée que jusque-là. Vous allez sans doute plus loin ?

Jacques dit qu'ils allaient à Nagpore, mais qu'ils ignoraient comment ils feraient le trajet depuis Scindie jusqu'à cette ville.

Le gentleman ne put lui donner aucun renseignement.

Après avoir appris qu'ils étaient français et que c'était le premier voyage qu'ils faisaient dans l'Inde, il dit à André qui paraissait toujours souffrir beaucoup :

— Il y a dans ce pays des habitudes d'hygiène auxquelles il faut déroger le moins possible. Depuis votre arrivée, vous devez avoir eu tous les matins votre bain froid. Vous en avez été privés aujourd'hui. Il faut en prendre un, vous avez tout le temps.

— Je ne demande pas mieux, dit André, mais où et comment ?

— Ici même. Puisque vous êtes un voyageur novice, permettez-moi de vous donner quelques renseignements. Enchanté de pouvoir être agréable à des Français. J'aime beaucoup la France et Paris. J'ai été en pension à Gravelines. Il se leva alors, et saluant nos deux jeune gens :

— Edward Moore, lieutenant au 89ᵐᵉ de la Reine, Jacques et André, habitués à l'étiquette anglaise, se levèrent aussi et déclinèrent leurs noms et qualités.

— Eh bien donc, dit M. Edward, une fois cette espèce de présentation accomplie, vous trouverez, dans toutes les grandes stations de chemin de fer, une salle de bains et des lits comme ceux qui sont ici. Votre domestique étend vos couvertures dessus et vous pouvez dormir autant que vous le voulez. Le train que j'attends ne passe que dans deux heures, si je n'avais pas eu le plaisir de faire votre connaissance, j'aurais dormi deux heures.

Je vous conseille le bain, il vous remettra de vos fatigues.

Jacques appela le garçon qui le conduisit à une petite salle fort propre, où il trouva, rangées le long du mur, des jarres pleines d'une eau assez fraîche. Un quart d'heure après, il rentra dans la salle tout à fait remis. André suivit son exemple, et, lorsqu'il revint, il paraissait à peine fatigué.

— Maintenant, dit le lieutenant, prenez un *peg*.

— Un peg? dit Jacques.

— De l'eau-de-vie et du soda water, répondit M. Edward. C'est ce que vous pouvez boire de meilleur pour réparer vos forces.

Le garçon apporta de l'eau-de-vie et de l'eau de soda. Cette boisson fut trouvée délicieuse; mais pourquoi peg?

En anglais, le mot *peg* signifie cheville. — Les chevilles servent à fermer notre cercueil. — La boisson composée d'eau-de-vie, de soda et de glace, excellent tonique, prise modérément, devient dangereuse lorsqu'on en fait abus. Chaque verre représente alors une cheville que l'on plante dans son cercueil. De là le nom de peg. Il est un peu lugubre. Ce qui n'empêche pas le peg d'être en honneur chez les Anglais de l'Inde.

Nos jeunes gens se trouvèrent bien de celui qu'ils burent, et ils passèrent une heure agréable à écouter le lieutenant, qui était un grand chasseur. Il leur raconta quantité d'aventures de chasse.

Cet officier était un des types fréquents que l'on rencontre dans l'Inde.

Il était chasseur, ne parlait que de chasses, ne considérait un pays qu'au point de vue cynégétique et ne prenait intérêt qu'à tout ce qui avait trait à la chasse. Il revenait d'une expédition entreprise contre un tigre man-eater, mangeur d'hommes, et dans laquelle un de ses amis était tombé sous les griffes de la bête. Après leur avoir donné les détails les plus émouvants, il termina en disant :

— C'est une chance pour moi d'en revenir, car lorsque le tigre blessé se retourna sur nous, j'étais à côté de mon ami. Il aurait pu aussi bien s'en prendre à moi qu'à lui.

— Mais, demanda André, pourquoi exposer ainsi votre existence?

— Eh, monsieur, répondit le lieutenant, que voulez-vous que nous fassions ici? Sans la chasse l'ennui nous tuerait.

Jacques et André écoutaient avec tant de plaisir les histoires de M. Edvard, qu'ils éprouvèrent un véritable regret en prenant congé de lui, lorsque La Chance vint les prévenir qu'il fallait partir.

Il faisait toujours bien chaud, aussi furent-ils satisfaits de voir qu'ils étaient seuls dans leur compartiment et de recevoir de l'employé l'assurance qu'ils n'auraient personne jusqu'à Scindie. Ils firent alors monter avec eux La Chance qui aurait étouffé dans son compartiment de seconde classe, dont toutes les places étaient occupées.

Aussitôt le train en marche, la poussière entra de plus belle. Elle était si épaisse qu'il fallut, malgré la chaleur, fermer les petites jalousies du wagon.

La Chance heureusement fit diversion en racontant des histoires et en communiquant ses nombreuses observations. Il n'était dans l'Inde que depuis quelques jours et il prétendait tout comprendre, tout expliquer. Assis dans un coin de la salle du buffet, il avait écouté les récits de chasse du lieutenant et il ne parlait plus que d'abattre des tigres, des panthères et au besoin des éléphants.

— Ça me connaîtra bientôt ces bêtes-là, dit-il, elles verront ce que c'est qu'un Africain. Tout le monde chasse dans ce pays, même les bourgeois. Pourquoi ne ferait-on pas comme tout le monde? Il y avait cette nuit, dans le wagon où j'étais, un particulier qui m'en a joliment raconté de ses chasses : entre autres une bien bonne histoire d'ours.

— Voyons l'histoire d'ours, dit André, qui s'aperçut facilement que La Chance mourait d'envie de la répéter.

— J'ai cru d'abord que c'était un conte, mais rien n'est plus vrai; la chose a été imprimée dans le journal.

— Voyons l'histoire.

— Pour lors, dit La Chance, ce voyageur en seconde a un ami qui est un des plus grands chasseurs de l'endroit qu'il habite. Il a à son service, comme c'est l'habitude de ce pays, un chasseur indigène, qui s'occupe de trouver les bêtes, de les suivre, d'épier leurs habitudes, c'est-à-dire de savoir où elles vont boire et où est leur repaire.

Un soir que l'ami du voyageur fumait tranquillement son chee-rut (cigare) sous sa vérandah, voilà que son shikari, qui est le nom de ces chasseurs indigènes, demanda à lui parler.

— Saheb, dit-il en entrant, je vous apporte une bonne nouvelle. Il y a un gros ours pas loin d'ici; je sais où le trouver, je vous le ferai tuer, si c'est votre plaisir.

L'autre, qui ne demandait pas mieux, prend de suite rendez-vous avec le shikari pour le lendemain matin. Le lendemain avant le jour, il part avec un domestique qu'il charge de garder son cheval, une fois arrivé à l'endroit où le shikari l'attend.

— Crois-tu que nous allons voir la bête? dit-il à l'Indien, avant de s'enfoncer dans ces bois.

— J'en suis sûr, je connais son heure de promenade et je vais vous mettre dans un endroit d'où vous la verrez venir, et pourrez la tirer à votre aise.

Mais il paraît qu'il s'était trompé dans ses calculs, car, au moment où ils entrent dans un chemin creux, formé par le torrent d'une petite rivière desséchée, ils voient l'ours qui vient tranquillement au-devant d'eux, suivi d'un second, auquel il semble montrer le chemin.

Sans dire un mot, le shikari pose la main sur le bras du monsieur pour l'arrêter et, lui montrant un des côtés de la route, il lui fait signe d'y grimper. L'autre ne lui laisse pas faire signe deux fois et, d'un coup de jarret, il monte sur le talus, et se cache dans des broussailles. Le shikari le suit de près. Il lui met la bouche contre l'oreille et dit vivement : Ne bougez pas, laissez-les passer, demain nous reviendrons en nombre.

Ce brave homme, qui n'est pas si bien armé que son maître, trouve que deux ours sont un peu trop pour deux hommes, d'autant plus que dans ces pays ces animaux sont méchants et féroces plus qu'il ne faut.

Heureusement pour les chasseurs qu'ils ne sont pas sous le vent, sans quoi ceux-ci les auraient sentis.

Mais, pas du tout, ils montent en traînant les pattes et en branlant la tête, sans avoir l'idée que les autres sont cachés si près d'eux.

Cependant le monsieur avait gros cœur de voir ces bêtes à portée et de ne pas tirer dessus, et il se faisait des raisonnements pour se prouver qu'il serait imprudent de les attaquer. Il n'avait qu'un rifle à deux coups, de gros calibre, c'est vrai, mais à cause de la fourrure qui est très-épaisse, on n'est pas toujours certain que la balle porte. Dans ce cas-là les choses auraient pu être mauvaises pour lui.

Il s'était donc décidé à remettre la partie au lendemain, lorsqu'en jetant un dernier regard sur les ours qui les avaient dépassés, ce fut plus fort que lui, paf, il tire sur celui qui marchait devant.

— Nous sommes perdus! dit le shikari.

Au bruit du coup de feu, les deux animaux se sont arrêtés net et les chasseurs s'apprêtent au combat lorsque le premier ours, qui a reçu la balle dans le train de derrière, se retourne sur son camarade et lui allonge de grands coups de griffes. L'autre, qui ne sait pas ce que cela veut dire, se fâche d'être attaqué par son camarade à qui il n'a rien fait et se défend comme un ours en colère. Ils se battent avec rage.

Quand le monsieur voit cela, il tire sur le second et le blesse. Le combat continue de plus belle. Pendant ce temps il recharge son arme et envoie ses coups en visant aussi tranquillement que s'il était au tir de la fête Saint-Cloud.

Les deux pauvres bêtes restèrent sur la place, aussi bien

des balles qu'elles reçurent que des blessures qu'elle se firent.

C'est égal, dit La Chance, en terminant, on comprend que les animaux féroces soient nombreux dans ce pays-ci, si chacun de ceux que l'on rencontre est double comme l'ours de ce chasseur.

— Bravo, La Chance, dirent les deux jeunes gens, il faut prendre cette histoire en note; elle est originale, ajouta Jacques.

— C'est possible que monsieur la trouve originale, dit La Chance piqué au mot original, mais celui qui me l'a racontée m'a assuré qu'elle était vraie et qu'on l'avait mise dans le journal.

— Certainement, elle doit être vraie, reprit Jacques, et j'ai été témoin au Jardin des Plantes de Paris d'une scène à peu près semblable, sinon aussi sanglante.

Plusieurs jeunes gens, réunis autour d'une fosse où étaient deux ours, s'amusaient un jour à regarder le manége patient de ces animaux qui faisaient leurs saluts les plus aimables afin d'obtenir quelques morceaux de pain ou de brioche.

L'un des jeunes gens trouva sous ses pieds une de ces tabatières en écorce appelées queues de rat. Elle était pleine de tabac. Après l'avoir cachée au milieu de pain et de fromage et avoir bien proprement attaché le tout, il en fit hommage au plus gros des ours qui l'avala sans défiance. Il parut d'abord fort satisfait de la politesse que venaient de lui faire les jeunes gens, et disposé à en accepter une seconde au besoin, lorsqu'un violent haut-le-corps indiqua qu'il se passait en lui quelque chose d'insolite, un second, puis un troisième. Évidemment l'animal souffrait beaucoup. Tout à coup il se dirigea vers son camarade et engagea avec lui un combat auquel l'autre était loin de s'attendre. C'était le tabac, sans doute, qui faisait son effet.

Le train continua sa route, jusqu'au soir, il parcourut un pays bien cultivé. De magnifiques champs de coton s'étendaient de chaque côté de la route à perte de vue, nos voyageurs étaient dans les provinces du Bérar, appartenant au Nizam (1), mais administrées par les Anglais depuis quelques années.

Le pays, l'un des plus riches, sinon le plus riche et le plus fertile de l'Inde, était, quand les Anglais en prirent l'administration, presque entièrement dépeuplé, par suite des exactions des autorités musulmanes. Le paysan n'avait rien à lui. Si, après avoir payé les impôts du chef, il lui restait quelques roupies, il était obligé, pour les conserver, de les cacher dans un coin de son champ.

Il était la victime des guerres incessantes qui se faisaient sous les prétextes les plus frivoles, et en proie aux massacres et à la dévastation. Depuis que les Anglais sont à la tête de l'administration, tout est rentré dans l'ordre; les agriculteurs fortement encouragés sont revenus dans leur pays natal. On leur a distribué des graines de coton qui ont parfaitement réussi. Le paysan est à son aise et les provinces du Bérar jouissent d'une prospérité qui augmente tous les jours.

Jacques avait profité d'un temps d'arrêt qui eut lieu vers minuit pour descendre s'informer si l'on approchait de Scindie, lorsqu'il entendit fredonner à côté de lui :

— « La Dame Blanche vous regarde. La Dame Blanche vous entend. »

L'obscurité l'empêchait de distinguer les traits du chanteur, mais il reconnut la voix de M. Campbell.

— Est-ce vous, monsieur Campbell?

— Oui, qui m'appelle?

— Jacques Dambrun.

— Ah! parfait. Vous voici. *Allright*, tout va bien. J'ai eu à faire une tournée d'inspection et j'ai pris mes mesures pour me trouver ici au passage de ce train par lequel je vous avais conseillé de partir. Allons dans votre compartiment.

Une heure après on était à Scindie, où cessait effectivement le

(1) Titre que porte le souverain des provinces du Nizam dans le Deccan.

service du chemin de fer. Les rails étaient posés jusqu'à Nagpore, mais les travaux sur la voie n'étaient pas terminés.

On descendit les bagages qui furent laissés à la garde des domestiques, pendant que M. Campbell emmenait ses amis les Français au bungalow des voyageurs où il avait fait commander à souper.

On ne trouve, dans l'Inde, ni hôtels ni auberges, et à moins de se faire suivre de nombreux serviteurs, de tentes, et d'un bagage considérable, il ne serait pas possible d'avoir, dans l'Inde, un gîte assuré sur les routes, si l'administration anglaise n'y avait pourvu en établissant, pour les voyageurs, des maisons (bungalows) que l'on trouve environ tous les quinze milles, soit au milieu des jungles, soit près des villages.

Ce sont des bâtiments composés généralement de quatre pièces. Deux servent de chambres à coucher, de salon et de salle à manger, et deux de cabinets de toilette et de salle de bain. La cuisine est séparée du corps de logis par une cour.

L'ameublement des deux premières pièces est des plus simples, une grande table, quelques fauteuils en canne et un bois de lit avec un fond en tresse de jonc. Le cabinet de toilette contient une petite table, un trépied supportant une cuvette et plusieurs grands vases remplis d'eau.

Un gardien attaché au bungalow a la clef d'un coffre contenant des assiettes, des plats, des verres, des couverts, des flambeaux, qu'il met à la disposition des arrivants. Quelquefois il fait un peu de cuisine et a charge d'aller à la recherche des provisions si on en manque. Cependant le voyageur n'a droit qu'au gîte et au feu, il doit pourvoir à ses vivres. Tout est tenu très-proprement : le gardien est poli, serviable et fait de son mieux afin qu'au départ on écrive une bonne note sur le livre qu'il est tenu de présenter. La taxe imposée à chaque voyageur est d'une roupie (2 fr. 50) par jour et d'une demi-roupie s'il ne reste que quelques heures.

Deux voyageurs étaient installés au bungalow lorsque Jacques son frère et M. Campbell y arrivèrent. Ils connaissaient ce dernier et ils l'invitèrent à partager le souper qu'ils avaient commandé, sauf à lui à ajouter quelques conserves pour augmenter le menu. La proposition fut acceptée de grand cœur.

Ces deux voyageurs se rendaient également à Jubbulpore pour l'exposition. L'un était peintre. Arrivé dans l'Inde depuis quelque temps, sa réputation était déjà faite et il avait le monopole des portraits de tous les princes indigènes. M. Danin avait l'air franc, ouvert, avec une petite pointe de suffisance qu'il ne poussait cependant pas trop loin.

L'autre, M. Pfordten, que l'on appelait Major, paraissait moins aimable. Il avait d'épais sourcils gris, de gros yeux bleus abrités par des lunettes d'or et d'énormes moustaches dont il tirait constamment les pointes. Chargé par le gouvernement prussien d'une mission commerciale dans l'Inde, il visitait les villes les plus importantes.

Ce major cependant était un très-brave homme, qui, malgré son air rébarbatif, n'aurait pas fait souffrir un insecte. On l'appelait Major parce qu'il commandait un bataillon de landwehr, il portait des lunettes d'or parce qu'il était myope, et d'épaisses moustaches parce qu'il était Prussien. Il était possédé de deux passions : l'astronomie et le jeu des échecs. Ses poches étaient pleines des publications les plus nouvelles traitant des éclipses et des taches qui sont dans le soleil, et sa malle renfermait un échiquier qui lui servait le soir à faire les combinaisons les plus savantes, s'il n'avait personne pour jouer avec lui.

Après le souper, il offrit à M. Danin de faire une partie et à sa grande joie celui-ci accepta. Ces messieurs s'étaient déjà vus à Bombay.

Pendant qu'ils se livraient à leur jeu favori, Jacques et André s'étendirent chacun sur un sofa en attendant M. Campbell qui s'était chargé d'aller à la recherche des moyens de transport.

— Hurrah, dit-il en rentrant après une heure d'absence, nous allons faire un voyage charmant. L'ingénieur en chef de la voie, qui est un de mes amis et à qui j'avais écrit un mot, vient de me prévenir qu'il met à ma disposition deux lorrys. Je viens de la station où on les préparait. En route, nous serons à Nagpore de bonne heure.

Nos amis ne se le firent pas répéter, et, disant au revoir au peintre et au Major, ils suivirent M. Campbell à la station.

Un lorry est un canapé en bois, semblable à ceux que nous

avons dans nos jardins et fixé sur une petite plate-forme montée sur quatre roues adaptées aux rails. Le tout se démonte facilement.

On mit les bagages sur les plates-formes, M. Campbell et Jacques s'installèrent sur un lorry, André et La Chance sur l'autre, deux Hindous poussèrent chaque machine et l'on se mit en route. Abdhul et Pedro devaient venir de leur côté.

Il faisait presque frais, car il était de très-bonne heure ; nos voyageurs entrèrent dans un pays magnifique et tout nouveau pour eux ; ils traversaient tantôt de grands bois, tantôt des champs bien cultivés auxquels succédaient des jungles sauvages qu'ils savaient peuplées d'animaux féroces, mais où ils ne voyaient que les oiseaux les plus charmants de la création, diaprés de toutes les couleurs puis celle de l'émeraude jusqu'à celle du saphir. Ils s'arrêtaient où ils voulaient pour admirer de beaux sites et n'éprouvaient pas la moindre fatigue. Ils firent halte à moitié route à l'habitation d'un des constructeurs du chemin de fer, afin de déjeuner et de laisser reposer leurs hommes qui avaient déjà fourni une course de quinze milles. Ils étaient quatre par lorry, se relayant tour à tour; tandis que deux poussaient en courant sur les rails, les deux autres se reposaient sur la plate-forme. Les Hindous, du reste, sont d'excellents coureurs et ceux-là ne paraissaient pas fatigués.

Après une demi-heure de repos, on se remit en route, et, sans avoir aperçu d'autres animaux féroces qu'un magnifique sanglier et un chacal porteur d'une assez mauvaise figure qui rentrait chez lui après quelque expédition nocturne, on arriva à une station près de laquelle M. Campbell fit arrêter les lorrys.

A peu de distance se détachait claire et lumineuse sur un fond de bambous et de bananiers, une ville hindoue dont la vue arracha des cris d'admiration à Jacques et à André.

C'était Nagpore, dernièrement la capitale d'un puissant État gouverné par les princes de la famille des B honsla, aujourd'hui le chef-lieu des provinces centrales de l'Inde, administrées par un commissaire anglais.

— Quel aspect féerique que celui de ces temples, de ces mosquées, de ces palais dont les constructions élégantes resplendissent des feux de ce soleil de l'Inde qui dore tout ce qu'il éclaire, dit Jacques enthousiasmé.

— Vive Nagpore, s'écria André, voici l'Inde que je rêvais ! Nous n'avions rien vu jusqu'à présent. Il n'est pas possible d'imaginer un tableau plus pittoresque et plus charmant !

— Constantine est un joli endroit aussi, planté en l'air comme cela et c'est à nous, dit La Chance un peu froissé de ce que son maître laissât ainsi éclater son admiration devant un étranger, au sujet d'une ville étrangère.

— Allons, La Chance, je crois bien que Constantine est, comme tu le dis, un joli endroit, mais laisse-moi admirer Nagpore.

— Et, continua La Chance, en regardant M. Campbell, Constantine n'a pas été prise commodément. Les Arabes ont du tempérament. Nous nous sommes battus, et longtemps, à Constantine. Un maréchal de France y a été tué pendant le siége. Nous n'y sommes pas entrés la canne à la main. Ah! mais non!

La Chance professait un mépris qu'il ne déguisait pas pour la politique anglaise dans l'Inde. Il trouvait que généralement les Anglais avaient eu bien peu de peine avec ces pauvres Hindous.

— Les Hindous! c'est un peuple sans tempérament, disait-il.

— Allons, mon brave monsieur La Chance, venez avec nous, dit M. Campbell, voici ma voiture qui nous attend. Je serai bien charmé de vous entendre raconter vos campagnes d'Afrique, lorsque nous serons chez moi.

En effet, par le télégraphe, il avait demandé sa voiture ; elle l'attendait au débarcadère.

On arriva bientôt au bungalow de M. Campbell situé dans le cantonnement anglais, et où il avait offert l'hospitalité à Jacques et à André.

Toutes les villes des provinces centrales où résident les Anglais, et appelées stations, sont divisées en deux parties, le *cantonnement* où les Européens ont leurs habitations (Bungalows) auxquelles ils tâchent de donner l'apparence de cottages anglais, et la ville noire où demeurent les indigènes.

— Vous voici chez vous, dit M. Campbell en arrivant. Usez de ma maison comme de la vôtre, surtout pas de cérémonies ; j'apprends que quelques amis vont m'arriver, je vais leur faire dresser des tentes dans le jardin. Je vous demanderai la permission de m'occuper d'eux et d'expédier quelques affaires de service en retard. Mais, je vous le répète, vous êtes ici *at home*, chez vous.

Il introduisit alors nos deux amis dans une très-vaste pièce au

milieu de laquelle était un grand punka (1) destiné à rafraîchir
l'air. Un cabinet de toilette et une salle de bains complétaient l'appartement.

— Voici, dit M. Campbell, en désignant deux Hindous qu'il avait
fait demander, un homme pour tirer votre punka et un autre pour
transmettre vos ordres aux domestiques de la maison. Celui-ci
parle l'anglais, vos boys vont arriver avec vos malles. J'espère que
vous serez confortables.

Confortable résume pour les Anglais la jouissance des aises de
la vie.

Vers les quatre heures, le Major vint faire une visite à ses compagnons du bungalow. Il arrivait de Scindie et était venu demander
l'hospitalité à M. Campbell. C'était un infatigable parleur. A peine
installé dans un fauteuil à palettes, devant un verre de brandy et
de soda, qu'il s'était empressé de se faire servir, il avait commencé
la narration d'un de ses voyages lorsqu'il fut interrompu par
l'entrée de M. Campbell.

— Messieurs, dit-il, le Rajah de Nagpore, apprenant que j'ai
des étrangers, m'envoie demander s'il leur serait agréable de faire
une chasse à l'antilope. Il a des léopards parfaitement dressés. Je
viens vous demander de désigner le jour.

— Mon cher hôte, nous accepterons avec reconnaissance tous
les plaisirs que vous voudrez bien nous procurer, répondirent
Jacques et André. Faites comme vous l'entendrez. Mais qu'est-ce
que cette chasse à l'antilope ? demanda André.

— Une chasse barbare, dit M. Pfordten, horrible. De pauvres
bêtes inoffensives que l'on fait massacrer par des animaux féroces. C'est un spectacle affreux.

— Voulez-vous que j'accepte pour demain ? demanda M. Campbell sans tenir compte de l'interruption de M. Pfordten.

(1) Large éventail attaché au plafond et mis en mouvement par un domestique,

— Avec plaisir.

— Je ne vous accompagnerai pas, dit M. Pfordten.

M. Campbell se retira en souriant.

— Ah ! jeunes gens, jeunes gens, reprit M. Pfordten, pourquoi assister à de pareils spectacles — voir couler le sang d'innocentes créatures, quelle jouissance en pouvez-vous retirer ? c'est repoussant.

— Mais en quoi consiste cette chasse ?

— Je viens de vous le dire, on lâche des léopards, de féroces léopards sur des animaux charmants et inoffensifs. Le sang coule, et comme toujours, pour satisfaire aux plaisirs de l'homme, le plus féroce des animaux.

En parlant ainsi, le docteur marchait avec agitation dans la chambre.

— Et le Rajah, continua-t-il, qu'avait-il besoin d'offrir ses chitas (1) ?

— Qui est ce Rajah ? demanda Jacques.

— Un homme malheureux, le souverain légitime du royaume de Nagpore. Il vit aujourd'hui au milieu de ceux qui lui ont pris son trône. C'est une triste histoire que j'ai apprise depuis que je suis dans l'Inde, ainsi que beaucoup d'autres. Voulez-vous la connaître ?

— Certainement, dirent Jacques et André.

Le Major ne se fit pas répéter l'invitation et raconta ce qui suit.

(1) Les léopards.

Le Grand Mogol.

LE PALAIS DU RAJAH.

CHAPITRE VIII

Comment on s'empare d'un royaume. — La panthère. — Le Major fait connaître ses sympathies pour la cuisine. — Le serpent cobra. — La mangouste.
— Les charmeurs.

Les provinces centrales de l'Inde sont formées par les pays compris entre la rivière Wurdah à l'ouest, et celle Mahammedy à l'est; la chaîne de montagnes Sautpoura au nord et au nord-ouest, la rivière Godavery et les États du Nizam au sud. La superficie est de 114,718 milles, et la population de neuf millions d'âmes environ. Vous voyez que, même en Europe, cela ferait un royaume assez important. Les habitants sont des Gonds, des Musulmans et des Hindous. Les descendants de la première de ces tribus habi-

tent aujourd'hui de petits villages enfouis dans des jungles épaisses.
Ils sont forts et entreprenants ; ils mangent de la viande et ont
l'habitude de boissons enivrantes. Leur pauvreté égale leur ignorance, mais leur courage est tel, qu'ils attaquent souvent les animaux féroces avec une lance. L'année dernière, un homme de
cette tribu tua ainsi une panthère qui allait déchirer un enfant.

— Il y a de braves gens partout, dit La Chance, qui s'était assis
à la façon hindoue dans un coin de la chambre.

Et des bavards aussi, lui dit Jacques sévèrement.

— Je ne vous ferai pas l'historique des guerres, des changements
de dynasties et des révolutions qui se succédèrent pendant des siècles, ce serait une étude trop longue, je vais seulement vous faire
connaître comment les Anglais se sont emparés de ce magnifique
pays.

Après que l'Inde centrale eut été subjuguée par les Musulmans,
les royaumes formés antérieurement par les Gonds furent anéantis
et les chefs convertis à l'Islamisme soit par la force, soit par la per-
suasion. Les plus belles parties de la vallée de la Nerbudha, fleuve
sacré que vous allez traverser pour aller à Jubbulpore, furent en-
vahies par les nouveaux maîtres et le royaume de Nagpore devint
une dépendance de la vice-royauté du Deccan qui relevait du Grand
Mogol.

— Les hommes ont toujours été les mêmes, dit philosophique-
ment La Chance. Ote-toi de là, que je m'y mette.

Lorsque l'empire musulman fut ruiné à son tour, continua le
docteur, le pays qui forme aujourd'hui les provinces centrales passa
sous la domination de la maison mahratte des Bhonsla. Cette famille,
qui possédait antérieurement la province du Bérar qui appartient
aujourd'hui au Nizam, étendit sa domination, entre autres pays,
sur la provicne de Cuttak près de la mer, et elle gouverna bientôt
un des plus puissents royaumes fondés par un prince mahratte.
Ses revenus annuels étaient de 25 millions de francs environ.

— Cela me paraît une liste civile civilisée, dit l'incorrigble La Chance.

— Ce fut au commencement de ce siècle, en 1803, que les Bhonsla, à la suite de différentes guerres avec leurs voisins, perdirent la province de Cuttak et celles du Bérar, ce qui réduisit le royaume d'un tiers, et que les Anglais envoyèrent un Résident à Nagpore, capitale du royaume. Ils commencèrent alors à dire leur mot dans les affaires du pays et, peu à peu, ils le dirent assez haut.

En 1816, le Rajah mourut, laissant un fils à peu près fou. Il fallut une régence pour laquelle il y eut deux compétiteurs qui recherchèrent tous deux l'appui du Résident.

— Qu'est-ce qu'il avait à faire là dedans? Cela ne le regardait pas, ne peut s'empêcher de dire La Chance.

— Appa Sahib, l'un des deux rivaux, lui ayant offert de conclure un traité d'alliance que le dernier souverain avait toujours repoussé, et de prendre à sa solde un corps auxiliaire anglais, il obtint à ces conditions l'appui du Résident. Elles stipulèrent que le royaume de Nagpore entrerait dans une ligue formée entre le gouvernement Britannique et le Nizam. Le Rajah s'engageait à tenir toujours prêt un contingent de troupes destiné à agir de concert avec le corps auxiliaire anglais.

Il promettait, de plus, d'accepter l'arbitrage du gouvernement Britannique dans toutes les contestations qu'il pourait avoir avec ses voisins et de ne jamais négocier que de concert avec lui.

— Faut-il être idiot! dit encore La Chance, pardon monsieur le major, c'est plus fort que moi. Je sais la suite, vous n'avez pas besoin de me la dire, je la devine.

— Ce n'est pas bien difficile à deviner. Vous voyez qu'en 1803, le gouvernement Britannique obtint qu'un résident serait reçu à la cour de Nagpore, et, en 1816, c'est-à-dire treize ans après, il envoyait une armée permanente dans le royaume sous le nom, il est vrai, de *force auxiliaire*. Comme conséquence toute naturelle de la présence de ce *corps auxiliaire* qui ne pouvait pas être employé selon le bon plaisir du Rajah, celui-ci était tenu d'accepter la décision des Anglais dans les questions de paix et de guerre.

Appa-Sahib, d'ailleurs, ne fut pas plutôt monté sur le trône qu'il reconnut qu'il s'était donné un joug, et qu'il chercha à s'en affranchir. Mais il n'y réussit pas, au contraire, et dès l'année 1837, après une bataille qui eut lieu sous les murs de Nagpore même et connue dans le pays sous le nom de bataille de Settabuldée, il fut obligé de céder plusieurs districts aux Anglais. Bien plus, il leur donna aussi les deux petites collines de Settabuldée à Nagpore que vous pouvez voir d'ici et qui commandent la ville noire ainsi que quelques mille mètres carrés de terrain pour former un cantonnement.

Du brillant et puissant royaume de Bhonsla, il ne restait plus que la province de Nagpore. Appa-Sahib s'était juré de recouvrer son royaume et, pour y parvenir, il tenta contre les Anglais des entreprises qui l'ont rendu célèbre dans le pays. Le sort ne le favorisa pas. Abandonné peu à peu par ses partisans et traqué activement par les Anglais qui avaient mis après lui trois corps d'armée, il finit par disparaître et ce ne fut qu'après l'avoir cherché inutilement pendant plusieurs mois que ses ennemis apprirent qu'il avait obtenu un asile auprès de Runjeh-Sing, roi de Cashmire, qui lui faisait une pension à la condition qu'il se tiendrait tranquille.

Depuis cette époque, les résidents jouèrent le principal rôle dans l'administration des affaires du pays jusqu'à ce qu'enfin, en 1854, les Anglais, sous prétexte que le dernier Rajah n'avait pas laissé d'héritiers, annexèrent le royaume de Nagpore à leurs autres possessions dans l'Inde.

— Connu, dit La Chance, toujours le même air.

— Cependant cet acte ne s'accomplit pas sans réclamations de la famille Bhonsla qui prétendait, au contraire, que le Rajah avait laissé comme héritier direct apte à lui succéder, son petit neveu Janogî Bhonsla. Il descendait de la ligne féminine, mais d'après la loi hindoue, il était éligible par adoption.

Sa naissance qui eut lieu au palais du Rajah, au mois d'août 1834, fut saluée de 21 coups de canon tirés sur la place du palais et de feux de joie exécutés par l'infanterie et l'artillerie du Rajah. Quelques jours après, les ministres et les grands officiers de la cour firent une visite au Résident anglais et lui offrirent de sa part des sucreries.

— Comme chez nous on envoie des boîtes de dragées, interrompit La Chance.

— Le sucre est envoyé aux parents et aux amis intimes par un père hindou lorsqu'un fils lui est né. Cette démarche était donc la preuve que le Rajah considérait le nouveau-né comme son fils adoptif.

— Des gens qui ont ces habitudes-là doivent être de braves gens, reprit La Chance, qui était enchanté de retrouver une coutume qui se rapprochait d'un usage de son pays.

— La Chance, si tu interromps encore dit Jacques, je me fâcherai. Tu abuses....

La Chance ne le laissa pas achever et lui dit : On se taira, monsieur Jacques, on se taira. Ne vous fâchez pas, mais c'est plus fort que moi. Je les prends en affection ces Hindous; ce sont des gens qui n'ont pas de tempérament, sans quoi ils n'auraient pas ainsi laissé faire les Anglais, mais je commence à les aimer.

— Eh, toi là-bas, moricaud, dit-il en apostrophant vivement le domestique chargé du panka et qui s'endormait, veux-tu tirer ta machine, espèce de paresseux, veux-tu que j'aille t'aider? En même temps, il faisait signe au pauvre diable d'agiter le punka. Il paraissait si furieux que l'Hindou effrayé eut visiblement envie de se sauver.

La Chance s'aperçut que chacun souriait de sa manière d'exprimer aux pauvres Hindous l'affection qu'il commençait à ressentir pour eux.

— Ils n'ont pas de tempérament, dit-il, ils sont faits pour avoir des maîtres.

— Pour en revenir à notre jeune prince, dit M. Pfordten, il fut élevé comme l'enfant du palais. Il était accompagné partout où il allait par dix ou douze officiers de familles nobles ; les chevaux, les éléphants, les serviteurs de la couronne étaient à son service.

Lorsqu'il fut en âge, il allait aux durbars (1) du Résident avec le Rajah et s'asseyait à côté de lui. En un mot, il jouissait de toutes les prérogatives de l'héritier présomptif.

A la mort du Rajah, le conseil de famille reconnut comme son successeur le jeune Janogi Bhonsla, mais le gouvernement anglais refusa d'adhérer à cet acte. La famille Bhonsla était aimée par ses anciens sujets : un commencement d'agitation eut lieu à Nagpore.

— A la bonne heure donc, dit La Chance, à la bonne heure.

— L'autorité anglaise la fit promptement cesser. La force était entre ses mains. Puis elle fit enlever les bijoux, les trésors et la garde-robe de l'ancien Rajah qui avaient été laissés à la disposition de la famille, et les vendit. Le produit de cette vente, qui s'éleva à 20 laks de roupies (5 millions de francs) reste en dépôt entre les mains de l'administration anglaise pour subvenir à l'entretien de la famille Bhonsla. Quelques-uns de ses membres les moins satisfaits ont été emprisonnés, et le prince Janoji est à Nagpore l'objet d'une tutelle vigilante.

— Pauvre prince! dit André, combien il doit souffrir!

Un coup de tam-tam retentissant indiqua qu'il était temps de procéder à la toilette pour le dîner. Mais au coup de tam-tam, un hurlement féroce répondit si près de l'appartement que le Major quitta son fauteuil comme mû par un ressort et que les deux jeunes gens en furent tout interdits.

(1) Assemblées officielles des chefs.

— C'est le cri de la panthère, dit le Major, une panthère !

Un second hurlement suivit le premier.

— Où sont les armes ? s'écria le Major, c'est ici tout près. Quel pays !

Il fut interrompu par un rire bruyant qui se fit entendre dans le coin de la chambre où était La Chance. C'était en effet La Chance qui riait de la façon la moins cérémonieuse.

— Ne vous inquiétez pas, monsieur, dit-il à l'astronome. Elle est apprivoisée.

— Où se trouve-t-elle ?

— Dans la cour.

Tous quatre sortirent et virent en effet une jeune panthère couchée aux pieds d'un domestique hindou.

M. Campbell l'a élevée, dit le serviteur chargé de la soigner, mais on n'a jamais pu l'habituer au bruit du tam-tam ; chaque fois c'est la même colère et je ne l'apaise qu'en lui apportant à manger.

— Pas bête, la panthère ! dit La Chance. Ce n'est pas le bruit du tam-tam qui la fâche, c'est parce que tu ne lui apportes pas son dîner assez vite. Quand elle entend l'instrument, elle comprend que l'on va manger dans la maison; elle veut être servie.

Jacques et André montèrent au salon où se trouvaient réunis quelques invités. Cette pièce aurait pu par le bon goût qui y régnait soutenir la comparaison avec nos élégants salons de Paris; des fleurs à profusion dans des jardinières et dans des vases posés sur de jolis meubles de fabrication indienne, française et anglaise; des photographies, des statuettes et même des bibelots. Un petit boudoir charmant à côté du salon servait de serre. Une large vérandah, dominant le paysage, formait un agréable fumoir, confortablement garni d'ottomanes, de canapés, de fauteuils recouverts en fraîche étoffe perse. C'était à se croire dans une villa des environs de Paris. si, au milieu de toutes les futilités du luxe, on n'eût pas eu sous les yeux des rifles pour chasser le tigre, des lances pour le sanglier, des révolvers et des armes de toute sorte; surtout si dans un champ voisin, un chameau n'eût pas été fort occupé à se régaler des feuilles d'un arbre au pied duquel il était attaché. La présence de la jeune panthère qui passait son temps à essayer de briser sa chaîne, ajoutait encore à la couleur locale de cet ensemble.

On passa dans la salle à manger. La table ornée de belles porcelaines et de magnifiques cristaux était très-joliment servie. André fit remarquer combien ce luxe était de bon goût.

— C'est possible, reprit M. Pfordten, mais la chère est mauvaise. Depuis que je suis dans l'Inde, je n'ai jamais pu m'habituer à la cuisine. Tout est tellement poivré, épicé et chauffé que j'ai toujours peur ensuite, en allumant mon cigare, d'allumer en même temps un feu d'artifice dans mon estomac.

— Pauvre M. Pfodten. Il est vrai qu'il n'y a aucune comparaison à établir avec votre cuisine allemande où le sucre remplace le poivre et les épices. Mais on dit que les stimulants sont nécessaires ici pour la digestion.

— C'est possible, mais je ne puis pas digérer sans crème ; et il versa dans son assiette le tiers d'un pot de crème que son domestique venait de lui apporter.

— Comment, Major, vous mettez de la crème dans des pigeons sauvages à la sauce verte ?

— Mais oui, j'en mets dans tout.

— Ce doit être affreusement mauvais.

— Pas plus que sans crème, et c'est moins chaud, dit le Major en buvant un grand verre de bière !

— Et vous buvez de la bière.

— Oui. Jamais de vin. J'en ai bu une fois, en arrivant dans l'Inde. Je n'ai jamais recommencé depuis. Tout ce que l'on vend sous le nom de vins du Rhin, de Bordeaux et de Champagne sont de si affreux breuvages que je n'y touche jamais, je bois de la bière.

— C'est cependant, dit-on, une mauvaise boisson dans ce pays.

— Cela m'est égal, s'il m'arrive quelque malheur, j'aime mieux que ce soit avec la bière.

On se leva de table après s'être ennuyé pendant près de deux heures.

Tous les dîners dans l'Inde sont ennuyeux. Ainsi que le disait le Major, la cuisine est mauvaise et les vins ne valent rien. Si le champagne que l'on verse toujours abondamment était du vin français, la gaieté viendrait réveiller les convives, malheureusement, c'est un champagne apocryphe qui porte à la mélancolie. La maîtresse du lieu fait ce qu'elle peut pour animer son monde, mais elle se lève de table sans avoir réussi. Les dames laissent alors les gentlemen seuls : les vins de Porto et de Sherry circulent, après quoi on se rafraîchit avec du bordeaux. On raconte alors des histoires. On entend après dîner les récits les plus lugubres. Puis on va retrouver les dames au salon, on fait de la musique ; chacun chante sa romance ; tous les Anglais chantent, tous sans exception, n'importe comment avec une telle persévérance qu'il y a lieu de supposer que chanter facilite la digestion. Personne n'écoute, on laisse l'exécutant se livrer à son exercice comme à une affaire qui ne regarde que lui.

Arrive ensuite le morceau de piano obligé, généralement : « La prière d'une Vierge. » Pourquoi ce morceau? Il est vrai que jamais on ne l'entend exécuter de la même façon. Les Anglaises ont une manière fantaisiste de comprendre la musique qui n'appartient qu'à elles, affaire de tempérament. Tantôt cette malheureuse prière est une mélodie plaintive qui porte à la rêverie, tantôt c'est un air de bravoure large, vigoureux et aux allures décidées. Tout dépend de l'état des nerfs de l'exécutante. La soirée terminée, on va serrer la main de la maîtresse de la maison. Si on ne sait pas l'anglais et que l'on ne puisse que suivre le jeu des physionomies, on croit que chacun va lui exprimer le chagrin qu'il éprouve d'un malheur qui vient de la frapper.

Les Anglais ont cependant dans l'Inde plus de laisser-aller, plus de rondeur qu'en Angleterre. Mais le vieil homme reparaît aussitôt qu'il met une cravate blanche et un habit noir, et on ne mange honorablement de la soupe à la tortue, de la selle de mouton et de la tarte à la rhubarbe que lorsqu'on est orné d'une cravate blanche et vêtu d'un habit noir.

Chez M. Campbell, les choses se passèrent selon l'usage. Quelques gentlemens chantèrent pendant que l'on fumait et que l'on causait. Le Major profita d'un moment où le piano était libre pour s'en emparer. Il chanta d'abord le « Rhin allemand » en faisant un vacarme qui lui valut des applaudissements de la part des assistants. Il exécuta ensuite une «dernière pensée de Weber, » puis l'histoire d'une petite fleur bleue, puis « Une pensée douce », puis il finit par jouer tout bas, comme pour lui seul. Il remuait la tête en cadence, prêtait l'oreille à ce qu'il jouait et paraissait plongé dans l'extase. Enfin il s'aperçut que tout le monde dormait. Jacques et

André seuls par un effort puissant de volonté s'étaient presque
tenus éveillés. Le bon Major quitta le piano, leur serra la main, et
descendit fumer sa pipe ou se coucher. Lorsqu'il passa devant
M. Campbell, celui-ci, qui dormait étendu sur un divan, entr'ouvrit
les yeux et lui dit : Thank you, major. — Merci, major — et il reprit son sommeil.

Remerciait-il son hôte d'avoir fait de la musique, ou lui expri-
mait-il sa gratitude de ce qu'il quittait le piano et le laissait reposer
tranquille?

Jacques et André, sans déranger les invités dans leur sommeil,
descendirent à leur tour dans leur chambre à coucher.

Le lendemain, nos amis dormaient du sommeil des voyageurs
fatigués. Lorsqu'ils furent éveillés par une grande agitation et des

cris perçants dans la cour du bungalo. Le cri de *snhake*, *snhake*,
serpent, serpent, dominait tous les autres. Ils se levèrent aussitôt et
coururent à la fenêtre.

Près du mur de la maison dans laquelle il avait voulu trouver un
refuge, un énorme serpent cobra capello dressait sa tête hideuse
et paraissait chercher une victime parmi plusieurs Hindous armés
de longs bâtons qui lui donnaient la chasse. Il avait déjà les verté-

bres à moitié brisés heureusement, et un coup de bambou bien appliqué l'acheva.

La Chance, qui était du nombre de ceux qui poursuivaient le reptile, était très-animé. Lorsqu'il aperçut les deux jeunes gens, il accourut à eux et leur dit en leur montrant un jeune Hindou que ses camarades soutenaient en l'emmenant :

— Quelle triste chose ! voilà un pauvre diable qui a été mordu par le serpent : il va mourir ! Il n'y a pas de remède, c'est fini.

— Ce n'est pas possible ! s'écrièrent Jacques et André.

— C'est malheureusement certain, dit M. Pfordten qui était derrière eux, si cet homme a été mordu par le cobra, il mourra, car on ne connaît pas de remède contre la morsure de ce dangereux reptile.

C'était vrai ! on entendit bientôt dans sa cabane les pleurs et les gémissements de ses amis. C'était un jeune aide-jardinier qui, en allant le matin commencer son travail, avait touché ce cobra sans le voir, en prenant ses outils dans un coin où il était caché.

De tous les animaux dangereux de l'Inde, il n'y en a pas qui causent plus de morts que le serpent cobra capello appelé serpent à lunettes. Il est très-commun et le peuple, qui ne porte pas de chaussure, est continuellement exposé à en être mordu. La mort est souvent instantanée.

Les Hindous, qui le redoutent beaucoup, n'ont rien trouvé de mieux que de le ranger au nombre de leurs divinités. Son image est souvent dans les temples et, quelquefois, dans les endroits où ces animaux sont nombreux, ils leur élèvent un autel particulier. Ils cherchent les trous dans lesquels ils gîtent, c'est généralement dans les monticules de terre formés par les fourmis blanches, et quand ils les ont trouvés, ils vont de temps en temps déposer à l'entrée, du lait, des bananes et ce qu'ils supposent devoir être agréable au serpent.

Dans beaucoup d'endroits même, il y a des temples dédiés au

culte du serpent. Outre le cobra capello, beaucoup d'autres de ces animaux vivent dans des trous préparés pour eux dans l'intérieur de ces édifices. Les brahmanes en prennent le plus grand soin et les nourrissent de lait, de beurre et de bananes. Aussi deviennent-ils très-nombreux et en voit-on sortir de toutes les crevasses.

Pour tuer un cobra, il faut que les indigènes soient excités par la crainte d'un danger pressant, et encore n'y a-t-il que ceux des basses castes qui osent le faire.

Il n'y a pas de contes qui n'aient été inventés au sujet de ces animaux.

Les Hindous croient que si le serpent échappe à ceux qui veulent le tuer, il sait les reconnaître et aller les retrouver pendant leur sommeil.

Le cobra a cependant un ennemi, acharné, implacable, la mangouste. C'est un joli petit animal un peu semblable au furet, sauf la couleur du pelage qui est d'un beau brun clair. Elle s'apprivoise facilement et vient à la voix de son maître. La mangouste n'est pas affectée par la morsure du cobra. Dans les combats qu'elle lui livre, elle ne sort pas victorieuse sans avoir été mordue par son ennemi dont le venin pour les autres animaux est toujours mortel. Elle disparaît pendant plusieurs jours, puis on la revoit guérie. Connaît-elle des plantes qui neutralisent l'effet du venin, ou bien porte-t-elle l'antidote en elle-même? On l'ignore. Ce qui est hors de doute, c'est que, seule de tous les animaux, elle résiste à la morsure du terrible reptile.

Le docteur arriva bientôt avec M. Campbell qui était parti lui-même le chercher avec sa voiture. Jacques, André et M. Pfordten l'accompagnèrent auprès du malheureux garçon. Il était étendu sur une natte devant la porte de la petite case qu'il occupait dans le jardin.

Le poison avait déjà fait ses ravages. Il était presque en léthargie, l'écume sortait de sa bouche et ses lèvres étaient livides.

Le docteur secoua la tête, prescrivit quelques remèdes et nous dit en se retirant :

— Je n'ai aucun espoir de sauver ce malheureux. Le venin du cobra capello ne pardonne pas.

— Comprend-on qu'un animal aussi dangereux soit mélomane? dit M. Pfordten. Les charmeurs de serpents ne les attirent que par le son de leurs instruments.

LES CHARMEURS DE SERPENTS.

— Nous avons vu de ces hommes à Bombay, dit Jacques. Ils

prétendaient charmer des cobras et autres reptiles, mais en réalité c'étaient des bêtes apprivoisées qu'ils avaient dans leurs paniers.

— Je les connais, dit le Major, mais j'ai vu, de mes yeux vu, dernièrement, un charmeur qui, dans un jardin, a fait sortir de leurs trous plusieurs serpents. Ils étaient deux : l'un en tapant sur une espèce de gourde faisait un bourdonnement monotone et prolongé ; l'autre avait un galoubet indigène quelconque.
Ils suivirent d'abord une haie qui bordait le jardin.

Nous avions eu soin de visiter les turbans, les habits et les paniers de nos hommes, pour éviter toute supercherie, et nous nous tenions assez près d'eux pour voir tous leurs mouvements.

Après avoir suivi la haie quelque temps, nous vîmes le musicien s'arrêter. Ses roulements et ses bourdonnements devinrent plus vigoureux pendant qu'il passait et repassait à la même place. Tout à coup, il s'arrêta, plongea son bras dans la haie et jeta devant nous un gros cobra capello, long de plus de trois pieds. Son camarade s'en empara avec beaucoup d'adresse. Il le mit dans son panier.

Pendant que nous nous livrions à d'autres recherches, le jardinier vint nous dire qu'il avait remarqué un grand serpent qui venait tous les soirs près de son réservoir d'eau faire la chasse aux grenouilles. Nous allâmes de ce côté, les deux hommes continuant toujours leur musique. Quelle ne fut pas notre surprise de voir après quelques minutes un énorme serpent de roche sortir d'un des trous du mur et venir doucement près du musicien ! Il s'arrêta à quelques pas de lui comme complétement fasciné.

Le collègue charmeur le prit facilement et le mit dans un second panier.

— Comment ces gens ne sont-ils jamais mordus, demanda Jacques, ou bien ont-ils un préservatif ?

— Pas d'autre que leur adresse à savoir saisir le reptile, tandis qu'il est encore sous le charme de la musique.

Mais il ne faut pas croire qu'ils soient invulnérables. J'ai lu dernièrement dans les journaux le récit de deux pauvres diables qui ont été mordus par des serpents pendant qu'ils les maniaient en faisant des tours d'adresse.

— M. Campbell fait dire que si ces messieurs veulent faire un tour dans la ville avant la chaleur, la voiture est prête, vint annoncer La Chance.

ENTERREMENT D'UN HINDOU.

LES JARDINS DU RAJAH.

CHAPITRE IX

Une promenade dans Nagpore. — La ville noire. — Les jardins de l'Inde. —
Un prince détrôné. — Les funérailles d'un Hindou. — Khampti. — Missionnaires français. — Jacques et André trouvent que le pittoresque commence.

Monsieur Campbell mena ses hôtes au club, établissement parfaitement aménagé ainsi que tous les clubs anglais.

Le club est une ressource contre l'ennui póur tous ces pauvres
résidents européens, officiers, civils ou militaires. Ils y trouvent toujours de la compagnie ainsi que des journaux et des publications
nouvelles.

Il ne parut pas à nos Parisiens que le jardin qui appartenait autrefois au Rajah répondît, quoique joli, à tout ce que l'on raconte

sur les jardins de l'Inde. Ce qu'il contient de plus remarquable est une grande quantité de rosiers aux fleurs magnifiques et des oran-gers tellement surchargés de fruits que l'on est obligé de soutenir les branches à l'aide de tuteurs. Tout auprès du club est un beau lac qui fournit de l'eau à la ville.

De là, ils allèrent visiter un ancien palais des Rajahs de Nagpore, aujourd'hui inhabité. Il tombe presque en ruines, et on ne peut se faire une idée exacte de ce qu'il était autrefois. Deux pièces seule-ment ont un peu résisté aux injures du temps; ouvertes sur les jardins, elles servaient de salles de repos. L'une est ornée de glaces assez belles et assez grandes, très-rapprochées les unes des autres et cachant complétement les murailles; l'autre est entièrement tapissée de petits tableaux anglais, français et chinois fort an-ciens.

Quoique les règles de l'art aient été peu consultées pour le pla-cement de tous ces cadres, l'effet n'en est pas désagréable à l'œil.

En sortant du palais, M. Campbell proposa d'aller faire une visite au Rajah.

Il fallut passer par la ville noire, l'ancienne cité hindoue où demeurent les indigènes. Ils y occupent des maisons dans lesquel-les un Européen ne pourrait pas vivre huit jours, tant elles sont étroites et peu aérées.

En outre elles sont tellement resserrées les unes en face des autres que, dans beaucoup de rues, il serait tout à fait impossible d'aller en voiture. Il n'y a place que pour les palanquins, les élé-phants et les chevaux.

— Vous voyez, dit M. Campbell, que si l'architecture orientale prête un aspect pittoresque et charmant aux villes, elles perdent beaucoup à être vues de près. De loin, l'œil est agréablement flatté, mais l'odorat est au supplice dans ces ruelles où les indigènes en-tassent les immondices.

Le palais du Rajah venait d'être détruit dans un incendie; il en habite un d'une importance tout à fait secondaire. Nos visiteurs traversèrent d'abord un grand vestibule délabré et pénétrèrent dans une galerie entourant une cour spacieuse qui ne brillait pas par la propreté. Ils entrèrent dans un jardin qui n'était même pas bien tenu, par une porte pratiquée dans un coin du mur, puis dans un second plus éloigné qui les séduisit surtout à cause d'une quantité de petits canaux en pierre blanche, larges à peu près d'un demi-mètre, destinés à donner de la fraîcheur. Il faut se rappeler que, dans l'Inde, il ne tombe pas une goutte de pluie pendant huit ou neuf mois.

Pour obvier à l'inconvénient de la sécheresse, on est forcé de disposer les massifs de fleurs de telle façon que les jardins paraissent symétriques et monotones. Les plantes sont disposées dans des cuvettes en pierre pour conserver l'eau que le jardinier y verse soir et matin, ainsi que dans des pots et dans des vases. La terre est tellement sèche depuis novembre jusqu'en juin qu'il ne serait pas possible d'entretenir des fleurs autrement. L'aspect général est celui d'un jardin qui serait établi sur les trottoirs de nos boulevards. Si on ajoute qu'excepté la rose, la jacinthe, le myrthe et l'oranger, très-peu de fleurs ont un parfum, on se figure la désillusion de nos voyageurs, qui avaient rêvé les jardins séduisants décrits par les poëtes.

M. Campbell introduisit ses amis dans un troisième jardin tenu avec plus de soin que le second et au milieu duquel s'élève un temple en marbre blanc orné de sculptures si fines et si délicates que l'on se demande combien il a fallu de temps pour faire un travail semblable. Tous les détails sont soignés, finis à miracle; ce n'est pas de la sculpture, c'est de la ciselure, et ce temple est un véritable joyau.

En contemplation devant ce joli monument, Jacques et André y seraient restés longtemps, si l'on ne fût venu les avertir que le Rajah les attendait.

Ce Rajah était Janogi, le dernier héritier de la dynastie Bhonsla dont le Major avait raconté l'histoire la veille.

Un officier conduisit M. Campbell, Jacques et André près de Son Altesse qu'ils trouvèrent sous la vérandah. Le prince s'avança à leur rencontre, et, après les avoir salués selon la coutume du pays en portant la main à son front, il la leur tendit à la mode anglaise et les fit asseoir sur des fauteuils préparés de chaque côté du sien. Il y avait aussi des siéges pour les principaux officiers; ceux de moindre importance, et les serviteurs s'assirent sur leurs talons ou se tinrent debout.

Un de ses secrétaires qui savait l'anglais servit d'interprète. La conversation, d'ailleurs, ne fut pas longue; après quelques détails sur la France qui parurent l'intéresser beaucoup, on n'eut plus rien à se dire.

Le Rajah était souffrant et il lui avait certainement fallu faire un grand effort pour satisfaire aux lois de la politesse en ne laissant pas les visiteurs quitter son palais sans les avoir vus.

Il est de moyenne taille, maigre, a l'air fatigué et paraît plus âgé qu'il ne l'est réellement: il a trente-sept ans. Ses yeux sont vifs cependant et ses traits fins. Son costume était des plus simples: turban blanc, sans aucun ornement, grand vêtement en percale blanche très-fine et à la main un affreux mouchoir de cotonnade rouge-brique et bleu, du plus vilain effet.

Lorsque ses hôtes se disposèrent à se retirer, le Rajah fit signe à un de ses officiers qui apporta sur un plateau de la noix de bétel et tous les ingrédients nécessaires pour faire la préparation que les indigènes mâchent avec tant de plaisir.

M. Campbell et les jeunes gens refusèrent. Il se leva alors et passa au cou de M. Campbell, de Jacques et d'André des guirlandes de fleurs de jasmin et à leurs poignets des bracelets semblables. Il versa ensuite sur leur mouchoir de l'essence de rose et leur mit dans la main une baguette entourée de fleurs de jasmin terminée par un bouquet de roses. Il donna le flacon d'huile de rose à un dè ses officiers qui en offrit aux assistants.

Lorsque chacun eut reçu sa marque de politesse, on se leva; le Rajah prit M. Campbell par la main et descendit avec lui quelques marches de la vérandah; puis toute l'assistance reconduisit les visiteurs à leur voiture.

En rentrant chez eux, les jeunes gens faisaient des réflexions sur le sort des Bhonsla.

— Il m'a paru triste, dit Jacques; est-ce une illusion ou l'ai-je un peu poétisé? Il me semble difficile que le souvenir de la grandeur passée de sa famille ne vienne pas souvent l'attrister et lui faire sentir le vide apparent de ces honneurs dont on l'entoure (1).

Malgré la chaleur, on sortit après le déjeuner, et le reste de la journée fut consacré à la visite des différents établissements publics, tels que l'hôpital, la prison et les écoles. Les chefs de ces établissements sont des Anglais ayant sous leurs ordres des employés indigènes.

Jacques et André furent frappés de la bonne tenue de chaque service. Le muséum de Nagpore est assez curieux; il renferme entre autres une collection d'anciennes armes du pays et des spécimens du système minéral des provinces centrales. Les indigènes s'intéressent beaucoup à cette institution qu'ils visitent en grand nombre. La Résidence, demeure du commissaire en chef, est loin de répondre à l'idée que nos voyageurs s'étaient faite du luxe dont devait être entouré l'homme qui tient la place des Bhonsla et gouverne des millions d'âmes. Tout y est mesquin, vieux, fané, sans cachet, sans style. En revanche les jardins sont magnifiques; on y trouve les mêmes merveilleux orangers dont les fruits ont une réputation si justement méritée.

En arrivant au bungalow, nos amis trouvèrent six serviteus du

_____

(1) Dans les cérémonies publiques le Rajah fait porter devant lui les insignes de la royauté.

Rajah qui avaient apporté de grands plateaux contenant des fruits
et des sucreries.

Après s'être fait indiquer ce qu'il devait faire, Jacques alla recevoir les présents. Lorsqu'il parut, les domestiques découvrirent
les plateaux qu'ils avaient déposés sur le sol et d'un air fort respectueux les lui présentèrent un à un. Il toucha légèrement chaque
plateau en signe qu'il acceptait et il pria que l'on présentât ses
compliments et ceux de son frère à Son Altesse.

Il donna quelque argent aux domestiques, après quoi il se retira
suivi de La Chance qui crut devoir prendre un air majestueux.

A peine les serviteurs du Rajah furent-ils partis, qu'un bruit
assourdissant d'instruments indigènes auxquels se mêlaient des
gémissements, attira Jacques et André dans la cour du bungalow.

On commençait la cérémonie des funérailles du malheureux
garçon mordu le matin par le cobra. Il était mort dans la journée.

Après avoir été lavé, le corps enveloppé dans un vêtement neuf
était exposé sur le lit.

Les parents, les amis, les invités entraient tour à tour le voir;
à mesure qu'ils venaient ensuite rejoindre l'assemblée devant la
hutte, ils recommençaient à crier et à gémir.

Un Hindou, le chef des funérailles, allait de l'un à l'autre et diri-
geait les détails de la cérémonie. Les instruments les plus discordants ne cessaient pas leur vacarme.

Le pauvre garçon était bien mort, car un bruit pareil l'aurait fait
sortir de sa léthargie.

Les femmes qui étaien trestées dans la cabane sortirent les unes
après les autres et prirent dans un grand vase de l'eau avec laquelle elles se purifièrent. Le chef des funérailles en offrit ensuite
aux assistants, après quoi on enleva le mort de la case.

Il était étendu sur une espèce de civière portée sur les épaules
de quatre hommes.

On se mit en marche; un porteur de torche et les musiciens précédaient le corps, les parents suivaient, les hommes d'abord, les femmes ensuite. Quel pays, dit La Chance, plus ému qu'il ne voulait le paraître. Voilà un garçon qui s'est levé ce matin gai et bien portant; avant que le soleil soit couché, il n'en restera plus que des cendres. Je ne voudrais pas mourir ici; j'aime mieux, quand j'aurai fini, me reposer dans mon petit cimetière de Suresne. »

Les Hindous, on le sait, brûlent leurs morts.

Lorsqu'on est arrivé à l'endroit où doit avoir lieu l'incinération,

UN BUCHER.

on creuse une fosse de six à sept pieds de longueur. Elle est légèrement arrosée pour enlever la poussière et on y jette quelques pièces de monnaie. Le bûcher est ensuite préparé avec du bois sec. Le corps y est étendu dans toute sa longueur et recouvert d'une grande quantité de petites branches que l'on a soin d'asperger d'une matière inflammable.

Le chef des funérailles prend ensuite un vase sur ses épaules et laisse couler l'eau qu'il contient en faisant trois fois le tour du bûcher; puis il le brise près de la tête du mort.

On lui remet alors la torche et toutè l'assistance recommence à pousser des cris de douleur. Il met le feu aux quatre coins du bûcher, et chacun se retire en ne laissant que deux hommes chargés de veiller jusqu'à ce que le corps soit réduit en cendres.

Le lendemain de bonne heure, on quittait Nagpore.

— En route, dit joyeusement André, j'ai hâte de me trouver au milieu du peuple dont l'histoire m'a tant intéressé. Nous allons bientôt nous baigner dans l'un des grands fleuves sacrés de l'Inde, le Godavery.

— Oh! nous baigner, dit Jacques, rien n'est moins certain. Il est probable que, dans cette saison, le Godavery est à sec.

— En sommes-nous loin ?

— Dix milles environ.

On partit dans la voiture de M. Campbell. Abdhul et Pedro étaient derrière sur le siége. La Chance faisait la première étape à cheval.

La route par laquelle on quitta la ville était entretenue avec le plus grand soin. Jacques en fit compliment à M. Campbell.

— Des routes et des voies de communication, répondit celui-ci, voilà ce qu'il faut pour civiliser un pays. vous verrez les belles choses que nous faisons dans ce genre. C'est un véritable bienfait, car avec les sentiers des indigènes et leurs chemins impraticables, les communications étaient d'une difficulté extrême et cela est suffisant pour empêcher un pays de prospérer.

Après avoir lestement parcouru dix milles sur cette belle route, on arriva à Kamptie, station anglaise sur les bords du Godavery. De même qu'à Nagpore et de même que partout, Kamptie se compose du cantonnement où demeurent les Anglais et de la ville noire où vivent les indigènes. L'intérêt de Jacques et d'André fut

HINDOUS LAVANT DU LINGE SUR LE BORD D'UNE RIVIÈRE.

vivement excité par la vue d'un bâtiment surmonté d'un clocher qui leur rappela ceux de nos églises de France.

— La Chance, dit André, va, je te prie, t'informer de ce qu'est ce bâtiment. Ce doit être une église catholique?

— C'est, en effet, l'église d'une mission catholique fondée par des missionnaires de la communauté de Saint-François de Salles et destinée à recueillir et à instruire de pauvres enfants catholiques.

Pendant que l'on déchargeait les bagages que des coolies devaient transporter de l'autre côté du Godavery sur leurs épaules, car il n'y avait pas de pont, Jacques et André se dirigèrent vers la mission.

Le supérieur était occupé dans la cour de l'église à diriger des maçons qui travaillaient à des réparations. Pour dire vrai, il faisait bien un petit peu le maçon lui-même. Le bon père accueillit nos amis à bras ouverts.

— Quel plaisir de voir des Français ! Vous venez avec nous pour quelques jours ?

— Impossible, mon père, nous avons tout au plus le temps de vous saluer bien vite.

— Je ne vous tiens pas quitte à si bon marché. — Vous allez visiter, nos domaines et lorsque vous retournerez en Europe, vous pourrez rendre compte de ce que nous faisons ici. Nous avons bien peu de ressources, ou, pour mieux dire, nous n'en avons pas. Cependant nous sommes parvenus à édifier une église, une maison d'école, une maison pour nos religieuses et une pour nous-mêmes.

Il fallut à Jacques et à André tout voir et tout admirer, ce qu'ils firent d'ailleurs de bon cœur. Le supérieur, qui avait été son propre architecte, leur donnait, en les mêlant, des explications sur le but de la mission et les matériaux avec lesquels il avait fait ses constructions.

— Voyez la belle pierre, disait-il, les fondations sont solides, je vous assure, tout cela tiendra longtemps. Quelle consolation de pouvoir recueillir tous ces malheureux enfants catholiques ! Que deviendraient-ils, ainsi abandonnés au milieu de ce peuple idolâtre ?

On passa dans le bâtiment où sont les petites filles sous la surveillance des sœurs.

— Voici nos pauvres petites filles, ajouta le supérieur. Les bonnes sœurs leur apprennent tous les travaux du ménage. On les exerce à coudre, à nettoyer les salles, à préparer le grain pour les repas. Plus tard, je l'espère, elles feront des femmes utiles et de bonnes catholiques. Notez que malgré la chaleur aucun de nos plâtres ne s'est fendu. Tous mes murs sont en parfait état.

Ces missionnaires sont aimés et respectés de tous. Ils reçoivent de l'administration anglaise une petite subvention pour chaque enfant qu'ils élèvent, mais cette subvention serait loin d'être suffisante, s'ils ne trouvaient de l'aide autour d'eux. Ils ont obtenu, à quelques milles de Nagpore, des terrains assez importants qu'ils ont fait défricher et sur lesquels ils ont bâti une ferme. Le revenu qu'ils en tirent leur permet de donner de l'ouvrage à un certain nombre d'indigènes et ils y récoltent des légumes et des fruits pour leurs besoins.

Obligés de quitter les Pères plus tôt qu'ils ne l'auraient voulu, Jacques et André retournèrent au Godavery.

Ils trouvèrent La Chance avec une douzaine de coolies chargés de transporter sur l'autre rive les voyageurs et les bagages. Le fleuve était presque à sec; la moitié de l'opération se fit en bateau, puis l'eau manqua.

Il y en avait cependant encore assez pour prendre un joli bain de pieds. Les Hindous mirent alors les malles sur leurs têtes et offrirent aux voyageurs le secours de leurs épaules.

— Ils me paraissent bien peu solides, dit La Chance, je n'ose pas trop m'y fier. Laissez-moi faire d'abord l'expérience.

Et passant chacun de ses bras autour du cou de l'un des deux indigènes, il se fit transporter sur l'autre rive. Bientôt les deux jeunes gens furent à côté de lui sains et secs.

M. Campbell avait traversé avant tout le monde sur le cheval de La Chance.

Il devait quitter ses hôtes à Khamptie. Obligé d'être à Jubbulpore avant l'ouverture de l'Exposition, il lui fallait voyager plus promptement.

Par ses ordres une voiture attendait Jacques et André. La Chance devait continuer à cheval.

— J'ai expédié ce matin des ordres pour que vous trouviez tout préparé sur votre route, dit M. Campbell. J'espère que tout ira bien. Bonne chance. A revoir à Jubbulpore.

Et montant le cheval que tenait en main un soldat de police, il partit accompagné de celui-ci.

— Voilà où il va falloir se débrouiller, dit La Chance, chargeant d'abord la voiture.

Abdhul et Pédro aidés des coolies mirent les boîtes et les coffres tant bien que mal sur le véhicule. Jacques et André s'installèrent dedans. La Chance enfourcha son cheval et l'on se mit en route,

Mais lorsque la voiture commença à remuer, elle pleura, cria et gémit que c'était pitié. Rien ne tenait, les portes, les fenêtres s'ouvraient d'elles-mêmes et le malheureux véhicule avait des faiblesses si répétées tantôt à droite, tantôt à gauche, qu'il n'était pas certain qu'il pût aller loin.

Cependant on arriva sans encombre à un grand village où l'on changea de chevaux. Quels chevaux ! Il est vrai que des bêtes un peu solides auraient probablement mis le carrosse en pièces.

Pendant qu'on les amenait, qu'on les attelait, choses qui demandaient du temps dans ce pays où tout en demande beaucoup, André traversa la route pour visiter un grand bâtiment qui se trouvait de l'autre côté.

LES TIGRES.

CHAPITRE X

Le caravansérail. — Choultry de la pagode de Sarputhra. — Les Bullocks. — Les sorciers. — Les tigres. — Un sportman.

Le gardien lui fit les honneurs de la place. C'était un caravansérail destiné à donner asile aux voyageurs et aux marchands indigènes qui transportent des marchandises. Au milieu d'une vaste cour était un puits qui fournissait de l'eau en abondance. Sur les côtés, on voyait une suite de petites chambres uniformes pour les voyageurs indigènes. Accroupis devant leur porte, quelques-uns procédaient aux apprêts de leur repas toujours fort simple. La Chance était venu rejoindre André. Il s'approcha d'un de ces indigènes afin de se rendre compte de ce qui composait son repas, mais lorsque celui-ci s'aperçut que La Chance, près de lui, regardait ce qu'il mangeait; il brisa contre la muraille le vase qui contenait son riz et renversa ce qu'il avait devant lui. Un Européen venait de souiller de son regard ce qu'il allait manger ! Les indigènes poussent très-loin l'observation de cette pratique, même entre eux.

Il n'y a pas dans l'Inde comme en France des auberges où les voyageurs trouvent une chambre pour eux, une écurie pour leurs chevaux et une remise pour leurs voitures.

Lorsqu'on entreprenait un voyage, on se réunissait par petites caravanes; on cheminait lentement, s'arrêtant pendant la grande chaleur du jour sous un manguier, allant chercher de l'eau à l'endroit le plus proche et repartant après s'être reposé comme on avait pu. A la nuit on rassemblait toutes les voitures en un carré au milieu duquel on installait les animaux, tandis que, tout autour, on entretenait de grands feux pour éloigner les bêtes féroces. On avait à se défendre contre elles, aussi bien que contre les voleurs de grand chemin. Pour obvier à tous ces inconvénients, l'administration anglaise a fait établir des caravansérails sur les points les plus fréquentés.

L'usage des abris pour les voyageurs est très-ancien. La plupart des pagodes en possédaient un. Le choultry de la pagode de Sarputhra est un des spécimens les plus intéressants de ce genre de bâtiments hospitaliers où chacun a le droit de venir s'installer et de vivre à sa guise moyennant une très-modique rétribution. Les pauvres qui ne peuvent pas la payer n'en sont cependant pas exclus.

Les nouveaux chevaux qui attendaient nos voyageurs n'étaient pas plus brillants que ceux qu'ils venaient de quitter. On arriva cependant tant bien que mal vers huit heures du soir à Khowassa. Il faisait nuit noire et les voyageurs ne pouvaient pas se rendre compte de l'importance de ce village qu'ils savaient cependant être assez grand. Ils ne distinguaient même pas la forme extérieure des huttes dont l'intérieur seul était éclairé. Ils n'apercevaient que des figures noires couchées, accroupies ou debout. Ce spectacle avait quelque chose de diabolique.

A partir de Khovassa, la route devenait difficile et on dut laisser la calèche pour prendre des voitures à bœufs.

— Diable! dit La Chance, il paraît que nous allons avoir une route assez rude. Il nous faut quelque chose dans le solide!

Les nouveaux véhicules, en effet, ne paraissaient pas fabriqués pour des gens délicats; c'était fort peu suspendu, mais assez solide pour braver toutes les difficultés. On ne peut pas mieux les comparer pour la forme qu'à nos voitures de blanchisseuses. Ils sont couverts d'une toile grise très-forte et double pour garantir les voyageurs contre le soleil; deux ouvertures ménagées à droite et à gauche servent de fenêtres et deux bancs se faisant face sont placés l'un sur le devant, l'autre sur le derrière de la voiture. La nuit, on pose une planche entre les deux siéges pour boucher le vide, on étend sa couverture de voyage sur ce lit improvisé et l'on fait de son mieux pour dormir.

Cette voiture est attelée de deux bœufs trotteurs appelés communément bullocks.

Trois voitures semblables et un chariot recouvert d'une tresse de paille, avaient été commandés par M. Campbell. Jacques, André et La Chance avaient chacun la sienne; le chariot était pour les domestiques avec les coffres et les malles.

La Chance, dit Jacques, je te donne le commandement de la caravane. Ton chariot sera en tête et tu prendras avec toi Abdhul pour te servir d'interprète. Le chariot aux provisions avec Pédro te suivra, puis celui d'André; et je fermerai la marche en me chargeant de veiller à ce que tout se passe bien devant et derrière moi.

— M. Campbell nous avait promis de nous donner deux hommes de police à cheval, mais je ne les aperçois pas.

— Nous nous en passerons, dit La Chance; qui oserait s'en prendre à nous? Je ne crois pas que ces gens-là attaquent jamais un Européen.

— C'était plutôt à cause des difficultés que nous pouvons avoir aux relais de bullocks, ou quelquefois pour nous faire faire place sur la route, dit Jacques. Allons, ne perdons pas de temps.

On partit dans l'ordre indiqué par Jacques.

Après une heure de marche, il y eut un temps d'arrêt, puis la caravane s'arrêta.

— Qu'y a-t-il à la tête? cria Jacques. La Chance arriva avec l'homme qui portait la lanterne en tête de l'expédition.

— Il y a, dit-il, que mes gueux de bullocks ne veulent plus avancer.

— Pourquoi?

— Je n'en sais rien. Je crois qu'ils sont tout simplement fatigués. Du reste, je dois avouer que, depuis que nous marchons, je suis possédé du désir de faire arrêter le convoi. Il est impossible d'inventer rien de plus fatigant que le système de locomotion que nous expérimentons. Je suis cependant solide, mais j'avoue que j'en ai déjà mon compte.

— Quant à moi, dit André qui arriva à son tour, je pense ne pas pouvoir continuer ainsi. Je viens de passer une heure affreuse. Tous les cahots imaginables et inimaginables produits par des pierres, des racines d'arbres, des trous, des ornières! Tantôt c'était mon épaule gauche qui supportait le choc, tantôt c'était le coude de mon bras droit.

La voiture descendait rapidement une côte et s'arrêtait subitement en bas, ma tête alors allait frapper le devant du chariot ; tout à coup, les bœufs repartaient en courant et je me cognais le front contre les cercles qui supportent la toile. Je n'en puis plus.

— Croyez-vous que j'aie été mieux que vous ? dit Jacques. Pour comble de comfort, j'ai pris avec moi la petite caisse en fer où sont nos papiers, et elle n'a cessé de passer et de repasser sur moi en me sautant sur les genoux de la façon la plus désagréable.

— Allons, allons, du courage, on s'habitue à tout. Il faut tâcher de décider les bullocks de La Chance à se remettre en marche.

La chose ne fut pas facile, mais enfin on y parvint et, le premier attelage faisant son devoir, les autres l'imitèrent.

On commença alors à monter au milieu de l'obscurité une côte qui devait être rude, car les conducteurs ne cessaient de crier après leurs animaux et, lorsqu'ils s'arrêtaient, ils s'empressaient de mettre des pierres sous les roues pour empêcher les chariots de reculer.

Vers les onze heures, les nuages se dissipèrent et la lune, brillant dans son plein, laissa voir à nos voyageurs un admirable spectacle.

La route, tracée au milieu d'une forê tsauvage, montait entre des précipices que l'obscurité rendait effrayants. La cime des arbres, le haut des rochers et le chemin étaient éclairés, mais l'œil ne pouvait pas pénétrer la profondeur des abîmes.

Il était difficile de rien voir de plus beau.

Cependant, si beau que cela fût, il sembla au prudent La Chance que la route était un peu étroite, que les roues des chariots côtoyaient de fort près les bords du précipice et que les bullocks avaient l'allure bien désunie.

Il crut qu'il valait mieux descendre ; c'est ce qu'il fit, et, abandonnant son attelage aux soins du conducteur, il s'approcha de la voiture d'André.

— Eh bien, monsieur André, que dites-vous de ce commencement de voyage ?

— C'est splendide, mon cher, dit André. Il me semble être en pleine forêt des Mille et une nuits.

— C'est vrai, mais la route n'en est pas meilleure, et ces diables de bulbocks ne m'inspirent pas de confiance. Vous devriez descendre jusqu'à ce que le chemin fût plus large.

— Allons, je descends, d'autant mieux que je suis fatigué d'être ainsi cahoté.

Jacques ne se fit pas prier davantage pour quitter son char, et tous trois montèrent en suivant leur attelage. Ils montèrent longtemps. C'était rude, mais tout ce qui les entourait était si magnifique qu'ils ne sentaient pas la fatigue.

Il est facile de concevoir qu'une nature semblable parle vivement à l'imagination ; aussi dans les provinces centrales de l'Inde les indigènes de toutes les classes sont-ils très-enclins à la superstition. Les sorciers et les revenants jouent un grand rôle dans la vie de cette population à peine civilisée. Une mort inattendue dans une famille, une épidémie dans un village, sont l'œuvre de ces ennemis imaginaires.

D'après les croyances populaires, les sorcières hindoues, qui sont toujours de vieilles femmes, revêtent les formes hideuses que l'on prêtait aux vampires et aux goules. Elles sucent le sang de leurs victimes dont elles offrent aussi le foie aux mauvais esprits. Leurs regards tirent le sang et leur contact donne la mort.

Le peuple est convaincu aussi que les sorciers et les démons prennent la forme d'animaux féroces : celle du tigre par exemple, l'animal le plus dangereux qu'il connaisse.

En France ne croyait-on pas aux loups-garous, là où les loups faisaient des ravages ? Malheureusement, dans l'Inde, ces superstitions attirent souvent sur de pauvres gens innocents des vengeances affreuses. Trail écrit que près de Scholapore, un vieux médecin hindou que l'on disait âgé de deux cents ans, était regardé comme un sorcier féroce. Accusé d'avoir, sous la forme d'un tigre, dévoré beaucoup de monde, il avait été condamné par le Rajah à avoir une partie des dents arrachées. Il devait être ainsi moins dangereux lors de ses métamorphoses.

L'épreuve du fer rouge et de l'eau sont les moyens cruels ordonnés par les anciennes institutions hindoues pour découvrir les prétendus coupables. L'éducation seule obtient justice de ces superstitions.

En attendant, l'administration anglaise punit très-sévèrement ceux qui s'arrogent le droit de juger et de condamner les prétendus coupables ; et c'est le seul moyen à employer.

Dans le district de Raepore, il y a trois ans environ, une femme accusée d'avoir apporté le choléra dans un village fut assommée à coups de bâton devant les gens de ce village, assemblés pour assister à l'exécution.

La justice anglaise fit pendre trois des principaux coupables sur le lieu même où ils avaient commis le crime.

Dans un autre endroit, la même accusation fut portée contre quatre malheureuses femmes. Pendant deux jours, elles reçurent la bastonnade devant l'idole du village ; la seconde nuit elles furent déshabillées, frappées de nouveau, et l'une d'elles fut marquée avec une faucille rougie au feu. La plus âgée mourut des suites de cet affreux traitement. Les exorciseurs furent condamnés à la déportation à vie.

Comme partout où la croyance à la sorcellerie a existé, on pratique dans les provinces centrales certaines cérémonies religieuses, différents exorcismes, pour combattre les mauvais esprits.

L'épreuve de l'eau est la plus fréquemment employée. Elle consiste à mettre l'accusé dans un sac, la tête seulement passant, et à le plonger dans un endroit où il a de l'eau jusqu'à la ceinture; on a soin cependant de le coucher au fond. Si le malheureux ne peut pas se relever et reste sans sortir la tête hors de l'eau, il est déclaré innocent. L'épreuve, il est vrai, ne dure pas trop longtemps.

Si, au contraire, dans les efforts qu'il fait pour ne pas être noyé, il parvient à maintenir sa tête hors de l'eau, il est déclaré coupable et condamné comme sorcier.

La peine diffère selon le caractère et les dispositions des juges; mais généralement on lui arrache les dents de devant ou plutôt on les lui brise avec une pierre afin de l'empêcher de prononcer des sortiléges; on lui rase la tête avec un couteau ébréché, on le frappe avec un bâton, et on le chasse du village à coups de pierres en le couvrant d'immondices, et au milieu des insultes et des imprécations des habitants.

Le capitaine Stewart raconte qu'un jour dans la province de Bustar, il vit pendue à un arbre une chevelure de femme.

Ayant demandé ce que c'était que ce hideux trophée, il apprit qu'il avait appartenu à une sorcière accusée d'avoir tué ses enfants par ses sortiléges. Elle avait comparu devant le village, et ayant déclaré sous serment qu'elle était innocente, elle avait été soumise à l'épreuve de l'eau, qu'elle n'avait pu subir, car elle s'était relevée de suite. Supposée coupable, on lui rasa complétement la tête, et on la chassa du village.

Quelquefois on attache les sorciers par les jambes à un soc de charrue, on les expose à l'ardeur du soleil ou on leur brûle les chairs.

Il serait trop long de raconter toutes les histoires qui se débitent à ce sujet.

Quant à la préparation des philtres, des breuvages, des mélanges, pour produire des effets magiques sur le corps ou sur l'esprit, cet art est aussi en faveur aujourd'hui dans l'Inde qu'il l'était chez les Grecs et chez les Romains.

Les préparations qui servent souvent à accomplir des actes criminels sont composées d'ingrédients dans le genre de ceux que contenait la chaudière de Macbeth.

Il sera fort difficile de faire cesser une superstition qui répond trop bien aux besoins d'un peuple aussi ignorant que les habitants des provinces centrales de l'Inde.

Nos voyageurs parvinrent enfin sur un plateau où la route n'était plus aussi dangereuse; ils remontèrent dans leurs voitures et, la fatigue aidant, ils s'endormirent malgré les trous, les pierres du chemin et les cris des conducteurs.

Arrivés à une station où l'on devait changer de bullocks, ils furent accueillis d'une manière si bruyante qu'ils ne surent d'abord que penser.

De toutes les huttes sortaient des indigènes qui venaient leur parler avec vivacité.

Abdhul expliqua que deux tigres ravageaient en ce moment les environs; qu'ils avaient enlevé depuis quelque temps plusieurs hommes ainsi que des femmes et des enfants du village, et que les habitants demandaient aux voyageurs de les débarrasser de ces terribles ennemis.

La Chance n'entendit cette demande qu'avec un médiocre plaisir, car il ne se souciait pas que ses jeunes maîtres allassent s'exposer dans une aventure semblable.

— Comment, dit-il, est-ce que ces braves gens s'imaginent que les tigres nous attendent? y a-t-il longtemps qu'on les a vus? demanda-t-il à Abdhul qui servait d'interprète.

— Deux heures à peine. Il y a là une pauvre femme qui revenait d'un village voisin et allait atteindre celui-ci où elle demeure, lorsqu'un de ces tigres s'est élancé de la jungle et a enlevé son enfant qui marchait à côté d'elle.

— Mais, dit Jacques, comment retrouver ce tigre?

— Ces gens le savent. Sa présence a été signalée il y a déjà

quelques jours ; on l'a guetté, et l'on sait où il va boire tous les matins. Son repaire ne doit pas être loin d'ici.

— Sahebs, sahebs, délivrez-nous de cet ennemi, disaient les pauvres villageois; c'est pour notre délivrance que vous passez par ici.
Tuez le tigre, sahebs.

— Tuons le tigre, dit André, pour l'honneur de notre nom d'Européens, nous ne pouvons pas refuser à ces pauvres gens de déli-
vrer leur village de cet animal féroce. N'es-tu pas de mon avis,
Jacques? Tu ne refuseras pas de faire une bonne action, un acte
d'humanité lorsque tu en trouves l'occasion ? ajouta-t-il avec feu.

Jacques, plus calme, réfléchissait.

— Certainement, répondit-il, je serais heureux de faire, ainsi
que tu le dis, un acte d'humanité en tuant cette bête. Mais encore
ne faut-il entreprendre que ce que l'on peut faire. Ni toi, ni La
Chance, ni moi n'avons jamais tué un tigre. Sais-tu comment t'y
prendre?

— Moi, dit La Chance, si l'on veut me conduire, je pars seul et
je ferai de mon mieux, mais je prendrai la liberté de dire que je
m'oppose à ce que vous y alliez.

— Ta ta ta, tu t'opposes, dit André vivement, et de quel
droit?

— Du droit que me donne mon affection longtemps épouvée,
dit La Chance. Il ne s'agit pas seulement d'être brave, il faut encore s'être trouvé dans le danger pour savoir se tirer d'affaire.

— Abdhul, dit Jacques, comment ces gens-là peuvent-ils nous
faire trouver le tigre?

— Maître, ils vous conduiront à un endroit où il passe, vous
vous mettrez en embuscade aussi sûrement que possible et, lorsque
l'animal viendra, vous le tirerez.

— Est-ce loin?

— A trois milles.

Dis à ces gens que nous irons tuer le tigre.

A peine Abdhul eut-il annoncé aux indigènes la résolution de son maître que ceux-ci firent éclater leurs sentiments de reconnaissance.

En même temps, ils prodiguaient au tigre les injures les plus sanglantes.

— Ah ! ah ! lâche bête, tu vas trembler lorsque tu vas te trouver en présence d'hommes qui ne te craignent pas. Tu ne sais qu'attaquer les femmes et les enfants ; tu vas trembler maintenant.

La Chance ne dit rien, mais André était enchanté.

— A la bonne heure, dit-il, au moins nous n'arriverons pas là-bas sans avoir fait quelque chose de bien.

— Oui, dit Jacques, mais en moi-même je ne me suis décidé qu'à une seule condition, c'est que tu ne m'accompagneras pas.

— Allons donc, dit André, ce n'est pas possible, et pourquoi ?

— Parce que je ne me crois pas le droit de t'exposer ainsi. Tu m'as dit que notre honneur d'Européen voulait que nous allassions tuer cette bête ; j'y vais, mais je trouve fort inutile que nous nous exposions tous deux, tu attendras ici le retour de mon expédition.

André protesta contre cette décision, Jacques tint bon d'abord, mais, en présence du chagrin de son frère, il consentit enfin à ce qu'il l'accompagnât.

Cet arrangement ne satisfit pas davantage La Chance ; cependant il n'en dit rien.

— Quand partons-nous ? demanda-t-il à Abdhul.

Celui-ci, après avoir consulté les indigènes, répondit que l'on partirait de façon à être à l'affût au petit jour.

— Nous avons une heure et demie à nous, je vais inspecter les armes. Monsieur Jacques, monsieur André, donnez-moi vos rifles. Ceci est mon affaire, et pendant que je vais m'installer auprès du feu qu'allument ces braves gens, vous ferez bien de remonter dans vos voitures et de dormir jusqu'au moment du départ.

Mais ni Jacques ni André n'avaient envie de dormir, et ils aimè-
rent mieux s'installer auprès de La Chance qui, à la lueur des veil-
leuses d'huile de coco, commença l'examen des armes avec l'attention scrupuleuse qu'un soldat apporte à cette opération.

— Cela va bien, tout cela va bien ; quelle belle pièce, disait-il en
faisant jouer les ressorts du rifle de Jacques, et il avait un compliment pour chacune des pièces.

Tout d'un coup, dans le silence de la nuit, un bruit de roues et
de chevaux se fit entendre.

— La malle, la malle ! s'écrièrent les indigènes, et aussitôt l'un
d'eux alla préparer des chevaux qui attendaient sous un hangar à côté.

Bientôt, en effet, parut une voiture qui s'arrêta devant l'endroit
où étaient Jacques et André.

Le nom de voiture est peut-être un peu ambitieux pour la machine appelée la malle. Que l'on se figure posée sur deux roues
une espèce de boîte surmontée de deux bancs pour trois voyageurs
et le conducteur assis dos-à-dos ; pas de ressorts, pas de coussins,
rien qu'une poignée en fer de chaque côté afin de pouvoir se retenir
et ne pas tomber, car les deux chevaux qui traînent cela vont tout
le temps au galop, montent, descendent sans s'inquiéter des pierres
ni des trous, et l'on peut s'imaginer l'état dans lequel doit arriver le
voyageur après trente-six ou quarante-huit heures de route. Il
faut avoir une constitution de fer pour supporter la fatigue que l'on
y éprouve. Aussitôt que la voiture fut arrêtée, un voyageur sauta
sur la route et s'entretint avec un Hindou qui s'approcha de lui.
Quelques instants après il vint vers Jacques et André.

— Messieurs, dit-il, j'apprends que vous avez l'intention de faire
la chasse aux tigres qui désolent les environs. Permettez-moi de
me joindre à vous. L'habitude que j'ai de cette chasse pourra peut-
être vous être utile.

Nos deux amis accueillirent avec plaisir la proposition du nouvel
arrivant, M. Maxwell, attaché au service civil.

Il était dans l'Inde depuis plusieurs années, disait-il, et il avait une grande expérience des chasses aux bêtes féroces.

— Avez-vous déjà pris quelques dispositions, messieurs, demanda-t-il.

— Aucune, répondit Jacques, les gens d'ici doivent nous mener à l'endroit où les tigres viennent boire.

— Très-bien, mais cela n'est pas suffisant, a-t-on préparé quelque abri d'où vous puissiez tirer.

— Nous n'en savons rien.

— Eh bien, je vous demande à m'occuper de ces détails. Je vous avouerai d'ailleurs que, sans savoir que j'aurais le plaisir de vous rencontrer, je venais ici pour chasser. Mon domestique que voici, ajouta-t-il en désignant l'Hindou qui était allé lui parler lorsqu'il était descendu de voiture, est arrivé dans la journée au bungalow des voyageurs avec mes armes et les provisions nécessaires pour quelques jours, faisons la partie ensemble.

— Accepté, avec le plus grand plaisir.

— Maintenant, messieurs, il faut choisir les gens qui doivent nous accompagner. Nous n'avons pas besoin de tant de monde. Tous ces indigènes sont les plus grands poltrons de la terre et moins nous en aurons, mieux cela vaudra.

— Maître, lui dit son domestique, le Rajah vient d'envoyer deux de ses shikaries pour prendre vos ordres. Il met, si vous le désirez, ses éléphants à votre disposition. Il a cherché lui-même à tuer les tigres sans pouvoir y réussir. Il a perdu plusieurs hommes ; un enlevé par le tigre et trois blessés. Deux sont morts de leurs blessures.

— Ah ça, mais ce sont donc des maîtres tigres auxquels nous allons avoir à faire ?

— Il y a le mâle et la femelle, le pays est ravagé par eux ; ils ont fait de nombreuses victimes.

— Allons ! tenons promptement conseil, messieurs, comment procéderons nous ? Il y a trois manières de chasser le tigre. D'a—

bord l'affût à pied. Vous savez où la bête va boire, vous allez vous y embusquer et vous la tirez. C'est la manière la plus simple, mais aussi la plus dangereuse. Si par malheur vous ne faites que blesser le tigre, vous êtes certain qu'il s'élancera sur vous. Il y a ensuite l'affût dans l'arbre. J'aime mieux cela pour des commençants. On fait construire une plate-forme dans un arbre à proximité de l'endroit convenu et l'on tire presque en sûreté. Puis enfin, nous avons la chasse avec l'éléphant qui vous intéresserait beaucoup.

—Nous ferons tout à fait comme vous le jugerez à propos, dirent Jacques et André.

— Eh bien, dit M. Maxwell, afin de ne pas perdre de temps, nous essayerons d'abord de l'affût dans un arbre. Je vais prendre mes dispositions.

Il revint bientôt.

—Messieurs, dit-il, nous ne pouvons rien faire avant demain. Vous vous résignerez à passer la journée au bungalow. Il nous faut bien prendre toutes nos précautions, et partir maintenant serait nous exposer à quelque malheur.

— Soyez assez bon, dit Jacques, pour donner des ordres afin que l'on conduise nos chariots au bungalow et nous y allons.

Vingt minutes après on arrivait au bungalow des voyageurs où se trouvait déjà une voiture pour M. Maxwell. Il était bien situé, aéré, propre, et ils furent enchantés de prendre possession de leur appartement.

On déchargea les chariots, on renvoya les bullocks au relai et l'on prit les dispositions nécessaires pour passer la journée aussi commodément que possible.

Grâce aux conserves alimentaires, aux quelques provisions qu'Abdhul rapporta du village et surtout au savoir-faire de La Chance, le déjeuner fut, au dire de M. Maxwell, un des meilleurs qu'il eût fait depuis longtemps.

LA COUR DU RAJAH.

CHAPITRE XI

Préparatifs de chasse. — La chasse au tigre. — Les éléphants. — André se couvre de gloire et La Chance a des aventures désagréables. — Réception chez le Rajah. — Honneurs rendus à La Chance. — Les Bayadères.

Dans la journée, lorsque la chaleur est excessive, les bêtes fauves restent dans leurs repaires ; aussi, vers midi, M. Maxwell ordonna-t-il à plusieurs hommes d'aller, sous la direction d'un des shikaris du Rajah, établir des plates-formes dans les arbres près de l'endroit où venaient les tigres.

La Chance était enchanté de voir M. Maxwell procéder avec autant de précaution.

— A la bonne heure, disait-il, voilà un chef que l'on peut suivre sans crainte. Il ne nous fera pas marcher par pelotons lorsqu'il faudra aller en tirailleurs.

Les travailleurs revinrent vers cinq heures.

—Allons, dit M. Maxwell à ses nouveaux amis, je vais voir par

moi-même comment tout cela est fait. Il ne faut jamais, et rappe-
lez-vous-le bien, se fier aux Hindous pour l'exécution d'un ordre.
Leur paresse est trop grande.

— Nous vous accompagnerons, dit André.

— Très-bien, nous conviendrons ainsi de tous nos faits et gestes.

Il n'y avait que trois milles à faire dans la jungle et chacun
partit le rifle sur l'épaule. Deux shikaris du Rajah marchaient en
avant comme éclaireurs et plusieurs Hindous, à la bravoure de qui
on croyait pouvoir se fiér, accompagnaient les chasseurs. On emmenait, en outre, une pauvre vache destinée à servir d'appât pour
les tigres.

Chose rare, la besogne était bien faite. Les ouvriers avaient
établi dans deux grands arbres placés à une petite distance l'un
de l'autre deux solides plates-formes. Elles étaient cachées dans le
feuillage à environ 15 pieds du sol. Le tigre, il est vrai, bondit quelquefois à plus de vingt pieds de hauteur. Après avoir lié la vache
près des deux arbres, M. Maxwell reprit avec ses nouveaux amis
le chemin du bungalow où l'on arriva après la nuit tombée. On alluma de grands feux, formant une enceinte au milieu de laquelle
les gens du village amenèrent leurs chevaux et leurs bulloks pour
les mettre à l'abri des attaques des bêtes féroces. Tous ces animaux
cependant furent inquiets et tourmentés.

— Les tigres ont rôdé par ici toute la nuit, dit M. Maxwell en
allant éveiller nos amis pour partir, nous sommes certains de les
voir. Ne perdons pas de temps maintenant, apprêtez-vous le plus
promptement possible. Chacun fut bientôt prêt et l'on partit dans
le même ordre que la veille.

Il avait été convenu qu'André, M. Maxwell et son shikari qui
tiendrait son second rifle seraient ensemble sur la même plate-
forme, et que Jacques, La Chance et deux shikaris du Rajah s'é-
tabliraient sur la seconde. M. Maxwell devait tirer le premier, puis
Jacques et ensuite les autres, s'il était nécessaire.

M. Maxwell craignait de rencontrer les tigres avant d'avoir atteint les arbres. Mais il n'en fut rien heureusement. Ils arrivèrent sans accident et s'installèrent sur leurs plates-formes où ils étaient complétement cachés par le feuillage. Quelques minutes après, il aurait été impossible de soupçonner la présence d'êtres animés au milieu de ces arbres.

L'attente ne fut pas de longue durée. Le soleil se levait à peine qu'un tigre de très-grande taille parut à l'entrée d'une petite clairière sur la lisière de laquelle était l'eau où il venait s'abreuver. Nos jeunes gens comprirent qu'il faut un sang-froid éprouvé pour combattre un animal aussi terrible. Jamais ils n'en avaient vu d'aussi gros, et sa force devait être prodigieuse; aussi crurent-ils facilement qu'il pouvait enlever un homme et l'emporter.

Le tigre regarda d'abord autour de lui. On aurait dit qu'il soupçonnait la présence d'un ennemi. Rien cependant ne lui paraissant suspect, il se dirigea lentement vers l'eau. Mais, à moitié route, il vit la vache attachée la veille au poteau. S'arrêtant subitement, il poussa d'abord un rugissement rauque, puis il s'élança sur la pauvre bête. Il lui saisit le cou avec sa large gueule, lui coupa la veine jugulaire d'où sortit en abondance un sang chaud dont il se reput avec délices, tandis que des larges griffes de ses pattes de devant il labourait le dos de sa victime.

Nos chasseurs n'avaient pas perdu un seul de ses mouvements, mais M. Maxwell n'avait pas pu tirer parce qu'il ne le voyait que de dos et que c'était risquer un coup inutile. Enfin la vache se débattit, et chercha à se dégager de l'étreinte de son ennemi. Elle tomba, et le tigre, changeant de position, présenta son poitrail aux chasseurs. Un coup de feu retentit : l'animal frappé quitta sa proie et fit un bond du côté des arbres en poussant des rugissements terribles, ses yeux brillants comme du feu cherchaient à percer l'épaisseur du feuillage afin de découvrir ses ennemis. Un second coup tiré par Jacques atteignit le monstre qui eut encore la force de bondir presque jusqu'au pied de l'arbre. André et La Chance tirèrent à leur tour, et il tomba pour ne plus se relever. Il enfonça ses terribles griffes dans le sol, chercha dans une dernière convulsion à s'élancer vers les chasseurs, mais il retomba sans mouvement sur le côté.

— Hurrah! cria La Chance, n, i, ni, c'est fini. Mes compliments, si vous voulez bien le permettre, monsieur Maxwell, voilà une affaire bien menée : peut-on descendre et aller saluer le monsieur?

— Non pas, gardez-vous-en bien, je serais étonné si l'autre tigre ne venait pas; restez-là sans bouger et surtout ne tirez pas. Je tirerai toujours le premier.

Après une attente de deux heures pendant laquelle on eut fréquemment recours à la gourde, la chaleur devenant intolérable, M. Maxwell donna le signal du départ et descendit de sa plate-forme. On recouvrit le tigre de branches d'arbres et l'on retourna au bungalow, d'où M. Maxwell expédia de suite des indigènes et un chariot pour aller le dépouiller.

Tous les indigènes vinrent faire leurs remercîments aux chasseurs. Ces pauvres gens ne savaient comment exprimer leur reconnaissance qui ne connut plus de bornes lorsque M. Maxwell leur annonça que le lendemain on chasserait le second tigre.

— N'est-ce pas, messieurs, que nous ne laisserons pas notre tâche inachevée? demanda M. Maxwell à Jacques et à André.

— Certainement, répondirent-ils tous deux et, ajouta Jacques en serrant avec effusion la main de leur compagnon, laissez-moi vous remercier du service que vous nous avez rendu. Nous ne l'oublierons jamais, monsieur. Sans vous, sans votre expérience, nous nous serions exposés à un danger que nous ne connaissions pas, et qui sait si, à présent, nous n'aurions pas à déplorer la mort de l'un de nous? — André joignit ses remercîments à ceux de son frère.

— A l'émotion que j'ai éprouvée en voyant paraître le tigre, ajouta-t-il, j'avoue franchement que je n'aurais pas été sûr de moi si j'avais eu à le combattre en face. Mais j'espère, par la suite, me montrer digne de mon maître et de la première leçon que je viens de recevoir.

La Chance s'approcha à son tour :

— Je suis un ancien soldat, monsieur, 2ᵉ chasseurs d'Afrique. Je me suis battu à côté du père de ces deux jeunes gens-là. Sans vous, j'aurais peut-être eu à lui rendre un terrible compte de la journée d'aujourd'hui. Aussi, monsieur, la main me démange joliment d'envie de serrer la vôtre.

M. Maxwell lui tendit la main en souriant.

— Merci, monsieur, dit La Chance, merci encore, vous êtes Anglais... je suis Français; un Anglais comme vous, ça fait plaisir. Et La Chance termina sa harangue en essuyant une larme avec son index.

— Allons, messieurs, dit M. Maxwell, vous êtes vraiment trop aimables. Je suis enchanté de vous avoir rencontrés et d'avoir fait pour vous ce que l'on a fait pour moi. Il faut bien commencer.

Je vais tâcher, puisque le Rajah s'est mis à ma disposition, de vous faire faire une chasse à l'éléphant.

Une heure après, un cavalier hindou se présenta au bungalow. Il venait avertir M. Maxwell que le Rajah qui venait faire une visite aux voyageurs européens le suivait de près.

On vit bientôt, en effet, paraître plusieurs cavaliers précédant un éléphant richement caparaçonné sur lequel était le Rajah. Une nombreuse suite de serviteurs à pied l'accompagnait. M. Maxwell, familiarisé avec les habitudes du cérémonial indigène et avec la langue du pays, alla le recevoir lorsqu'il descendit de son éléphant et l'introduisit dans le bungalow en le tenant par la main. Lorsqu'il fut assis, il lui présenta Jacques, André et même La Chance. Le Rajah ou, pour mieux dire, le chef indigène du district, remercia M. Maxwell et ses compagnons d'avoir débarrassé le pays d'un

animal qui avait fait autant de ravages et il le pria, en même temps,
d'achever son œuvre en chassant l'autre que l'on croyait être une
femelle. Il avait lui-même fait plusieurs tentatives contre ces bêtes
féroces, mais elles avaient été infructueuses et ses gens avaient fini
par être si effrayés qu'il avait dû renoncer à son projet.

M. Maxwell l'assura qu'il ne partirait pas sans avoir eu raison de
l'autre tigre, mais il lui exprima le désir de faire cette chasse avec
des éléphants. Il ne croyait pas que l'animal revînt à l'endroit où le
premier avait été tué, et il jugeait qu'il faudrait battre les jungles.
Le Rajah promit d'envoyer le lendemain matin quatre de ses meilleurs éléphants. En se retirant, il pria M. Maxwell d'accepter quelques provisions qu'il avait fait apporter par ses serviteurs. M. Maxwell
accepta naturellement avec le plus grand plaisir, et l'on se sépara
avec force démonstrations d'amitié de part et d'autre.

— Par ma foi, dit La Chance après le départ du Rajah, voilà
un brave homme, il nous a fait apporter des vivres au moins pour
huit jours : nous avons deux moutons, une douzaine de volailles,
des faisans, des bananes, des oranges et même des sucreries. C'est

ainsi que je comprends l'hospitalité. Vous aurez ce soir un si beau dîner que si, par hasard, il passe un roi par ici, vous pourrez l'inviter. Puisque je suis l'officier de bouche, je viens soumettre le menu à votre approbation.

Le reste de la journée se passa gaiement et le soir on prit les mêmes précautions que la veille pour se mettre à l'abri des attaques des fauves.

Le lendemain matin, après une nuit assez agitée, car on n'avait pas cessé d'entendre les cris des chacals et des hurlements de bêtes féroces, tout le monde fut sur pied de bonne heure. Les armes furent inspectées minutieusement, et chacun était prêt lorsque les éléphants du Rajah parurent. C'étaient quatre magnifiques animaux. Chacun d'eux portait sur son dos une espèce de chambre ou grande caisse découverte où pouvaient tenir aisément plusieurs personnes. Leur mahou (conducteur), à cheval sur leur cou, les conduisait avec un petit trident en fer. Ils vinrent tous les quatre s'agenouiller dans la cour du bungalow.

— C'est la première fois que vous montez sur un éléphant, messieurs? dit M. Maxwell.

— Oui, répondirent les jeunes gens, et j'avoue, dit André, que je ne sais pas trop comment je me tiendrai debout; le mouvement ne me paraît pas doux.

— Vous vous y ferez vite; d'ailleurs, vous vous appuierez sur le bord de la caisse. Ainsi, messieurs, c'est entendu, nous allons entrer dans la jungle en nous tenant aussi près que possible les uns des autres. Le premier qui voit le tigre tire sur lui son premier coup. Les autres tireront ensuite. Gardez le second coup, je n'ai pas besoin de vous recommander le sang-froid, je vous ai vus hier à l'œuvre. Chacun de vous aura avec lui un porteur de parasol, car nous allons peut-être faire une longue course au soleil et, en outre, un des shikaris du Rajah. Ce sont des hommes sûrs dont il m'a répondu. N'oubliez pas de prendre de quoi boire.

Les éléphants étaient si hauts, même agenouillés, qu'il fallait une petite échelle pour monter dans la caisse.

— Allons, je donne l'exemple, dit La Chance, et il monta dans la sienne où étaient déjà le shikari et le porteur de parasol. La porte de la caisse fut solidement fermée, et il se trouva comme dans une petite forteresse.

— Tenez-vous bien, cria M. Maxwell au moment où l'éléphant se relevait, tenez-vous bien.

L'avertissement n'était pas inutile, et bien en prit à La Chance d'empoigner solidement le rebord de la caisse : lorsque l'animal se met sur ses jambes, il fait en arrière et en avant deux mouvements très-violents qu'il faut connaître. Ajoutons qu'à moins d'en avoir l'habitude, la marche de l'éléphant fatigue beaucoup. Lorsque chacun fut installé et après que M. Maxwell eut donné ses derniers ordres, on partit.

— Je suppose, dit La Chance, que mon éléphant s'arrêtera quand j'aurai à tirer, sans cela je ne ferai pas de mal au tigre. Quel mouvement ! c'est à vous donner le mal de mer !

— Vous n'y penserez bientôt plus, dit M. Maxwell en riant.

— C'est possible, mais j'y pense beaucoup en ce moment.

De tout temps, les Hindous ont su apprivoiser les éléphants. Avoir beaucoup de ces animaux était un luxe que recherchaient les princes et les grands ; c'était une marque de puissance et le harnachement complet de celui qui portait le souverain était toujours très-coûteux. Aujourd'hui encore, on en voit qui ont des colliers et des bracelets composés de roupies en assez grande quantité pour faire vivre de pauvres familles pendant longtemps. Généralement les éléphants se tiennent dans les forêts de tecks et de sandal de la côte de Malabar, d'où ils pénètrent par les jungles de Canara dans la présidence de Bombay. Il y en a aussi une assez grande quantité dans les montagnes qui bordent la frontière nord-ouest des provinces centrales : aussi, en 1865, le commissaire en chef de ces provinces a-t-il établi un service appelé *khedda*, qui a pour objet la chasse aux éléphants et à la tête duquel est un officier de l'armée. Malgré les premières difficultés, on a pris l'année suivante trente de ces animaux dont une partie a été conservée pour le service de l'administration et le reste vendu aux indigènes de haute classe. Le prix moyen pour les jeunes est de 3,500 fr. Chacun sait comment se fait l'éducation de l'éléphant sauvage. Elle est confiée à deux de ses congénères habitués à la domesticité et pour être achevée, demande plus ou moins de temps selon l'âge du sujet. Ils rendent ensuite des services de toutes sortes et font preuve d'une intelligence extraordinaire.

On en dresse aussi pour la chasse, et ceux de nos voyageurs étaient, disait-on, très-aguerris.

On se dirigea vers l'endroit où le tigre avait été tué la veille. Mais, dans l'espoir de rencontrer celui que l'on cherchait, au lieu de suivre le chemin, on entra dans la jungle où les quatre éléphants se tinrent de front à une distance assez rapprochée les uns des autres.

— Savez-vous, cria La Chance à Jacques, que s'il me fallait me servir de mon rifle, la chose me serait impossible. Je n'ai jamais été balancé d'une façon si incommode.

— Comment, toi, un ancien chasseur d'Afrique, qui atteignais ton but en déchargeant ta carabine au galop de ton cheval, ce mouvement te gêne ! que je dise cela, très-bien, mais toi, je ne le comprends pas.

— Est-ce donc que vous êtes bien à votre aise, monsieur Jacques ?

— Pas le moins du monde.

— Ah ! à- la bonne heure. Eh bien, nous ferons de notre mieux.

On battit la jungle en vain, le tigre n'y était pas; on poussa devant soi jusqu'à l'endroit où était le corps de la vache. Le tigre était venu là bien certainement, car une partie de l'animal était dévorée, le reste était déchiré, en lambeaux.

On continua la battue sans rien découvrir. Jacques, André et La Chance avaient fini par s'habituer au mouvement de l'éléphant, mais ils souffraient beaucoup de la chaleur qui était devenue accablante, et, malgré le large parasol tenu au-dessus de leur tête, le soleil les brûlait.

Ils continuèrent encore ainsi pendant une heure sans être plus heureux. Aussi, M. Maxwell commanda-t-il une halte à une place où il y avait un peu d'ombre.

— Descendons et reposons-nous ici, dit-il, nous reprendrons notre chasse ensuite.

— Croyez-vous vraiment que nous trouverons le tigre? demanda Jacques.

— Certainement, répondit M. Maxwell, le gaillard dort probablement quelque part par ici. Mais nous irons le réveiller et ce soir nous ferons sécher sa peau.

— Eh bien, puisqu'il dort, dit La Chance, nous avons le temps de déjeuner. J'ai une petite caisse dans laquelle j'ai tout ce qu'il faut. J'ai pensé que cela ne serait pas une trop grande surcharge pour mon éléphant.

— Vous êtes un homme de précaution, monsieur La Chance, les anciens militaires sont des gens précieux en expédition.

On ouvrit la caisse et l'on fit gaiement honneur aux provisions qu'elle contenait.

— Je vais faire une politesse à mon éléphant, dit La Chance en se levant et en prenant une provision de pain.

— Prends garde, dit André, tu sais que tu n'as pas de bonheur avec les éléphants.

— Oh! les éléphants, cela me connaît, répondit celui-ci selon son habitude.

Il s'approcha de l'animal et lui offrit son pain qui fut accepté avec empressement. Il commença ensuite une conversation qui ne fut pas comprise probablement, car, au moment où notre ami déployait son éloquence, l'éléphant avec sa trompe lui enleva son chapeau qu'il envoya assez loin comme il aurait fait d'une balle.

La Chance sauta en arrière d'une façon qui fit honneur à son agilité. Il avait éprouvé un vif mouvement de frayeur qui ne se dissipa que lorsqu'il vit que l'éléphant le regardait tranquillement et sans paraître vouloir continuer la plaisanterie.

Tout le monde rit de bon cœur de la mésaventure de La Chance qui, après avoir envoyé chercher son chapeau, se tint à une distance très-respectueuse de son ami. Lorsqu'on se remit en route et qu'il lui fallut remonter sur son dos, ce ne fut pas sans s'être assuré qu'il pouvait le faire sans craindre une nouvelle mésaventure.

Après une longue recherche infructueuse et lorsque le découragement allait s'emparer des chasseurs, l'éléphant d'André leva sa trompe en faisant grand bruit.

— Le tigre n'est pas loin, dit M. Maxvell, attention, tout le monde !

Il n'avait pas achevé, qu'un tigre sortit d'un épais fourré en face des chasseurs et, tranquillement, sans se presser, mais en poussant des rugissements effroyables comme pour effrayer ses ennemis, il vint au-devant d'eux. Il se produisit alors un incident auquel on était loin de s'attendre. Trois des éléphants saisis de peur se retournèrent et partirent de toute leur vitesse sans que les efforts de leurs mahous pussent les retenir.

Seul l'éléphant d'André resta en face du tigre.

Le jeune homme avait bien vu la fuite des autres animaux, et se savait seul en présence de son terrible adversaire.

Celui-ci s'avançait toujours vers l'éléphant.

André eut un moment d'indécision. Il fut, il est vrai, de courte durée. Visant l'animal en plein poitrail, il lui envoya son premier coup. L'animal touché poussa un rugissement terrible, frappa ses flancs de sa queue, et, s'élançant sur son ennemi, parvint à s'accrocher aux cordes qui retenaient sur le dos de l'éléphant la caisse où était André. Il était si près de lui que le jeune homme sentait son haleine brûlante et empestée.

Il lui déchargea son second coup entre les deux yeux. L'animal tomba sans vie sur le sol.

— Hurrah, hurrah, bravo! s'écria-t-on derrière lui. C'était M. Maxwell et son frère Jacques dont les mahous avaient pu ramener les éléphants.

— Bravo! dit Jacques, bravo! fais agenouiller ta bête et descends, que je te fasse mes compliments.

M. Maxwell joignit ses félicitations à celles de Jacques. On ne pouvait pas mieux faire pour la première fois. C'était magnifique.

Après une nouvelle halte, on retourna au bungalow après avoir chargé l'éléphant d'André, du corps du tigre qui n'avait pas moins de neuf pieds de longueur.

La Chance ne revint que fort tard, furieux de l'accident qui lui était arrivé. Il avait failli, dit-il, être tué par son éléphant, que l'on n'avait pu arrêter qu'après trois heures de course à travers les jungles.

Le soir de cette journée, mémorable pour André, nos voyageurs devaient aller faire une visite au Rajah qui leur avait fait dire par un de ses officiers qu'il les attendait.

A huit heures, il leur envoya des palanquins, des chevaux, des porteurs de torches et plusieurs cavaliers pour leur faire honneur.

Lorsqu'ils traversèrent le village, leur cortége se grossit de tous les habitants qui les accueillirent avec de grandes démonstrations de joie. Ils avaient orné de fleurs, et illuminé leurs cabanes, sur les fenêtres et au-dessus des portes brillaient des cordons de petits lampions où brûlait de l'huile de coco, dont la lumière vive et blanche faisait un très-joli effet. Tous ces pauvres gens, hommes, femmes et enfants, entouraient les chevaux et les palanquins en faisant de nombreux salams, et ce fut avec peine qu'au milieu de cette foule pressée l'on parvint à la demeure du chef.

La Chance était enchanté et distribuait des poignées de main à droite et à gauche ni plus ni moins qu'un souverain constitutionnel.

La demeure du chef était brillamment illuminée aussi. Entouré de ses principaux serviteurs, il attendait ses visiteurs devant sa porte. Aussitôt qu'ils parurent, il alla au-devant d'eux et les reçut avec le plus vif empressement. Il prit M. Maxwell par la main et, suivi de Jacques, d'André, de La Chance et de ses serviteurs, il entra avec lui dans sa maison. Après avoir traversé une première

cour entourée d'une galerie couverte et au milieu de laquelle était un bassin de fleurs, il fit monter ses hôtes au premier étage et les introduisit dans une galerie parfaitement éclairée par des lampes et des lanternes vertes, jaunes et rouges. Au grand étonnement de nos voyageurs, cette galerie était meublée à l'européenne; au fond il y avait un canapé sur lequel le Rajah prit place. Des fauteuils étaient préparés pour M. Maxwell, Jacques et André et un

autre pour La Chance qui, sur un signe de Jacques, s'y assit
majestueusement. Il avait pour la circonstance endossé une espèce

Le Rajah.

de tunique d'uniforme sur laquelle brillaie nt la médaille militaire
et celle de la campagne d'Italie, aussi produisait-il beaucoup d'effet.

Pour tous ces gens, il était visible que La Chance appartenait à la caste des guerriers. D'autres siéges étaient destinés aux officiers du Rajah.

Le chef avait un costume d'une grande richesse : il se composait d'une espèce de tunique en drap d'or et d'un pantalon de même étoffe; son espèce de turban était orné de plumes et de diamants. Ses officiers, sans être aussi richement vêtus, portaient des costumes élégants.

Lorsque tout le monde fut assis, le chef fit à M. Maxwell un petit discours dans lequel il le remercia lui et et ses compagnons du service qu'ils avaient rendu en tuant les tigres et les félicita du courage dont ils avaient fait preuve. M. Maxwell traduisit aux jeunes gens les paroles du Rajah, à qui il répondit ensuite au nom de tous. Le Rajah salua alors Jacques, André et La Chance, mais peut-être plus particulièrement La Chance dont les médailles attiraient son attention.

Après quelques instants de silence il se tourna vers lui et lui demanda s'il était officier français. Son vakil (interprète) allait traduire sa demande, lorsque M. Maxwell répondit qu'il avait été officier de cavalerie dans l'armée française. Cette réponse fit grand plaisir à l'assemblée et chacun salua La Chance avec respect.

— Je viens de vous faire monter en grade, mon cher monsieur La Chance, lui dit M. Maxwell, je vous ai nommé officier. Ce n'est d'ailleurs qu'un avancement bien naturel, car si vous n'aviez pas quitté l'armée, vous seriez officier depuis longtemps.

La Chance accepta le compliment en homme qui le trouva mérité.

Le Rajah demande, ajouta M. Maxwell, si vous voudriez bien lui raconter vos batailles; son vakil, qui sait l'anglais, servira d'interprète.

— Comment donc, avec le plus grand plaisir, si cela peut lui être agréable et si vous pensez que je doive le faire.

14

— Certainement et vous le rendrez très-heureux; car, dans l'Inde, on aime beaucoup les officiers français.

Lorsque M. Maxwell eut répondu au Rajah que sa demande était accueillie, celui-ci fit signe à un officier qui se tenait près de la porte de laisser entrer des indigènes qui se tenaient respectueusement en dehors. Ils vinrent tous faire de profonds salams au Rajah en portant les deux mains à leur front et allèrent s'accroupir au fond de la salle avec un air de satisfaction marquée.

Lorsque son auditoire fut réuni, La Chance commença le récit de ses campagnes en Afrique ; puis il continua par celui de la campagne d'Italie. Il raconta les dangers courus par son colonel, par lui-même et comment il lui avait sauvé la vie et gagné la médaille militaire.

Il fut bien un peu gêné dans son récit par l'obligation de s'arrêter pour laisser le vakil traduire ses phrases, mais cela ne l'empêcha pas de placer souvent des ra ta plan badaboum, pif paf qui eurent le plus grand succès.

C'était vraiment de l'admiration qu'il inspirait à l'assemblée, mais l'enthousiasme ne connut plus de bornes lorsque Jacques et André, émus par les souvenirs que La Chance avait évoqués, serrèrent avec effusion les mains de cet ami qui avait été si dévoué à leur père.

Tous les regards étaient tournés vers lui et chacun le saluait en disant : C'est un barrah saheb, c'est un grand seigneur.

Le pauvre La Chance ne savait que devenir, jamais il n'avait eu une semblable ovation, et il était plus touché qu'il ne voulait le paraître. Mais où il faillit vraiment perdre la tête, ce fut lorsque le Rajah le pria d'accepter un beau sabre qu'il avait envoyé chercher par un de ses officiers. Il ne put que balbutier :

— Ah! mon Rajah, c'est trop beau, quoique certainement, mon Rajah, il est vrai que……. et, ne pouvant pas terminer sa phrase, il se leva et alla donner une solide poignée de main à son Rajah.

Il disait mon Rajah, comme il aurait dit « mon colonel. »

Sur un signe du chef, on se leva et l'on passa dans une autre salle où était dressée une table couverte de fruits et de sucreries. Au grand étonnement de nos voyageurs, il y avait aussi un nombre respectable de bouteilles de vin de Sherry, de Bordeaux de Champagne.

— Presque tous les chefs indigènes, dit M. Maxwell en répondant à une observation de Jacques, ont chez eux des vins d'Europe afin d'en offrir à leurs hôtes étrangers. Ils reçoivent souvent la visite de fonctionnaires anglais, et ils savent qu'ils trouvent l'eau une boisson assez fade.

— Mais, demanda La Chance, ils en boivent aussi ?

— Je ne pourrais pas vous le dire; je ne le crois pas, cependant je n'affirmerais rien à cet égard. En tout cas, ils n'en boiront pas avec vous.

En effet, le Rajah fit offrir à ses hôtes des différents vins qui étaient sur la table, mais, ni lui ni ses officiers n'en goûtèrent.

— Décidément, ce Rajah est un bien brave homme, dit La Chance en buvant un verre de champagne, et je suis vraiment content que nous ayons tué les tigres qui mangeaient son peuple.

Les sucreries représentaient soit des cavaliers, des soldats, des éléphants, des monuments.

Le Rajah choisit lui-même un cavalier en sucre très-bien réussi et l'offrit à La Chance.

La Chance avait décidément les honneurs de la soirée.

Il croqua sans façon son cavalier au grand plaisir de l'assemblée. Il n'avait cependant pas grand mérite à faire cela; les sucreries indigènes sont excellentes.

— Maintenant, messieurs, nous allons retourner dans la galerie où vous allez assister à une danse de bayadères. Si vous n'avez jamais vu une nautch (1), peut-être trouverez-vous cela intéressant.

Chacun alla reprendre sa place dans la galerie où les bayadères

(1) Nom que l'on donne aux fêtes où dansent les bayadères.

accompagnées de leurs musiciens firent bientôt leur entrée.

Contre l'attente de nos voyageurs, elles étaient vêtues de la façon la plus disgracieuse.

Un long voile leur entourait la tête, couvrait les épaules et leur cachait la taille, tandis qu'une jupe à plis extrêmement épais leur descendait jusqu'aux chevilles. Cette jupe est composée d'un seul morceau d'étoffe de douze mètres de largeur environ, roulé autour de la taille sans aucune attache ni rubans et formant douze ou quinze plis. Les poignets et le bas des jambes étaient surchargés de bijoux. Ce costume paraissait si lourd que l'on ne supposait pas qu'elles pussent le conserver pour danser.

Les musiciens, accroupis sur le sol, préludèrent. C'était peu entraînant. L'un tapait sur un grand tambourin, un autre froissait des cymbales en cuivre, un troisième agitait des castagnettes au timbre très-aigu, en cuivre également, tandis que deux autres râclaient des espèces de violes, ou soufflaient dans des instruments semblables à des flageolets. Il fut difficile à nos amis de se rendre compte si ces musiciens s'entendent entre eux et ont un thème quelconque; ils leur paraissaient jouer chacun ce qui lui passait par la tête, ne s'appliquant qu'à suivre une espèce de mesure irrégulière très-désagréable pour les nerfs.

Cependant les Hindous aiment tellement leur musique, que s'ils avouent que les Européens les surpassent de beaucoup en civilisation, ils ne leur accordent aucune supériorité musicale.

Lorsque les musiciens eurent fini, les danses commencèrent. L'une des danseuses posa la main sur sa hanche gauche, arrondit le bras droit assez gracieusement, regarda La Chance dans le blanc des yeux, s'avança vers lui à tous petits pas, s'arrêta, continua à le regarder pendant que l'orchestre jouait, après quoi, elle frappa les pieds en cadence sur le sol de façon à bien faire résonner ses bijoux et tourna sur elle-même tout d'une pièce pour aller rejoindre les autres danseuses. Celles-ci firent exactement les mêmes évolutions en regardant tantôt Jacques, tantôt André.

Pendant leurs danses, ces dames chantaient d'une voix affreusement criarde un récitatif qui n'avait rien de mélodieux.

Bref, nos amis, qui n'étaient pas enthousiasmés, furent enchantés lorsque M. Maxwell leur proposa de prendre congé du Rajah.

— Ces danses ont un tel attrait pour les indigènes, leur dit-il, qu'ils passent des nuits entières à les voir. Ils ne s'en lassent jamais. Moi qui suis cependant plus au courant que vous des habitudes du pays et qui comprends à peu près les chants, elles m'ennuient mortellement. Ces danses ne sont pas à comparer aux danses nationales d'Europe, russes, italiennes ou espagnoles. Si chacun peut prendre du plaisir à celles-ci, il faut être initié à bien des choses du pays avant d'aimer les bayadères de l'Inde.

Lorsque M. Maxwell eut demandé au Rajah à se retirer en lui disant qu'ils devaient se mettre tous en route le lendemain de bonne heure, celui-ci se fit apporter de l'huile de rose et des colliers de fleurs de jacinthes qu'il offrit à ses hôtes, ainsi que l'avait fait le Rajah de Nagpore. Il les reconduisit ensuite jusqu'à la porte de sa maison et il prit congé d'eux en les assurant de nouveau de toute sa reconnaissance. Nos voyageurs retrouvèrent leurs palanquins, leurs chevaux, leurs porteurs de torches et leurs cavaliers. Leur retour au bungalow eut lieu au milieu des mêmes acclamations que celles qui avaient salué leur arrivée.

On ne laissa pas partir les gens du Rajah sans leur distribuer une bonne gratification. Les domestiques hindous sont plus que ceux des autres pays, peut-être, sensibles à cette attention.

En arrivant au bungalow, nos voyageurs ne furent pas peu étonnés d'y trouver un nouvel hôte qui aborda Jacques et André en leur parlant français.

LA GRANDE PAGODE DE TRIVALOUR.

UNE PAGODE A JAGRENAT.

CHAPITRE XII

Une nouvelle connaissance. — La pagode de Jagrenat et le dieu Vichnou. — La pagode de Trivalour. — Un officier français dans l'Inde. — Histoire de Raymond.

Après les premiers compliments ils apprirent que ce voyageur était M. F***, chargé par le gouvernement français d'une mission commerciale dans l'Inde. Il se rendait aussi à l'Exposition de Jubbulpore.

— Je ne croyais pas, dit-il, avoir le plaisir de vous rencontrer, messieurs, car vous aviez beaucoup d'avance sur moi, aussi ai-je été étonné en arrivant ici, pour me reposer quelques heures, de trouver vos domestiques qui m'ont raconté pourquoi vous vous y étiez arrêtés. Je vous fais mes compliments et je regrette d'être arrivé trop tard pour prendre part à votre chasse. Je suis dans l'Inde depuis bientôt trois ans, je l'ai beaucoup parcourue et jamais je n'ai manqué une occasion qui m'était offerte de me servir de mon rifle.

M. Maxwell, qui avait pour lui seul une des deux chambres à coucher, offrit à M. F*** de la partager avec lui. Il y avait un second cadre sur lequel il pouvait faire son lit; celui-ci refusa en disant qu'il allait repartir dans deux heures et que, ne voulant déranger personne, il se reposerait sous la vérandah. M. Maxwell, Jacques et André lui demandèrent à lui tenir compagnie, offre qu'il accepta avec plaisir. On s'installa sur les canapés, on fit apporter des rafraîchissements, des cigares, et chacun fut libre de fumer, de méditer ou de dormir; mais André avait été trop vivement impressionné par les incidents de la veille ou de la journée pour avoir envie de méditer ou de dormir.

Nos deux jeunes gens, d'ailleurs, étaient trop heureux de rencontrer un Français ayant vu une grande partie de l'Inde, pour ne pas profiter de cette rencontre en demandant des renseignements, tantôt sur une ville, tantôt sur une pagode qu'ils ne devaient pas visiter.

La conversation était sans suite, mais des plus intéressantes, on parcourut ainsi une foule de curiosités malheureusement trop éloignées de l'itinéraire.

La pagode de Jagrenat (1), célèbre lieu de pèlerinage des Hindous, les retint longtemps.

En effet, près d'un million de pèlerins, venus de toutes les parties de l'Inde, assistent chaque année aux grandes fêtes qui se célèbrent au temple de Jagrenat. Pendant ces fêtes on promène solennellement la statue de Vichnou sur un char immense, sous les roues duquel on voit encore aujourd'hui des fanatiques se pré-

____

(1) Jagrenat, sur un bras du Mahamuddy, à 480 kil. S.-O. de Calcutta.

cipiter afin d'édifier les assistants. Rien ne saurait rendre l'état d'excitation qui règne parmi cette population de pèlerins pendant leur séjour à Jagrenat ; chacun d'eux cherche à prouver à sa façon les sentiments qu'il professe pour Vichnou ; ce sont des cris, des chants, des danses sans fin.

Le culte de Vichnou, conservateur de la création, est répandu dans l'Inde entière. Il est représenté avec une figure bleue et quatre bras ; d'une main, il tient une massue, d'une autre un tchagra ou roue magique, de la troisième une conque, de la quatrième un lotus ; il porte sur la tête une triple tiare, ses incarnations ont été nombreuses. Dans l'âge primitif du monde, lorsque les hommes étaient vertueux et bons, il prit successivement les formes d'un poisson, d'une tortue, d'un sanglier et d'un lion. Dans le deuxième âge du monde, il s'incarna dans Vamana, brahme nain et dans Rama qui fonda la ville de Ceylan.

Le troisième âge le vit incarné en Bouddha possédant la science parfaite et en Krichna la plus belle de ses incarnations. On dit qu'après avoir accompli sa mission sur la terre, il fut changé en un tronc de sandal et porté par les eaux sur la côte d'Orissa, où est le temple de Jagrenat.

Mais depuis la mort de Krichna, nous sommes entrés dans l'âge noir ou de fer, le mal a augmenté sur la terre, la vie de l'homme diminue en raison des fautes qu'il commet et Vichnou s'incarnera bientôt une dernière fois dans le cheval exterminateur Kalki, dont un coup de pied détruira notre globe.

De la description de Jagrenat et du dieu Vinchou, on sauta à la pagode de Trivalour, et M. F***, conservant son rôle de cicérone continua ainsi :

Parmi les monuments de l'architecture hindoue qui frappent le plus vivement les voyageurs, aucun ne peut rivaliser avec la grande pagode de Trivalour. — L'harmonie de l'ensemble général, la perfection et l'originalité des détails, la placent parmi les pre-

mières à citer. Il est impossible de rêver un spectacle plus magnifique, et plus gracieux à la fois que celui que présente cette pagode
vue des bords du grand étang dans lequel elle se mire.

Cet étang, de proportions plus grandes que ceux des autres
temples, concourt à l'effet charmant de ce tableau enchanteur.

C'est dans cet étang que les fidèles doivent se laver et se purifier
avant de pénétrer dans le temple. Ne pas le faire, serait commettre
un crime impardonnable, car il est ordonné de la façon la plus ab-
solue, par la loi religieuse, de faire ses ablutions avant d'adresser ses
prières à la divinité.

Nos jeunes gens à leur tour ne demandaient pas mieux de causer
de ce qu'ils avaient déjà pu voir. André raconta à M. F*** ce qui
l'avait frappé depuis son arrivée et termina en lui faisant le récit
de la soirée chez le Rajah.

Il n'oublia pas de dire le succès qu'avait obtenu La Chance.

— Cela ne m'étonne pas, dit M. F***, les officiers français ont
laissé dans l'Inde un souvenir que le temps n'a pas encore effacé.
Avant la domination anglaise, beaucoup de Français prenaient du
service dans les troupes des différents princes indigènes. Leur bravoure et leur loyauté les faisaient aimer et respecter, et quelques-
uns d'entre eux sont parvenus à de brillantes positions. A côté du
nom du général Allard que tout le monde connaît, je pourrais vous
en citer beaucoup d'autres. Puisque vous êtes allés à Poonah, vous
avez dû y voir les tombes d'officiers français morts au service du
Peschwar.

— Oui, dit André, c'est une des premières visites que l'on nous
a indiquées et nous avons rencontré des vieillards qui se rappellent
que, lors de la bataille de Poonah perdue par le Peschwar et à la
suite de laquelle il fut détrôné, des officiers français combattaient
dans les rangs de l'armée indigène contre les Anglais.

— Partout, dit M. F***, vous rencontrerez les mêmes souvenirs,
partout votre qualité de Français vous fera accueillir avec empres-

sement et je ne suis pas étonné que M. La Chance, qui porte sur sa poitrine les preuves de son courage, ait été fêté comme il l'a été.

— Eh bien, dit La Chance, visiblement flatté de l'attention dont il venait d'être l'objet de la part de M. F***, j'en suis pour ce que j'ai dit, il est fâcheux que ces Hindous n'aient pas plus de tempérament, car ce sont de braves gens. Je comprends que l'on s'attache à eux, et qu'on leur soit dévoué.

— C'est très-bien, et je ne suis pas étonné que vous pensiez ainsi, mais, mon cher monsieur, le manque de tempérament, ainsi que vous le dites, amène d'autres défauts. Un homme sans courage devient faux et astucieux.

— C'est possible, mais ceux-ci au moins sont reconnaissants.

— J'ai vu dans les États du Nizam, continua M. F***, un exemple bien touchant du respect que les Hindous conservent pour la mémoire de nos compatriotes. Si je ne craignais pas de vous faire veiller trop longtemps, je vous raconterais cette histoire qui vous intéresserait.

M. Maxwell et nos amis protestèrent si bien de leur désir d'entendre M. F***, qu'il ne fit plus d'objections. Comme tous les voyageurs, du reste, c'était avec plaisir qu'il racontait ce qu'il avait vu.

Il y avait longtemps déjà que j'étais dans l'Inde, dit M. F***, j'y avais déjà fait plusieurs voyages, j'avais visité les villes les plus remarquables et les plus intéressantes par leurs monuments, depuis Agra jusqu'à la grande pagode de Jagrenat, et je désirais vivement connaître les États du Nizam, l'ancien royaume de Golconde.

Tout ce que l'on m'avait raconté sur ce pays piquait vivement ma curiosité. La ville d'Hyderabad, capitale et résidence du souverain, le Nizam, était, il y a quelques années à peine, fermée aux Européens, et l'on m'assurait que, maintenant encore, aucun chrétien n'y serait en sûreté après le coucher du soleil. La population musulmane qui l'habite est fanatique à l'excès et déteste les étrangers.

On me représentait la route, non seulement comme fatigante, mais aussi comme peu sûre à cause des voleurs de grand chemin, et, à ce sujet, on m'avait raconté des histoires dans le genre de celle d'Ali-Baba ou les quarante voleurs. Mais j'étais poussé par le désir d'étudier un pays que toutes mes informations me représentaient comme riche et pouvant offrir un débouché important à notre industrie.

D'un autre côté, nous avons eu de belles pages dans l'histoire des Nizams. Les noms de Dupleix et de Bussy y sont écrits en lettres d'or et il devait être intéressant pour moi de voir un pays que nous connaissons à peine maintenant et où nous avons cependant laissé de brillants souvenirs.

Enfin, au mois de décembre dernier, je quittai Bombay avec un Français, M. Magnart, établi dans l'Inde depuis longtemps, et qui, comme moi, était désireux de voir les États du Nizam.

Mon intention n'est pas de vous donner ici les détails de notre voyage qui fut long et fatigant, ainsi que j'en avais été prévenu. Parmi mes souvenirs, je choisis celui que je me rappelle avec le plus de plaisir.

Malgré les mauvaises prédictions, arrivés sains et saufs à Hyderabad, après avoir passé vingt heures en chemin de fer pour franchir la distance qui sépare Bombay de la frontière, et voyagé en voiture à bœufs pendant quatre jours et quatre nuits sur les routes des États de S. A. le Nizam, nous fûmes accueillis au palais de la Résidence avec cet esprit d'hospitalité large et cordiale que les Anglais exercent si bien dans l'Inde.

— Je suis aise que vous soyez arrivé aujourd'hui, me dit le Résident après les premiers compliments. Le ministre S. E. Salar Jung donne ce soir une fête d'adieu en mon honneur, vous y assisterez.

C'est une occasion de voir la magnificence orientale que vous ne retrouverez peut-être plus.

Sir Richard devait partir incessamment pour aller à Calcutta remplir les fonctions de ministre des Finances.

Quoique très-fatigué de ma route, j'acceptai avec empressement. J'avais d'ailleurs entendu parler avec beaucoup d'éloges de S. E. Salar Jung et j'étais enchanté d'avoir si promptement l'occasion de le voir.

A sept heures nous quittâmes la Résidence, située dans le faubourg de Chandergaut, à une petite distance des murs d'Hyderabad.

Le Résident avait une escorte de cavalerie de sa garde qui fut plus que doublée à l'entrée de la ville par un piquet d'honneur envoyé par le Ministre.

Je ne pus pas voir beaucoup sur ma route, quoique nous fussions accompagnés par des porteurs de torches.

En arrivant au palais du ministre, brillamment illuminé, nous entrâmes d'abord dans une grande cour et nous nous arrêtâmes devant un bel escalier en haut duquel était S. E. Salar Jung, entouré d'une suite nombreuse. Il descendit recevoir sir Richard qui nous présenta, M. Magnart et moi. Après nous avoir serré la main et souhaité la bienvenue, il nous engagea à le suivre dans les jardins où étaient réunis les principaux personnages de la ville et les officiers de l'armée auxiliaire anglaise.

Le ministre portait une longue robe en velours noir fermée par de gros diamants et serrée à la taille par un ceinturon orné de pierres précieuses.

Sur sa poitrine brillait la plaque de l'ordre de l'Étoile de l'Inde.

Il avait pour coiffure un petit turban en mousseline blanche.

Tous les personnages de sa suite portaient aussi de longues robes en drap fin ou en soie brochée d'or, et des armes magnifiques.

Je ne vous décrirai pas la fête, qui peut se comparer à celles des

Mille et une Nuits : jardins admirablement illuminés, danses de bayadères, grand dîner de gala, feux d'artifices, concert, rien ne manquait.

La nuit était admirable, il faisait presque frais; sous la voûte étoilée de ce beau ciel, au milieu de cette splendide végétation des tropiques, pour la première fois, peut-être, la désillusion ne se mêla pas au plaisir que j'éprouvais à assister à une fête orientale.

Je craignais tout d'abord que mon frac noir ne fît triste figure à côté des riches costumes musulmans et des éclatants uniformes anglais ; mais une demi-heure après mon arrivée, je fus tout à coup rassuré.

Quelques officiers de l'armée auxiliaire avaient été prévenus de mon voyage par des amis communs de Bombay, et je trouvai parmi eux, à Hyderabad, cette franche cordialité qui distingue l'officier anglais à l'étranger.

Les chefs et les personnages indigènes ne se montrèrent pas moins empressés, et lorsque j'allai prendre ma place à table à côté du Résident, j'avais déjà serré bien des mains.

— Français, me disait-on, décoration, française Légion d'honneur, en me montrant mon ruban. « Soyez le bienvenu, Allah « soit avec vous. »

Jusqu'au moment où je me retirai avec le Résident, je reçus les mêmes marques de sympathie.

— « Nous n'oublions pas que les Français ont été nos amis, me répétait-on, nous connaissons tous l'histoire de Dupleix et de Bussy, et M. Raymond ne sera jamais oublié parmi nous. Nous avons élevé à sa mémoire un tombeau auquel nos gens vont en pèlerinage. »

Ce nom que nous connaissons à peine en France était dans la bouche de chacun.

Raymond fut un de ces officiers français qui, à la suite des tristes événements auxquels notre prestige dans l'Inde ne put survivre, tentèrent la fortune dans ce pays.

Il prit du service auprès du Nizam d'Hyderabad. Les Anglais avaient, auprès de ce souverain, un résident, le capitaine Kirkpatrick, qui employa tous les moyens pour combattre l'influence que Raymond avait acquise.

Mais la persévérance, l'énergie de celui-ci, ainsi que sa fidélité au souverain qu'il avait juré de servir, déjouèrent toutes les menées. Chargé d'organiser les troupes indigènes sous le commandement d'officiers français choisis par lui, il fut bientôt à la tête d'un corps de quinze mille hommes, qui rendit les plus grands services au Nizam dans les différentes guerres qu'il eut à soutenir contre ses voisins.

Mais quoiqu'au service d'un prince indien, Raymond n'oubliait pas qu'il était Français et que sans la faiblesse du gouvernement de Louis XV, nous aurions joué dans l'Inde le rôle dont les Anglais s'étaient emparés.

Aussi, pensa-t-il toujours aux moyens de recouvrer pour la France ce qu'elle avait perdu. Il chercha à se faire donner un commandement dans un district rapproché de notre établissement de Pondichéry. Cette situation lui aurait permis de servir nos intérêts dans le cas où nous aurions voulu rétablir notre ancienne supériorité dans l'Inde.

Il comprenait quel coup terrible nous pouvions porter à la Grande-Bretagne en agissant ainsi et il espérait que nous l'essaierions. Mais si, en France, on avait abandonné par faiblesse Dupleix et de Bussy, la République avait trop à faire alors en Europe pour seconder les desseins de Raymond.

Le capitaine Kirkpatrick, néanmoins, ne laissait pas que de craindre notre compatriote qu'il ne parvenait pas à rendre suspect au Nizam. Ce prince l'avait, au contraire, comblé de faveurs et son successeur présomptif même ne jurait que par « *la tête de monsieur Raymond.* »

Voyant qu'il n'ébranlait pas le crédit du commandant, il essaya de démontrer au Nizam que la présence des Français dans ses États pouvait offrir un danger, à cause des idées nouvelles propagées par la Révolution française. Il cherchait à effrayer les nobles par le tableau des malheurs qui frappaient la noblesse en France et le souverain, par celui du triste sort de la famille de Louis XVI.

Les principes du nouvel ordre de choses en France étaient, en effet, si contraires à celui des États du Nizam, que ce prince commença sérieusement à s'effrayer.

Sur ces entrefaites, la révolution qui fit du royaume de Hollande la République Batave fournit au Résident un argument nouveau dont il se servit pour prouver combien ces principes étaient contagieux et pour presser le Nizam de prendre un parti décisif.

A la même époque, Tippoo Saïb, souverain de Mysore, avait autorisé les Français résidant dans ses États à fonder une société des droits de l'homme, et lui-même s'était fait recevoir parmi les membres de cette société sous le nom du citoyen Tippo.

Mais le Nizam aimait Raymond et ses officiers français, il les avait souvent mis à l'épreuve, il savait pouvoir compter sur leur courage et leur loyauté. Il ne se dissimula pas d'ailleurs que s'il se privait de ces hommes fidèles, il se trouverait entièrement à la merci des Anglais.

Les choses continuèrent donc ce qu'elles étaient pendant près de deux années encore, mais, le 25 mars 1798, Raymond mourut à Hyderabad.

M. du Perron, qui lui succéda, était loin d'avoir hérité de son influence.

Aussi au mois de septembre suivant, le Gouvernement Britannique fit-il signer au Nizam un traité qui stipulait :

1° Que la force auxiliaire anglaise, qui n'était que de deux bataillons, serait augmentée de quatre bataillons d'infanterie avec de l'artillerie en proportion, qu'elle s'établirait dans les États du Nizam d'une façon permanente et que les frais d'entretien seraient payés par Son Altesse ;

2° Que le corps français, appelé corps de Raymond, serait immédiatement dissous et que les officiers, remis entre les mains des Anglais, retourneraient en Europe comme prisonniers de guerre.

Cette clause était plus facile à signer qu'à exécuter, et l'on ne se sentait pas assez fort pour tenter l'aventure.

Un mois se passa. Enfin, le premier octobre, les quatre nouveaux bataillons du corps auxiliaire anglais arrivèrent dans le voisinage d'Hyderabad et le Résident demanda d'une manière impérative la dissolution du corps français.

Pendant quelques jours encore, aucune mesure ne fut prise à cet égard. Le Nizam chercha, au contraire, à éluder l'accomplissement de la clause du traité qui stipulait le licenciement.

Le Résident menaça de faire attaquer le cantonnement français, et le Nizam fut obligé d'envoyer aux officiers l'ordre de se retirer, et aux soldats, celui de ne plus leur obéir.

Néanmoins, le désarmement ne paraissait pas devoir se faire sans difficultés, et les soldats, à la lecture de l'ordre du licenciement, entrèrent en révolte ouverte.

A cette nouvelle un corps de troupes anglaises alla immédiatement prendre position devant les lignes françaises, tandis qu'un autre alla les cerner par derrière.

Les indigènes qui composaient le corps français livrèrent alors leurs officiers et se rendirent en abandonnant leurs canons et leurs armes dont les Anglais s'emparèrent.

Près des trois quarts d'un siècle ont passé sur ces événements, mais le souvenir de M. Raymond, mort au service de leur Nizam et celui des officiers français livrés aux Anglais, vit encore dans le cœur des gens d'Hyderabad.

Tous les ans, au jour anniversaire de la mort de Raymond, ils vont en pèlerinage au tombeau de leur ami. Ils y vont non pas quelques-uns, mais des milliers, Musulmans èt Hindous de toutes castes.

Le Nizam n'oublie pas non plus que sous la pierre de ce tombeau repose la dépouille mortelle d'un loyal serviteur de ses ancêtres. Le jour du pèlerinage, il fait, au nom de M. Raymond, de larges aumônes aux pauvres, et les troupes de la garnison vont en grande tenue rendre les honneurs militaires et faire des décharges de mousqueterie et d'artillerie sur son tombeau.

Le lendemain de mon arrivée, j'allai payer mon tribut de respect à la mémoire de ce Français inconnu en France et qui a fait aimer le nom français si loin de sa patrie.

Sa tombe est placée sur une colline près d'Hyderabad.

Des arbres magnifiques ombragent ce simple monument qui est entretenu avec soin. Tout près, est une petite chapelle et un peu plus loin une maisonnette où l'on conserve l'uniforme de Raymond. Cette relique est exposée tous les ans à la vue des pèlerins.

En m'approchant du monument funéraire, je vis une jeune femme indigène qui priait avec ferveur en élevant de temps en temps vers le ciel un petit enfant qui paraissait faible et souffrant. Au scapulaire qu'elle portait au cou, je reconnus qu'elle était catholique.

Voyant que je la considérais, elle me montra son enfant en disant : « M. Raymond. »

Magnart et moi lui donnâmes quelques pièces de monnaie en répétant le même nom.

J'eus l'explication de la pensée de cette femme par le R. P. Rus, missionnaire catholique à Hyderabad.

— « Lorsque de pauvres catholiques viennent apporter leurs enfants pour le baptême et que nous leur demandons quel nom ils veulent lui donner, ils nous répondent souvent par celui de monsieur Raymond, » me dit-il.

L'imagination populaire mêle des idées religieuses à la reconnaissance qu'elle conserve pour cet homme de bien et pour la nation qu'il a représentée dans le pays.

J'ai vu Secunderabad où l'armée auxiliaire anglaise habite des casernes qui sont des palais. Ainsi que l'avait dit le traité, cette armée est établie dans le pays d'une façon permanente. Je suis allé à Bolarum, cantonnement du contingent du Nizam, composé de troupes indigènes, commandées par des officiers anglais.

J'ai visité Golconde, la *Cité de la Mort*, et j'ai admiré les tombes élevées en l'honneur d'une dynastie puissante qui a régné dans ce pays.

Partout, j'ai été accueilli avec affabilité.

J'aurais voulu rester longtemps dans ce pays où l'on faisait si bien fête au compatriote de Raymond, mais mon devoir me rappelait à Bombay.

Je suis parti emportant un souvenir bien vif de S. E. Salar Jung que j'ai vu souvent, et des nobles d'Hyderabad dont l'urbanité et la distinction parfaite de manières ne le cèdent à aucune des sociétés les plus polies et les plus civilisées d'Europe.

LA PRISE DE LUCKNOW.

CHAPITRE XIII

Les États du Nizam. — Récit de M. F***. — La prise de Luknow. — Les brigands. — Hyderabal. — Golconde.

Jacques et André, que ce récit avait vivement intéressés, désiraient entendre la suite du voyage de M. F*** dans les États du Nizam, mais la discrétion les empêchait de manifester leur désir lorsque La Chance dit vivement :

— Ah ça, mais c'est décidément un pays de braves gens que l'Inde. Comme on se fait de fausses idées!

— La révolte de 1857 vous a prouvé que ces braves gens sont quelquefois des tigres féroces, reprit M. F***; les atrocités qui ont été commises alors en sont la preuve.

— Ainsi, monsieur, dit Jacques, vous avez fait sans mauvaises rencontres et sans accidents, ce voyage que l'on vous avait représenté comme si difficile et si dangereux ?

— Oh! c'est aller un peu loin, nous avons bien eu quelques petits incidents, mais qui n'ont heureusement pas eu de résultats fâcheux. Une nuit entre autres, nous sommes tombés au milieu d'une bande de voleurs et nous avons pu croire que les mauvaises prédictions que l'on nous avait faites allaient se réaliser.

— Si ce n'était pas abuser de votre bonté, monsieur, nous vous demanderions de nous raconter encore cet épisode.

— Je ne demande pas mieux, mais je crains que cela nous mène bien tard, vous avez besoin de repos et je ne voudrais pas vous retenir trop longtemps.

— Oh ! nous avons bien le temps de nous reposer, dit André, et nous ne retrouverons peut-être pas dans l'Inde une occasion aussi agréable de nous instruire sur un pays que nous ne verrons sans doute jamais.

Jacques joignit de nouveau ses instances à celles de son frère, et tous firent si bien que M. F*** ne fit plus d'objections.

— Allons, dit-il, je partirai une heure plus tard, mais je ne veux pas vous refuser puisque mes récits vous intéressent. Avant de commencer, M. F*** se fit apporter un carnet sur lequel il avait mis en ordre ses notes de voyage, il alluma un cigare et reprit :

— Ainsi que je vous l'ai dit, nous quittâmes Bombay, Magnart et moi, vers la fin de décembre de l'année dernière. Nous allâmes d'abord à Poonah où nous nous arrêtâmes quelques heures, et où nous reprîmes la voie ferrée qui nous conduisit en huit heures à Scholapore, dernier cantonnement anglais avant les États du Nizam.

Le major Barnett, magistrat de Scholapore, nous attendait pour nous offrir l'hospitalité. Il s'était chargé d'avance de commander nos voitures, de veiller à ce qu'elles fussent en état, en un mot de s'occuper de tous ces petits soins qui font la sécurité d'un voyage comme celui que nous allions entreprendre. Il nous conduisit d'abord inspecter nos chariots dont je fus satisfait; ils étaient fraîchement doublés et nouvellement peints en dedans.

Magnart et moi avions chacun le nôtre ; un troisième plus grand était affecté à nos deux domestiques et devait transporter les provisions.

C'étaient des chariots semblables aux vôtres et attelés de deux bullocks.

Nous essayâmes les bullocks, ils paraissaient pleins d'ardeur, aussi malgré les instances du Major qui voulait nous garder quelques jours, nous commandâmes que tout fût prêt pour quatre heures de l'après-midi.

Il nous conduisit ensuite chez lui où nous attendait le guide qui devait nous accompagner pendant tout le voyage.

Nous apprîmes qu'au lieu de deux jours et de trois nuits que nous croyions nécessaires pour nous rendre à Hyderabad, il nous fallait quatre jours et cinq nuits *au moins*, et encore ne nous conseillait-il pas de faire la route sans nous arrêter à cause de la fatigue que nous éprouverions. « Ce que je vous recommande sur- « tout, nous dit le Major, c'est de bien veiller sur vos domestiques, « ou du moins sur la voiture aux provisions.

« Les voleurs de la route n'oseraient pas vous attaquer, mais ils « ne se gêneront pas avec vos domestiques, et s'ils peuvent enlever « les bullocks, ils n'y manqueront pas. Je sais ce dont sont capables « ces maraudeurs et ce qu'ils feraient chez nous si nous n'y veillions « pas de près. »

C'était pour vérifier ce qu'il y avait de vrai dans tous ces dires que nous entreprenions le voyage. Je croyais que les États du Nizam pouvaient offrir un débouché important à notre commerce et à notre industrie, mais, à défaut de renseignements précis, il fallait en aller chercher. Je voulais m'assurer par moi-même que le voyage était possible.

J'avais emporté des armes, mon révolver et mon épée, mais Magnart avait négligé d'en prendre. Le Major lui prêta une énorme canne renfermant une lame de sabre de cavalerie. « Seulement, lui dit-il, si vous êtes obligé de vous en servir, faites bien attention que vous n'avez pas de garde pour la main et que tous les gens du pays sont extrêmement adroits au maniement des armes.

La journée se passa à écouter le Major nous raconter des histoires. Il est dans l'Inde depuis plus de vingt ans, il a été partout, a tout vu et raconte très-bien.

Le Major pendant la révolte des Cypayes en 1857 avait fait partie des héroïques défenseurs de Lucknow où sa conduite avait été au-dessus de tout éloge. Mais il ne parlait jamais de Lucknow et ses amis évitaient de prononcer ce nom qui lui rappelait un souvenir que le temps n'était pas parvenu à effacer : celui de la mort de sa jeune femme au milieu de circonstances terribles. Lucknow, capitale de l'Oude, renferme une grande quantité de minarets, de pagodes, de mausolées, de palais et de jardins qui en font une des villes les plus intéressantes de l'Inde.

Le général Lawrence, qui y commandait les troupes anglaises lors de la révolte de 1857, la transforma à la hâte en forteresse où il s'enferma avec tous les Anglais, hommes, femmes et enfants qui avaient eu le temps de venir s'y réfugier. L'armée hindoue l'assiégea. Il fut tué le 2 juillet; son successeur, le général Banks, reçut une blessure mortelle le 21. Le brigadier sir John Inglis, malgré des privations et des souffrances affreuses, continua la défense. Le désespoir fit faire des prodiges d'héroïsme à la garnison qui savait d'ailleurs n'avoir aucune merci à attendre de la part de ses terribles ennemis, et que soldats, femmes et enfants seraient impitoyablement massacrés s'ils tombaient en leur pouvoir. Il repoussa victorieusement trois attaques successives qui eurent lieu le 20 juillet, le 10 août et le 25 septembre. Mais lorsque les Cipayes eurent pris Delhi, ils purent disposer de forces plus considérables autour de Lucknow, et sir John Inglis allait succomber quand le général Havelock parvint à forcer les lignes des assiégeants et à entrer dans la ville avec quelques milliers d'hommes et des approvisionnements. Il était temps. On espéra alors que la défense pourrait être prolongée jusqu'à l'arrivée d'un secours qui permettrait de reprendre l'offensive. Ce secours arriva en effet, sir Colin Campbell entra à Lucknow avec 3,400 hommes et une certaine quantité de canons. Mais le nombre des Hindous devenait de jour en jour plus considérable, et bientôt il s'éleva à plus de 50,000 hommes.

Il fallut donc cesser une défense devenue impossible et chercher à se retirer vers Cawnpore, encore au pouvoir des Anglais, en emmenant les blessés et les malades qui étaient nombreux. En laisser un seul derrière soi, c'était le livrer à une mort certaine au milieu des plus horribles tortures.

Le Major, alors capitaine, était allé en Angleterre quelques mois auparavant, épouser une jeune fille à laquelle il était fiancé depuis longtemps. Lorsque la révolte éclata, son congé n'était pas terminé, mais il voulut revenir partager les périls de ses frères d'armes. Malgré ses prières pour qu'elle restât dans sa famille, sa jeune femme l'accompagna. Ils arrivèrent à Lucknow où était le régiment du Major, quelques jours avant le siége.

Lors de la retraite, il eut le commandement d'un détachement chargé de protéger un convoi de blessés, de femmes et d'enfants. Madame B*** aurait pu partir avec Lady ***, femme d'un officier général qui devait faire la route aisément, mais elle ne voulut pas quitter son mari.

Trop nouvelle arrivée dans l'Inde, elle ne fut pas assez forte pour supporter les fatigues de cette fuite et les angoisses causées par les dangers sans cesse renaissants auxquels la rage de leurs ennemis l'exposait ainsi que son mari et ses compatriotes. La fièvre, la terrible fièvre de ce pays brûlant s'empara d'elle. Le capitaine était au désespoir; obligé de veiller au salut de tous, de repousser des attaques sans cesse répétées, de marcher sans repos ni trêve, son devoir de soldat lui laissait à peine le temps de donner quelques soins à sa femme. S'il avait pu s'arrêter, le repos l'aurait peut-être sauvée. Mais c'était impossible, presque sans vivres et sans munitions, il fallait gagner un refuge au plus tôt, sous peine de compromettre le salut commun. Un jour cependant, il fallut s'arrêter. Madame B*** mourait. Le capitaine la porta dans les ruines d'un petit temple abandonné; en y arrivant, il reçut son dernier soupir. Il venait à peine de déposer son fardeau sur le sol et d'acquérir la triste certitude que le cœur de sa compagne avait cessé de battre, lorsque son détachement fut attaqué. La fusillade le rappela auprès des siens. Les assaillants étaient nombreux. Le capitaine eut besoin de tout son sang-froid et de toute son énergie pour ne pas succomber; il y parvint, mais en abandonnant la place qu'il occupait pour se réfugier dans un endroit couvert de la jungle où son monde était plus à l'abri. — Puis ensuite, toujours marchant, toujours se battant, on continua la route, sans que le pauvre capitaine pût revenir sur ses pas........

Plusieurs mois après, lorsque les Anglais furent de nouveau maîtres de Lucknow, le Major reprit la route qu'il avait suivie pendant la retraite.

Arrivé aux ruines du petit temple, là où il avait dit un dernier adieu à sa jeune femme, il retrouva épars sur le sol et brisés par la dent des bêtes fauves des ossements qu'il recueillit pieusement.

La vie des officiers anglais dans les cantonnements est triste s'ils ne savent pas l'occuper d'une façon intéressante. Le Major est chasseur, naturaliste et amateur de poésie. Il a en outre un jardin dont il s'occupe avec le plus grand soin. Ses fonctions, d'un autre côté, ne lui laissent pas beaucoup de loisirs; il remplit celles de magistrat, c'est-à-dire qu'il juge tous les délits commis dans le cantonnement et dont la peine ne doit pas excéder deux ans de prison, mais ce sont les plus nombreux.

Les officiers anglais appartenant au Staff-corps (1) remplissent beaucoup d'emplois différents; ceux de juges, de commissaires,

(1) État-Major.

d'inspecteurs des prisons et à peu près les mêmes attributions que les officiers de nos bureaux arabes, mais, de plus qu'eux, ils font l'office de ministres religieux dans les stations où il n'y en a pas.

Le dimanche ils lisent la Bible à leurs coreligionnaires réunis au temple, et il ne leur est pas interdit de faire un petit sermon lorsqu'ils en éprouvent le désir.

A quatre heures, nous prîmes congé de notre excellent hôte en lui promettant de rester quelques jours avec lui lors de notre retour. Nous nous mîmes en route dans l'ordre suivant : 1° chariot des domestiques, que nous voulions avoir sous les yeux ; 2° mon chariot ; 3° celui de Magnart.

Magnart et moi devions veiller tour à tour. Cependant, comptant beaucoup l'un sur l'autre, il arriva que nous nous endormîmes chacun de notre côté.

Je m'éveillai au milieu de la nuit, secoué d'une façon épouvantable ; et je remarquai que nous n'avancions que bien lentement. Magnart venait de descendre de son chariot, nous allâmes à nos domestiques pour les stimuler un peu puisqu'ils étaient *tête de colonne*, — impossible de rien obtenir d'eux. A mesure que nous approchions des États du Nizam, ils étaient pris de peur et ne savaient que répéter : « Nous sommes dans les mains de Dieu.»

Après avoir encouragé les conducteurs, nous remontâmes chacun dans notre voiture, et je me couchai dans la mienne pour y finir ma nuit le plus confortablement possible. Vous savez par expérience comment on passe la nuit confortablement dans une voiture à bœufs.

Le matin à cinq heures et demie nous arrivâmes à Nuldroog, première ville des États du Nizam. J'avoue que je ne fus pas peu étonné de voir que l'homme qui attelait mes bullocks était armé d'un énorme yatagan qu'il portait sous le bras gauche.

Je descendis pour l'examiner de plus près. Flatté d'exciter mon attention, il prit un air de gravité comique tout en remplissant ses fonctions de valet d'écurie.

— A quoi te sert cette arme? lui fis-je demander.

— A rien.

— Pourquoi l'as-tu?

— C'est la coutume. C'était sans doute le sabre de son père.

La route était mauvaise, nous mîmes pied à terre pour monter une colline assez roide et nous jouîmes alors d'un beau spectacle. A notre droite le soleil se levait au-dessus d'une petite mosquée charmante, à notre gauche et baignée dans les vapeurs du

VOITURE TRAINÉE PAR DES BULLOCKS DANS UN MAUVAIS CHEMIN.

matin on apercevait la forteresse de Nuldroog. Elle tombe un peu en ruines, mais cependant fait un bon effet dans le paysage. Arrivés en haut de la colline, on arrêta les chariots, on déballa les provisions, et à l'ombre d'un manguier, nous fîmes notre premier déjeuner pendant lequel un roastbeef que le Major avait eu soin d'ajouter à nos provisions fut vigoureusement attaqué.

Nous repartîmes en constatant avec peine que le chemin devenait de plus en plus mauvais.

Le Nizam probablement ne tient pas à faciliter les communications avec ses voisins les Anglais, et les pierres, les ornières et les ravins font courir de véritables dangers aux voyageurs.

La route, en outre, était couverte de troupeaux et de chariots dont les conducteurs armés jusqu'aux dents paraissaient peu disposés à se montrer courtois vis-à-vis des voyageurs qui se croisaient avec eux. Notre guide faisait de son mieux, mais il ne pouvait pas toujours nous éviter l'ennui d'attendre que l'on voulût bien nous livrer passage.

A une rencontre qui eut lieu entre le chariot de Magnart près duquel je marchais et un autre chariot venant en sens inverse, les bullocks se présentèrent les cornes, et sans mon intervention, c'est-à-dire si je n'eusse pas piqué avec ma canne à épée l'un des bullocks étrangers, mon compagnon aurait peut-être été rouler sur l'un des bas-côtés de la route. Nous eûmes au contraire le plaisir de voir le chariot, le conducteur et les bullocks dégringoler de quelques pieds sur notre gauche.

Les conducteurs de bullocks, de même que le faisaient autrefois nos postillons, ne manquent pas de raconter à chaque relai les faits et gestes de leurs voyageurs pendant la dernière étape. Il était bon, vis-à-vis de mes conducteurs, de faire un exemple et de montrer que nous n'étions pas disposés à nous laisser manquer.

Si j'en juge par ce que nous voyons, le peuple chez lequel nous passons est paresseux, les champs sont peu cultivés, ou si mal que c'est vraiment pitoyable. On n'ôte pas même les pierres qui couvrent le sol ; mais ce qui nous sembla plus significatif encore, c'est la vue d'un brave homme qui faisait paître son cheval sans s'être donné la peine de descendre de dessus son dos.

Nous vîmes aussi des cavaliers munis de toutes les armes qu'il est possible d'inventer, depuis le bouclier et la lance jusqu'au fusil à mèche et à la dague.

Il est impossible d'imaginer des figures plus complétement réussies de bandits. Une mentonnière noire leur cachait le bas de la figure et leur donnait un aspect sinistre.

En passant devant nous, ils brandirent leurs armes, firent résonner leurs boucliers, caracoler leurs chevaux, et s'éloignèrent très-fiers sans doute de l'effet qu'ils avaient produit.

J'avoue, pour mon compte, que je crus un moment que Magnart allait faire l'essai de son grand couteau de cavalerie et moi celui de mon révolver. Nous apprîmes que ces hommes étaient des mercenaires attachés à un des chefs des environs.

Vers le milieu du jour, nous arrivâmes à Daulum, où se trouve un bungalow pour les voyageurs.

Nous fîmes décharger nos voitures, nous envoyâmes aux provisions, et pendant que le malheureux poulet qui devait faire les frais de notre déjeuner était sur le gril, Magnart prit des croquis et j'écrivis quelques notes.

Les bungalows des voyageurs ne sont pas moins utiles dans ce pays que dans le reste de l'Inde.

Pendant que nous nous reposions, arriva un vieux bonhomme armé de toutes pièces qui nous offrit ses services pour nous accompagner et nous garder pendant la route. Vraiment le pauvre homme avait plus de bonne volonté que de force; il pouvait à peine porter ses armes. Nous lui fîmes observer avec toutes sortes de ménagements qu'il était bien âgé et que le temps des combats et de la gloire était passé pour lui.

— Chacun me connaît, dit-il, et des voyageurs accompagnés par moi seront toujours respectés.

Moyennant une petite pièce de monnaie, il nous laissa examiner ses armes. Un fusil à mèche, un mauvais pistolet, un poignard et un yatagan, composaient son arsenal.

Nous le remerciâmes de ses offres en lui disant que nous nous garderions nous-mêmes, et, à l'appui de notre dire, je déchargeai plusieurs coups de mon révolver dont je lui expliquai ensuite le mécanisme.

On n'a jamais payé à M. Lefaucheux un tel tribut d'admiration, et mon vieux shikari parut convaincu que ses services nous étaient inutiles. Magnart lui donna une autre petite pièce de monnaie afin qu'il se laissât dessiner ; il y consentit de bonne grâce et nous quitta tout à fait consolé.

La route ne nous offrit rien de remarquable pendant le reste de la journée ; excepté des bœufs parfaitement dressés qui servaient de montures aux gens du pays, nous ne vîmes rien d'intéressant.

Pendant une partie de la nuit nous fûmes obligés de descendre de nos chariots et de marcher tant la route était mauvaise. Je puis affirmer que de ma vie je n'ai entendu autant de chacals.

Le lendemain matin nous arrivâmes à Ranjasour. La route commença à devenir meilleure, de chaque côté les champs étaient mieux cultivés. Les indigènes, beaucoup plus noirs que ceux que nous avions vus jusque-là, avaient l'air fort intelligent.

Tous les hommes portent des armes.

Vers les deux heures nous arrivâmes à Hoomnabad. Nous avions fait juste la moitié de notre route. Donc il nous fallait encore deux nuits et deux jours pour atteindre Hyderabad ; c'était bien long par l'affreuse chaleur qu'il faisait et avec un système de locomotion aussi fatigant.

Il y a à Hoomnabad un bureau de poste et nous pûmes envoyer de nos nouvelles à Bombay et en France.

En quittant Hoomnabad, Magnart prit une fatale résolution, il promit des pourboires exagérés à nos conducteurs s'ils voulaient nous faire marcher plus vite. Je l'avertis que cette générosité devait avoir de funestes conséquences, il ne voulut pas tenir compte de mon avis et nous partîmes d'un train de bullocks de poste.

Nous passâmes devant la ville, qui est entourée de fortifications et d'un fossé. Tout tombe en ruines, fortifications, mosquées et minarets. Les tombes mêmes, qui sont l'objet d'un culte tout particulier chez les musulmans, sont tout aussi négligées ; les perroquets et les pigeons prennent leurs ébats sur les arbres qui les ombragent, sans crainte d'être troublés par les visiteurs. Tout près d'une tombe nous vîmes des chiens parias se disputer la carcasse d'une vache.

La terre paraît riche; si elle était cultivée, il semble qu'elle donnerait beaucoup. Je n'ose cependant pas encore accuser un peuple que je ne connais pas assez.

Qui est coupable? est ce lui ou le Gouvernement? Pour l'agriculture il faut des routes et de l'eau : les routes, je n'en vois guère ou, pour mieux dire, je n'en vois pas.

Quant à l'eau, elle est assez abondante pendant la mousson pour les récoltes, et nous voyons souvent de grands puits où les gens viennent tirer de l'eau.

C'est toujours un agréable tableau que celui d'un puits dans ces contrées torrides. Au milieu d'une plaine brûlée par le soleil,près d'une route rocailleuse et sèche, lorsque l'œil aperçoit un bouquet de verdure, on pressent un puits.

Vers six heures du soir, nous venions de relayer depuis une demi-heure à peine, lorsque nous nous aperçûmes que la voiture des domestiques que nous avions laissée en arrière ne nous suivait plus. Une roue s'était détachée, lamentations des natifs, allées, venues, beaucoup de mouvement; enfin on fixa solidement la roue au chariot et nous repartîmes d'un train qui devait nous être fatal.

Après trois nuits sans repos, sur ces routes détestables, avec une chaleur terrible et une poussière épaisse qui nous brûlait la gorge, nous pouvions être fatigués.

J'étais donc très-fatigué, et après, avoir changé de bullocks à Murgutghu, la dernière station dont je me souvienne ce jour-là, je m'étais endormi profondément, quoique j'eusse aperçu des gens d'assez mauvaise mine, arsenaux ambulants qui suivaient nos voitures ou du moins le même chemin que nous.

J'avais eu le soin cependant de laisser la porte de ma voiture ouverte afin de pouvoir sauter vivement à terre en cas d'accident ou d'agression. Depuis combien de temps dormais-je? je l'ignore, lorsque je fus réveillé par une main passant à travers la portière et cherchant à me prendre le nez. J'allais me fâcher lorsque je reconnus que cette main obéissait à la voix de Magnart qui criait :

— Ils ne sont plus là, ils ne sont plus là, nous les avons perdus !

— Qui, quoi? demandai-je.

— Les domestiques, la voiture, le guide, tous!

— Diable, mais comment perdus, ils sont en arrière.

— Mais vous ne savez donc pas ce qui est arrivé?

— Non.

— Il y a deux relais, l'essieu de la voiture des domestiques a cassé, on a passé trois quarts d'heure à le raccommoder, n'avez-vous rien entendu?

J'avouai à ma honte que je n'avais rien entendu.

— Ils ont cependant fait assez de bruit ! enfin, vous êtes heureux de si bien dormir. Nous nous sommes remis en route, et je me suis endormi aussi.

— Ah, ah ! vous voyez bien que je ne suis pas si coupable.

— Je crois que j'ai dormi longtemps; je viens de m'éveiller et de m'apercevoir que le chariot de nos domestiques, qui était derrière le mien, ne nous suit plus. — Que sont-ils devenus?

C'était inquiétant. Leur était-il arrivé un accident? avaient-ils manqué de bullocks. Nous ne savions que penser.

Nous interrogeâmes nos conducteurs. Nous apprîmes alors qu'après la réparation de l'essieu, le charriot n'étant pas plus solide, la roue s'était cassée de nouveau et qu'il fallait un autre chariot.

Ah! à la bonne heure, nous voici tranquillisés, car Magnart et moi avions eu la même pensée, c'est que nos pauvres domestiques avaient été assassinés et nos bagages volés. Ce que le Major B... nous avait dit nous était revenu à la mémoire. Si notre qualité d'Européens nous préservait de toute attaque, nous avions été avertis que les maraudeurs ne se font pas faute de dépouiller et, au besoin, d'assassiner leurs frères en peau brune.

— Tenons conseil, dis-je : d'abord quelle heure avez-vous?

— Je n'en sais rien, ma montre est arrêtée ; je ne l'ai pas remontée parce que mon domestique a la clef.

— Bon, je vais tâcher de trouver la mienne qui est dans mon sac, donnez-moi une de vos bougies.

— Je n'en ai pas, elles sont dans la voiture des domestiques.

— Ah ! très-bien ; il fait noir comme dans un four, les lanternes des chariots sont éteintes, la position est peu gaie.

Je grimpai dans mon chariot, je trouvai mon sac, je pris ma montre et une boîte d'allumettes chimiques, je regardai l'heure ; il était deux heures et demie.

Nous ne verrons pas clair avant longtemps, qu'allons-nous faire? Nous décidâmes que le mieux était d'attendre les domestiques.

J'allumai un cigare, et m'installai dans mon chariot dont je laissai la porte ouverte. Magnart en fit autant, pour être à l'abri des serpents et des panthères que nous savions être en grande quantité dans les parages où nous nous trouvions. En marche, le bruit des chariots effraye les fauves ; mais, sans plus bouger que nous le faisions et sans feu, il y avait à craindre.

Tout à coup Magnart eut une idée lumineuse. — C'est aujourd'hui Noël, dit-il, si nous faisions réveillon. En ce moment tous nos amis en Europe sont gaiement assis autour d'un bon souper, peut-être boivent-ils à notre santé, faisons-en autant, soupons et buvons aussi à leur santé.

— Adopté, soupons, mais avec quoi?

— Comment avec quoi? mais il avait été convenu que vous gardiez avec vous la boîte aux provisions, vous avez plus de place que moi.

— C'est vrai, mais je l'ai laissé mettre dans la voiture.

— Oui, la voiture des domestiques. Eh bien, je n'en aurai pas le démenti, passez-moi les sandwichs.

Silence..... Les sandwichs que vous avez faits après le dîner pour avoir quelque chose de préparé.

— Oui, c'est vrai, mais ils sont aussi dans la malheureuse voiture..... des malheureux domestiques.

Je n'osai vraiment pas me plaindre, car mon sort était partagé ; je pris dans un coin de mon chariot un flacon d'eau-de-vie, dans un autre coin une bouteille de sodawater, je fis un léger peg que je bus en souhaitant un joyeux Noël et une bonne et heureuse année à tous les absents.

Le jour parut sans que nous eussions de nouvelles de nos domestiques. Après avoir pesé toutes les chances bonnes et mauvaises, nous décidâmes de continuer notre route jusqu'au premier relai, d'où nous serions à même d'envoyer après eux s'ils n'arrivaient pas.

Le gardien du premier bungalow que nous atteignîmes nous prépara un déjeuner dont la vue nous fit regretter davantage encore la voiture aux provisions.

Au lieu de pain, il nous offrit des galettes de sa façon, et rien à boire, de l'eau sale à laquelle nous n'osions pas toucher. Nous étions décidés à nous passer de déjeuner lorsque nous aperçûmes nos domestiques.

Ils avaient été obligés d'attendre, nous dirent-ils, que l'on eût préparé un autre chariot, mais à leur mine reposée nous les soupçonnâmes d'avoir profité de l'événement pour passer une nuit tranquille.

Nous repartîmes après le déjeuner, et averti qu'en promettant de grosses gratifications aux conducteurs, c'était exposer nos chariots à être brisés, Magnart les laissa aller à leur guise.

La route heureusement était meilleure à mesure que nous avancions, et vers la fin de ce jour de Noël, pendant lequel il fit une chaleur insupportable, nous arrivâmes sans encombre à Sadashupett, petite ville fortifiée comme toutes celles que nous avions vues. — En face de l'entrée principale est un massif d'arbres magnifiques, et un beau lac bordé de cocotiers ; çà et là des tombeaux couverts d'un frais gazon et ombragés par un feuillage frais et vigoureux.

Dans le lointain, des collines. Lorsque nous arrivâmes à ce joli endroit, il était plein d'animation. Une bande de deux cents pèlerins environ y faisait une halte.

Nos domestiques manifestèrent alors la plus grande frayeur. — Des pèlerins, des pèlerins, nous dirent-ils, allons nous-en, ne passons pas par cette route... Les pèlerins ne veulent jamais rencontrer des hommes d'une autre religion. — Sans tenir compte des craintes de nos poltrons, nous nous arrêtâmes à considérer le tableau pittoresque qu'offrait ce campement.

Notre plaisir ne fut troublé que par le bruit affreux des tambours et des tamtams, sur lesquels on frappait d'une façon assourdissante.

Nous mîmes pied à terre pour mieux considérer cette foule qui me parut fort inoffensive, quoique les hommes fussent tous armés en guerre, et pendant que les chariots suivaient la route, nous passâmes au milieu d'eux et n'eûmes à souffrir d'autre désagrément que celui de rendre les nombreux salams que nous recevions. Tous ces gens étaient proprement vêtus, quelques hommes avaient de très-belles armes, et beaucoup de femmes rehaussaient l'élégance de leur costume par des bijoux de prix.

Tout près du campement, des marchands de toute sorte avaient établi un petit bazar où ils vendaient des fruits, des sucreries, des habits et tout ce qui est nécessaire en voyage. Nous fîmes une provision d'oranges, de bananes et de goyaves dont nous avions le plus grand besoin. Personne ne parut trouver mauvais que nous eussions besoin de nous rafraîchir. On nous entoura pour nous voir faire notre bazar ; et comme nous appelions en vain nos domestiques qui n'osaient pas venir, un jeune garçon s'offrit pour porter nos provisions à la voiture.

Je n'ai pas besoin de dire que les marchands de Sodashupett, imitant en cela leurs confrères des pays civilisés, nous firent payer chaque fruit le double de sa valeur. Ils nous traitèrent comme on traite les *milords anglais* dans quelques magasins de Paris.

Après une halte d'une heure au milieu d'un bouquet de bananiers et de goyaviers, nous nous remîmes en route pour commencer notre quatrième nuit. L'espoir d'arriver le lendemain nous donnait du courage.

L'obscurité s'était faite depuis longtemps, elle était si profonde que je ne pouvais pas distinguer les côtés de la route. C'était mon tour de veiller et je m'acquittais de ma tâche du mieux possible, lorsqu'au bas d'une descente très-rapide, mon chariot s'arrêta subitement et en même temps j'entendis pousser de grands cris à côté de moi.

Me trouver sur la route mes armes à la main fut l'affaire d'un instant. Magnart presque aussitôt était à côté de moi. Les cris continuaient plus nombreux, accompagnés d'un bruit de chevaux qui s'approchaient. Impossible de rien voir.

Nous appelâmes nos domestiques, pas de réponse, selon leur louable habitude. Enfin, l'un d'eux accourut tout effrayé en disant : les brigands, les brigands qui viennent nous attaquer. Au même moment nous aperçûmes un cavalier qui venait vers nous au galop en criant. Dans l'obscurité nous ne distinguions que l'eclat de ses armes.

Je levai mon révolver, mon domestique m'arrêta le bras.

— Police, me dit-il. — Restez-là, ne bougez pas, dit le cavalier à mon domestique.

— Qu'y a-t-il ?

— Des voleurs !

Il repartit vivement. Nous entendîmes des coups de feu et de nouveaux cris autour de nous.

Notre situation était désagréable. Ces brigands nous en voulaient-ils à nous-mêmes? étaient-ils nombreux? qu'allait-il arriver? ce qui augmentait notre embarras, c'est que nous ne pouvions pas distinguer ce qui se passait autour de nous.

Enfin de nouveaux cavaliers revinrent et nous eûmes l'explication de cette alerte.

Au moment où j'arrivais en bas de la descente où nous nous trouvions, une troupe de bandits venaient d'arrêter un chariot de marchandises conduit par un homme d'Hyderabad.

Après l'avoir menacé de le tuer s'il bougeait ou s'il proférait un cri, ils s'étaient mis en devoir d'enlever les marchandises et d'emmener les bullocks, lorsque l'arrivée de mon chariot, suivi d'un second et d'un troisième, donna du courage au conducteur qui appela alors au secours. Des hommes de police à cheval qui faisaient une tournée entendirent le bruit, coururent sus aux brigands, en blessèrent un ou deux et firent des prisonniers.

Après ces explications, on nous dit que nous pouvions continuer notre route sans crainte. Nous remontâmes dans nos véhicules, et à quatre heures du matin nous arrivâmes à Puttenchewood où nous trouvâmes avec plaisir un bungalow assez bien installé.

La route que nous suivîmes ensuite en quittant Puttenchewood était bordée de blocs de granit superposés les uns aux autres, et dont quelques-uns avaient des formes bizarres.

La population était plus dense, il y avait plus de mouvement, plus d'animation, il était facile de voir que nous approchions d'un grand centre. A Merpore, nous admirâmes une ravissante petite mosquée, puis, par une belle route bordée de *custard apples*, nous arrivâmes à Coucoutapoli, encadrée à droite par une chaîne de rochers, à gauche par des collines couvertes de verdure; de chaque côté un fort commande la route. Il est impossible d'imaginer rien de plus charmant que ce village ; ses buissons de cactus, de palmiers, de tamariniers, de cocotiers étaient si verts, si frais, qu'après la route poudreuse que nous venions de parcourir, Coucoutapoli nous parut un endroit de délices. Nous trouvâmes encore à y acheter des fruits, et Magnart prit un croquis de femmes venant chercher de l'eau à une citerne.

Pendant deux heures encore nous parcourûmes une jolie route et nous arrivâmes à Secunderabad, que nous supposions devoir être le terme de notre voyage.

Nous avions résolu de descendre d'abord au bungalow des voyageurs, afin de ne pas nous présenter à la Résidence avec nos bœufs et nos chariots. Avec quel plaisir nous arrivâmes à ce bungalow, nous étions au terme de notre voyage.

Nous nous informâmes de suite où était la Résidence. A six milles d'ici, nous répondit le gardien.

Six milles ! Trois heures de bullocks, quelle déception ! heureusement nous apprîmes que l'on pouvait se procurer une voiture et un bon cheval qui faisait le trajet en une heure.

Nous nous empressâmes de donner des ordres en conséquence, et laissant les chariots, les malles et tout le reste à la garde de nos domestiques, nous partîmes pour la Résidence.

Une belle route, bordée à droite par un magnifique lac artificiel et à gauche de grands champs de riz formant une charmante

vallée, conduisait au faubourg de Chandergaut au commencement duquel est situé le palais du Résident, car le nom de palais peu bien s'appliquer à cette superbe habitation.

Après avoir roulé quelque temps dans l'avenue d'un beau parc à l'anglaise, notre voiture s'arrêta au pied d'un majestueux escalier de trente à quarante marches, bordé de chaque côté par deux grands sphinx en pierre blanche.

En haut de l'escalier est un portique d'ordre corinthién, soutenu par des colonnes de granit du plus bel effet. On entre ensuite dans une immense salle à manger, entourée d'une galerie supérieure et qui doit être magnifique lorsque tous les lustres et tous les candélabres l'éclairent un jour de grande réception. De chaque côté du portique, des corps de bâtiments élégants s'étendent sur un assez grand espace. L'aspect général est imposant, et est bien approprié à la demeure du représèntant de l'Angleterre.

Je vous ai dit que le Résident m'avait fait un excellent accueil et que, le soir même de mon arrivée, il m'avait emmené à une fête donnée en son honneur par le premier ministre Salar Jung.

Mais, avant d'aller à la fête, j'avais eu le plaisir d'entendre la musique du Nizam dans les jardins de la résidence.

De ma vie, je n'ai eu plus grande désillusion: Je m'attendais à quelque chose de tout à fait oriental, mais lorsque j'arrivai au rond-point où se donnait l'aubade, quelle ne fut pas ma surprise de me trouver en présence d'une quinzaine de braves gens portant une tunique verte, des culottes blanches, de grandes bottes molles et soufflant dans de vieux trombones et de vieux cornets à pistons des airs variés sur le thème de :

C'est le Roi barbu qui s'avance, bu... qui s'avance, bu... qui s'a-vance, bu, etc.

Venir à Hyderabad, dans les États du Nizam, la ville la plus orientale de l'extrême Orient pour entendre le Roi barbu. !!!

Et au lieu de voir des Musulmans drapés dans de grandes robes et coiffés de magnifiques turbans, je me trouvais en présence de musiciens habillés dans le goût de ceux de la famille Loyal du Grand-Cirque Equestre !

Le Résident voulait absolument me faire avouer que ce n'était pas trop mal pour des indigènes; j'avoue que je ne vois pas de moyenne en fait de musique comme en statistique : ou elle est bonne ou elle est mauvaise; eh bien, elle était mauvaise.

Il en est de même pour tout ce qui est imitation des choses de l'Europe. Elles sont ridicules au milieu des souvenirs du vieil Orient.

J'ai visité plusieurs fois la ville d'Hyderabad. Excepté quelques anciens châteaux qui tombent presque en ruines, elle n'a rien de bien remarquable. La grande mosquée cependant, bâtie exactement sur le plan de celle de la Mecque, est très-curieuse. Mais ce qui

est véritablement digne d'intérêt pour l'étranger, c'est la physionomie du peuple lui-même.

Tous ceux qui ne veulent pas accepter avec résignation le gouvernement anglais viennent dans les États du Nizam. Hyderabad
est le refuge de tous les vrais musulmans de l'Inde. Aussi la population de la ville ne voit-elle pas de bon œil les chrétiens. Dans
mes différentes courses, il ne m'est jamais rien arrivé, jamais je
n'ai été insulté, cependant je suis certain qu'il serait très-dangereux d'y rester la nuit après la fermeture des portes. La police s'y
fait avec difficulté. Tous les nobles d'Hyderabad ont des immunités
telles que leurs châteaux, situés, ainsi que je viens de vous le dire,
dans la ville même, sont des lieux d'asile pour leurs serviteurs. Le
plus souvent on se fait justice soi-même.

Golconde, la ville des morts, ainsi qu'on l'appelle, est située à quelques milles d'Hyderabad. Elle ne renferme que les tombeaux magnifiques d'une dynastie d'anciens rois. La forteresse de Golconde
où sont, dit-on, enfermés les trésors du Nizam et où étaient les fa-
meuses mines de pierres précieuses, est située à une portée de fusil
de la ville des morts, mais il ne faudrait pas s'en approcher plus
près que cette portée de fusil. De nombreux factionnaires sont
chargés d'écarter les indiscrets, et il serait imprudent, surtout pour
un Européen, de mettre leur adresse à l'épreuve.

J'ai rapporté de ce voyage la conviction qu'il faudra encore bien
du temps avant que la civilisation Européenne pénètre dans ces
pays lointains.

Nos produits, nos meubles, nos étoffes, nos objets de luxe prendront une place de jour en jour plus importante parmi les nécessités de la vie hindoue, mais il n'en sera pas de même de nos idées,
et il s'écoulera bien du temps avant que le mouvement intellectuel
dans l'Inde puisse être réglé par celui de l'Europe.

LA GRANDE MOSQUÉE DE BIDJAPOUR.

DANSE DES BAYADÈRES.

CHAPITRE XIV

Jacques et André continuent leur voyage. — Un bureau de poste. — Séonie.
— Histoire et légende. — Le prince Sungram Sing. — La belle Dougarmoutie.
— Colère de La Chance qui est obligé de se faire porter en palanquin.

Le domestique de M. F***, qui avait depuis longtemps terminé les préparatifs du départ, vint le prévenir que les bullocks étaient attelés depuis longtemps.

— Allons, Messieurs, dit-il, je vous souhaite un bon voyage. Merci de l'attention que vous avez bien voulu prêter à mes histoires. Les voyageurs sont bavards. La prochaine fois, je vous raconterai les merveilles que j'ai vues à Béjapour, où je vous engage à aller avant de quitter l'Inde. Vous y verrez des temples d'une architecture splendide ; je recommande surtout la grande mosquée à votre admiration. J'espère vous revoir à Jubbulpore sains et saufs. Vous allez entrer dans le pays qui a été le dernier quartier

17

général des Thugs, ces fameux étrangleurs qui ont couvert l'Inde de leurs crimes; on dit que les derniers de ces misérables sont enfermés à Jubbulpore au nombre de 400 environ. Il y en a peut-être bien encore quelques-uns de côté ou d'autre, mais ils ne doivent plus être bien dangereux.

— Et puis, on n'est pas si innocent que de se laisser étrangler!

— Gardez-vous bien, surtout, contre les vagabonds européens qui sont malheureusement trop nombreux sur les grandes routes de l'Inde. Le voyageur n'a rien à redouter des indigènes, mais il doit se défier de ces étrangers dont les méfaits se renouvellent souvent. Gens sans aveu, déserteurs de navires, ouvriers paresseux et débauchés, ils cherchent des moyens d'existence dans une vie aventureuse.

Leur audace est sans égale. Je connais un gentleman qui après de longs voyages. dans l'Inde, sans autres aventures que des rencontres avec les bêtes féroces, a été un jour dévalisé complétement par quelques-uns de ces aventuriers.

Jacques et André remercièrent de ses avis M. F***, qui monta dans son char et s'éloigna au trot de ses deux bullocks.

Quelques heures après, nos voyageurs quittaient eux-mêmes ce bungalow d'où ils emportaient en souvenir de leurs prouesses les peaux des deux tigres. Les indigènes vinrent une dernière fois les remercier et voulurent les accompagner pendant quelque temps.

M. Maxwell, qui restait encore dans l'espoir de faire quelque belle chasse, accompagna à cheval ses nouveaux amis pendant un bon mille, et l'on ne se sépara pas sans se promettre de s'écrire et de se tenir au courant de ce qui arriverait d'intéressant. Dans la matinée, nos voyageurs atteignirent le village de Nidna, caché comme un nid au milieu des bambous et des bananiers.

Pendant que l'on changeait de bullocks, un bruit de tambourins et un grincement de cordes d'instruments se fit entendre sur la route. C'étaient deux bayadères et ses musiciens. Elles s'apprêtaient à donner un échantillon de leur talent. Après avoir bien arrangé leurs jupes, et avant de danser, elles se mirent à chanter. Quelles voix ! Quels sons rauques et gutturaux !

— Assez, assez, leur cria La Chance. Merci, bien obligé. Nous n'en voulons plus. Et il leur jeta quelques pièces de menue monnaie qu'elles acceptèrent avec plaisir.

La basse classe a aussi ses bayadères. Elles viennent danser et chanter dans les jardins et dans les cours. Il y a entre elles et les vraies bayadères la même différence que celle qui existe entre les baladines et les danseuses de nos grands théâtres.

Ces danses ne sont pas à comparer avec les danses nationales d'Europe. Si chacun peut prendre du plaisir à celles-ci, il faut être initié à bien des choses du pays avant d'aimer les bayadères de l'Inde.

Nos voyageurs arrivèrent vers une heure à Séonie, résidence d'un sous-commissaire (deputy commissionner). Rien de plus joli, de plus gai, que l'entrée de ce cantonnement.

A gauche, un grand lac artificiel (tank), de magnifiques avenues de bambous, de coquettes maisons européennes; ils étaient enchantés et ce fut avec un véritable plaisir qu'ils arrivèrent au bungalow des voyageurs.

Après s'être rafraîchis par un bain pris à la mode indigène, Jacques se mettait en devoir de rédiger ses notes et André de faire un croquis en attendant le déjeuner, lorsqu'un cipaye leur apporta, de la part du directeur de la poste, l'avis que, s'ils avaient des lettres à envoyer en Europe, la malle pour Bombay allait passer bientôt.

Ils ne s'attendaient pas à cette agréable surprise de pouvoir, à moitié route, donner de leurs nouvelles en France. Ce qu'ils devaient le moins s'attendre à trouver dans ce pays de tigres et d'ours, c'était un bureau de poste. Ils s'empressèrent de profiter de l'avis et allèrent eux-mêmes affranchir leurs lettres afin d'avoir en même temps quelques renseignements.

L'administration anglaise comprenant parfaitement que les moyens de correspondance devaient être développés aussi promptement que possible, elle a donné tous ses soins au service de la poste, qui est placé sous les ordres d'un inspecteur général.

Il n'y a pas moins de cent soixante-seize bureaux de poste dans les Provinces Centrales. En 1865-66, c'est-à-dire depuis mars 1865, jusqu'en mars 1866, le nombre des lettres distribuées par ces différents bureaux a été de six cent trois mille huit cent trois. Si l'on compare avec la période précédente 1864-65, pendant laquelle on n'en avait transporté que deux cent cinquante mille, on comprendra que ce développement est le signe d'un changement d'habitudes chez les habitants du pays.

Les officiers civils de chaque district ont la responsabilité de ce service et il est parfaitement fait. A Séonie, nos voyageurs pouvaient, non-seulement affranchir leurs lettres, mais encore les charger pour Paris.

— Lorsqu'on lit, dit Jacques, que ce pauvre Jacquemont était une année entière à attendre des nouvelles de sa famille, n'ai-je pas raison de trouver admirable de pouvoir envoyer les nôtres du cœur de l'Inde en France dans l'espace de vingt-trois jours !

Pendant qu'Abdhul et Pedro remettaient tout en ordre et préparaient la voiture, les jeunes gens sortirent pour jeter un coup d'œil sur les environs, mais il faisait une chaleur telle qu'il leur fut impossible de rester dehors.

Il n'y a d'ailleurs rien de curieux à Séonie et il valait mieux se tenir tranquille jusqu'au moment du départ.

La province de Séonie était autrefois gouvernée par des princes Gonds qui résidaient à Gurich, maintenant Jubbulpore.

Sans entrer dans des détails historiques qui ne sont toujours qu'une suite de révolutions et de changements de souverain, nous ne passerons pas sous silence l'histoire du prince Sungram Sing qui donne bien une idée des récits qu'aiment les Hindous, récits dans lesquels le merveilleux doit tenir une grande place, sous peine de ne jouir d'aucun crédit.

Ce Sungram était un jeune prince de beaucoup d'avenir et qui avait toujours montré une grande piété. Il manqua une fois d'être assassiné, mais il échappa heureusement par sa prudence et sa sagesse.

Un Gossain (1) l'avait engagé à venir à minuit dans son temple en lui promettant de l'initier aux mystères d'une prière symbolique par

laquelle il obtiendrait du dieu Bhyroo tout ce qu'il pouvait désirer. En arrivant dans le temple, le prince conçut des soupçons sur les intentions du Gossain en apercevant sous sa robe la poignée d'un sabre. Au milieu du temple était un grand chaudron d'huile qui bouillait sur le feu.

— Prince, dit le Gossain, vous allez faire le tour de ce chaudron en répétant la prière que je vais réciter, après quoi vous pencherez la tête au-dessus de l'huile dans laquelle le dieu Bhyroo est caché.

Le prince lui répondit qu'étant un peu jeune, il avait peur de commettre quelque méprise en accomplissant les cérémonies prescrites, ce qui pourrait offenser le Dieu, mais que, s'il voulait les lui montrer d'abord, il l'imiterait ensuite.

(1) Religieux hindou.

Le Gossain y consentit, et lorsqu'après avoir fait le tour de la chaudière il se pencha au-dessus, Sungram Sing tira son sabre et lui coupa la tête qui tomba dans l'huile bouillante.

Au même instant le feu, le chaudron et son contenu s'évanouirent; le dieu Bhyroo apparut et dit au prince qu'il lui accorderait tout ce qu'il désirerait. Celui-ci exprima le désir d'être victorieux à la guerre, ce qui lui fut promis. Il devint alors le chef de 320,200 villages. Il défit, en bataille rangée, l'empereur de Delhi et s'empara même du parasol impérial. Il le rendit cependant à l'Empereur en lui faisant beaucoup de présents et parvint ainsi à gagner son amitié qui lui valut le titre de Shah.

Mais les bons sentiments de la cour de Delhi ne s'étendirent pas à ses descendants. Il eut deux fils, Dulpert Shah et Chunder Shah. Le premier épousa une jeune fille rajpoute d'une grande beauté qui avait d'immenses richesses. En 1534, il succéda à son père, régna dix-huit ans et laissa le trône à Beerum Ram son fils mineur. Dougarmoutie, mère du jeune prince, prit la régence et gouverna avec beaucoup de prudence. Elle offensa cependant la cour de Delhi qui envoya contre elle une puissante armée. Après plusieurs batailles malheureuses, la régente fut obligée d'aller se réfugier dans sa forteresse de Singurguk où elle fut assiégée pendant des mois. L'ennemi ayant enfin réussi à pénétrer dans le fort par un passage secret qu'un prisonnier lui découvrit, elle se sauva avec son éléphant blanc favori. Mais, dans la fuite, le jeune prince fut tué et la pauvre Dougarmoutie, ne voulant ni survivre à son fils ni tomber au pouvoir de ses ennemis, se poignarda elle-même. Alors, selon la tradition, l'éléphant blanc favori tomba mort et son conducteur, ne pouvant pas supporter un si grand malheur, se tua aussi. Après cette tragédie, le roi de Delhi s'empara du pays où il mit beaucoup de troupes.

Il y a dans toutes les chroniques hindoues des magiciens, de belles princesses, des éléphants blancs. L'histoire du district de

Séonie en est remplie; rien n'y manque. Mais ce qui fait que le voyageur prend un vif intérêt à ces récits, c'est qu'autour de lui tout vient en aide à son imagination. Ce n'est pas ici comme en Europe; rien n'a changé depuis cette époque de légendes, les coutumes, les ustensiles, les maisons, les mœurs, les habitudes sont les mêmes; et ce cavalier suivi de ses serviteurs qui passe sur la route, avec son turban tressé d'or, son costume en soie aux couleurs éclatantes, sa selle d'argent en forme de cygne, ses brides de soie ornées de grelots d'argent, ne prête-t-il pas à l'illusion? N'est-il pas un des princes dont parlent les récits fabuleux du pays?

La province de Séonie, dont la capitale était Chuppara, subit le sort des pays environnants, tomba au pouvoir des Mahrattes et fut gouvernée par les Raghogis jusqu'en 1819, où le gouvernement anglais en forma le district de Séonie.

Un colonel anglais est aujourd'hui sous-préfet du district de Séonie et administre le pays autrefois gouverné par le prince Sungram Sing et la belle Dougarmoutie.

Quelle singulière destinée que celle de ces peuples de l'Inde, de ces enfants de la lumière et du soleil si amoureux du merveilleux, si attachés à leurs anciennes chroniques, à leurs vieilles coutumes, qu'ils sont, encore aujourd'hui, à peu près ce qu'ils étaient, il y a plusieurs siècles et qui demain redeviendraient les mêmes si cela était en leur pouvoir.

Quelle singulière destinée que la leur, d'être gouvernés par cette race du Nord venue d'un pays brumeux, race positive, entreprenante et dont le mot d'ordre perpétuel est *go on!* aussi longtemps qu'il y a à faire ! *go on!* aussi longtemps qu'il le faudra !

A la force d'inertie de ces peuples de l'Inde, qui veulent rester en dehors du grand mouvement où sont entraînées aujourd'hui les autres nations, et qui n'acceptent qu'à contre-cœur les bienfaits de la civilisation, il n'y a à opposer que la persévérance énergique du peuple anglais. L'Hindou reste insensible au milieu du progrès qui se fait autour de lui. A quoi bon? du temps de ses pères, du temps où vivaient les héros de ses légendes, l'Inde était un empire magnifique, riche et puissant. Il ne réfléchit pas que cet Empire tombait pièce par pièce, qu'il était déchiré par des guerres incessantes et en proie aux massacres et à la dévastation, que le peuple était pillé, opprimé par les grands et par les prêtres, décimé par des épidémies affreuses, et que s'il pouvait acquérir quelque bien, il lui fallait, pour le mettre en sûreté, creuser un trou dans le sol de sa cabane ou de son champ! Il ne tient aucun compte des bienfaits modernes et ne voit le passé qu'à travers le prisme de son soleil des Tropiques.

Mais l'Anglais, sans chercher à le convaincre, lui répond en établissant des chemins de fer, des télégraphes, en assainissant les villes, en veillant à la sûreté des routes. Il oppose au calme apathique et dissolvant de l'Hindou, le calme raisonné et bienfaisant de l'homme civilisé. Il agit patiemment sans presser, sans torturer ces pauvres esprits qui ne veulent pas comprendre. Il marche d'un pas ferme dans la voie de la civilisation, et l'avenir lui donnera raison.

Tout était prêt pour le départ, et Jacques et André allaient se mettre en route lorsque La Chance, qui se sentait indisposé depuis le matin, se trouva tout à fait malade. Il éprouvait de violentes douleurs de tête et avait une fièvre ardente qui le faisait trembler de tous ses membres.

Il était incapable de faire un pas. Il était évident qu'il était impossible qu'il continuât sa route. Que faire? Jacques écrivit au colonel D***, sous-commissaire de Séonie, lui expliquant sa position et le priant d'envoyer un médecin.

Abdhull revint bientôt avec le colonel D*** lui-même, qui annonça que le médecin de la station le suivait.

— J'étais absent depuis ce matin, dit le colonel; en rentrant à l'instant, j'ai appris que vous étiez au bungalow. J'allais vous envoyer une lettre que M. Campbell m'a remise pour vous à son passage et, en même temps, vous prier d'accepter l'hospitalité chez moi, où vous serez mieux qu'ici. J'ai beaucoup voyagé dans l'Inde, je sais que les bungalows des voyageurs sont une ressource précieuse, mais qu'ils laissent à désirer.

En même temps il remit à Jacques un billet de M. Campbell dans lequel celui-ci lui disait, qu'afin d'épargner à son frère et à lui la fatigue de continuer sa route avec leurs chariots, il leur enverrait sa voiture et ses chevaux à Doomah, dernière station avant d'arriver à Jubbulpore.

Il ajoutait qu'il prendrait les dispositions nécessaires pour leur faciliter le passage de la Nerbuddha (1). « Aussitôt arrivés à « Doomah, ajoutait-il, envoyez-moi un chamelier que vous y trou- « verez pour me faire connaître que vous partez, j'irai peut-être « au-devant de vous jusqu'à la Nerbuddha. J'estime qu'en mar- « chant tranquillement, vous passerez à Doumah deux jours après « moi. »

Cette lettre jeta les deux frères dans une grande perplexité. Étant restés deux jours à chasser, ils étaient de ces deux jours en retard sur les prévisions de M. Campbell.

Le médecin déclara que La Chance ne pouvait pas se mettre en route. Son état, sans être grave, demandait du repos ; il avait un violent accès de fièvre, causé probablement par la chaleur et par la fatigue, mais ce n'était qu'après l'accès que l'on pouvait prendre une décision.

— Ce pauvre La Chance, dit André, il ne s'est pas reposé depuis notre départ, il veille à tout, il est à tout. Et, lorsque son éléphant s'est emporté, il a été en danger d'être tué. Je ne m'étonne pas qu'il soit malade.

— Il n'y a probablement pas autre chose, dit le médecin, nous en serons certains ce soir.

(1) L'un des grands fleuves sacrés de l'Inde.

Le colonel D*** invita les jeunes gens à dîner, mais ils le remercièrent, ne voulant pas laisser leur ami seul.

La journée se passa assez tristement. Cependant, vers la fin de l'après-midi, un mieux sensible se déclara, la fièvre tomba et le malade s'endormit.

LA CHANCE EN PALANQUIN.

CHAPITRE XV

La Chance en palanquin. — Une promenade matinale. — La panthère. — Doomah. — Deux vagabonds. — Abdhul n'est décidément pas brave.

Lorsque le médecin revint, La Chance était éveillé et était en discussion sérieuse avec les jeunes gens qui voulaient retarder leur départ.

— Mais, je ne suis pas malade, j'ai été ridicule, voilà tout; avoir la fièvre comme une femme, moi un ancien du deuxième chasseurs d'Afrique, c'est honteux. Mais je sais bien que c'est tout à fait passé et que je puis partir.

Le médecin heureusement fut de son avis, mais pour le laisser continuer sa route, il mettait une condition, c'était qu'il irait en palanquin.

La Chance se récria :

— En palanquin! moi! allons donc, de quoi aurais-je l'air à faire dodo dodinette, je me rirais au nez.

— Vous vous rirez au nez autant que vous voudrez, mon cher monsieur, mais si vous partez, ce ne sera qu'en palanquin. Vous avez eu un violent accès de fièvre, et j'aimerais autant vous garder jusqu'à demain, parce qu'il peut revenir. Mais puisque vous ne voulez pas attendre, il faut faire en sorte de ne pas vous fatiguer trop. Dans un palanquin, vous passerez la nuit presque comme dans votre lit.

Il y allait avoir de nouvelles observations, lorsque le colonel y coupa court en disant :

— C'est une affaire entendue, je vais donner des ordres pour le palanquin.

Et il partit avec le docteur qui expliqua à Jacques le nécessaire pour le cas où La Chance serait attaqué d'un nouvel accès de fièvre en route.

Lorsqu'on amena le palanquin, La Chance se révolta de nouveau en répétant :

— De quoi vais-je avoir l'air ?

Ce ne fut pas sans peine que l'on parvint à l'y faire entrer. Il était furieux d'avoir à son service neuf hommes : le porteur de torche et huit porteurs qui devaient se relayer quatre par quatre.

Le colonel avait, en outre, envoyé deux soldats de police à cheval qui devaient être remplacés par d'autres au premier poste de police. Il avait donné des ordres pour qu'il en fût ainsi jusqu'à Jubbulpore.

— C'est moins une garde pour votre sûreté qu'une escorte d'honneur, dit le colonel, et ces hommes, qui sont de très-braves gens sur qui vous pouvez compter, pourront vous être utiles en route. Je leur ai fait des recommandations en conséquence.

— Vous êtes encore un brave homme d'Anglais, dit La Chance en lui serrant la main au moment du départ.

— Oui, et vous aussi vous êtes un brave homme, dit le colonel en montrant les médailles que portait La Chance, très-brave. Je suis fâché que vous partiez si tôt. J'aime beaucoup les officiers français.

Je les ai vus en Crimée et en Chine. J'ai parmi eux de bons amis.

— J'ai décidément bien fait de gagner des médailles, se dit La Chance.

Il était près de neuf heures du soir lorsque nos voyageurs quittèrent Séonie. L'obscurité était profonde, et, sans les porteurs de torche, il eût été difficile de voir la route.

Abdhul éprouva un sensible plaisir en voyant que les soldats de police accompagnaient ses maîtres. Il ne brillait pas par la bravoure et était fort effrayé de voyager la nuit dans un pays aussi sauvage. Il avait peur des voleurs, des sorciers et des bêtes féroces. Il entama la conversation avec les soldats et parut fort satisfait en revenant annoncer à son maître que l'on aurait une escorte jusqu'à Jubbulpore.

Les deux cavaliers avaient bonne mine; leur uniforme se composait d'une tunique courte en drap bleu, d'une culotte collante, de grandes bottes molles et, pour coiffure, d'un petit turban assez élégant. Ils étaient armés d'un sabre, d'une carabine et portaient dans la botte droite une baguette en jonc très-flexible qui leur servait à écarter les attelages qui se trouvaient sur la route.

La garde de police des Provinces Centrales a été formée avec les soldats licenciés du souverain de Nagpore. C'est un corps excellent qui rend de très-grands services autant par son activité infatigable que par la crainte qu'il inspire en général à la population.

Dans les commencements de la formation, il a fallu montrer de la sévérité, sans quoi les hommes se fussent un peu trop facilement laissé corrompre suivant les anciennes habitudes du pays. Mais la répression de la part de l'autorité anglaise a été aussi prompte qu'énergique, et il est rare qu'un soldat de police déroge à son devoir. Aussi Jacques était-il satisfait d'avoir avec lui deux de ces braves gens sur lesquels il savait pouvoir compter.

Aussitôt que le jour parut, il descendit de son chariot, prit son rifle, son couteau de chasse et se disposa à faire une promenade pour détendre ses membres fatigués. En approchant du char de son frère, il l'aperçut assis et causant avec un nouvel ami ; c'était un petit chien qui avait suivi son chariot depuis la veille et qui avait été définitivement adopté à Séonie sous le nom de Trim.

— Déjà éveillé, mon cher André ?

— Cela n'a pas été long ; il m'a été impossible de fermer l'œil depuis la dernière étape. Jamais, je n'ai entendu autant de cris tous plus effrayants les uns que les autres.

— Seulement des chacals et des hyènes.

— C'est si triste ! on dirait des gémissements. Et puis est-ce qu'il est possible de dormir dans ces affreux chariots traînés par ces bœufs après lesquels le conducteur n'a cessé de crier. Je n'ai pas de bonheur, moi, les deux plus mauvais de la bande me sont échus. Plusieurs fois j'ai cru que nous dégringolions dans les ravins.

— Allons, allons, il ne faut pas te plaindre autant que cela, tu n'as pas été attaqué par les bêtes, ton chariot n'a versé dans aucun trou. Viens avec moi, nous marcherons un peu, l'exercice te remettra. Nous voici au bas d'une rude montée et nos bullocks se trouveront bien de ne pas nous avoir.

— Adopté, dit André, et il sauta lestement en bas de son équipage.

— Prends ton fusil, lui dit son frère, si nous tuons quelque gibier, paon ou perroquet, notre déjeuner en sera plus brillant ; prends aussi l'album, nous trouverons de quoi faire de jolis croquis.

— Et ma gourde de sherry et des biscuits ? dit André.

— Va pour le sherry et les biscuits.

— Emmenons-nous Trim ?

— Certainement. Trim, Trim, allons, Trim !

Le petit chien n'avait pas attendu qu'on l'appelât. Il sautait et gambadait autour des jeunes gens et leur faisait entendre par ses jappements qu'une promenade lui serait agréable.

— En route, dit André.

— En route, répéta Jacques.

— Ouaf, ouaf, fit le petit chien.

— Voyons La Chance d'abord, dit Jacques.

La Chance étendu dans son palanquin dormait comme s'il eût été dans son lit.

— Ne l'éveillons pas, dit André, le pauvre garçon a veillé une partie de la nuit, je l'ai souvent entendu crier à Abdhul de faire allumer les torches quand elles s'éteignaient.

Nos deux voyageurs, laissant la caravane gravir la montée à l'allure paisible des bullocks, allèrent droit devant eux en suivant le chemin tracé au milieu des jungles.

Que de réflexions ils faisaient ! Ils pensaient à leurs parents, à leurs amis, à tous ceux qu'ils avaient laissés, et ils se voyaient à 2,500 lieues d'eux, seuls sur une route qu'aucun de leurs compatriotes n'avait encore foulée, dans une contrée dont le nom est inconnu en France.

Ils furent tirés de leurs réflexions par un cri aigu qui résonna au-dessus d'eux. Sur un arbre qu'un ravin séparait de la route un grand singe leur faisait toutes les grimaces imaginables ; puis un second, un troisième, une bande entière. Ils étaient magnifiques, leur corps noir, leur barbe blanche leur donnaient un aspect singulier. Jacques et André n'en avaient jamais vu de semblables, et eux de leur côté n'avaient jamais vu de Français, car ils les examinaient avec beaucoup d'attention.

Dans l'Inde, où l'on regarderait comme un crime de tuer un singe, ces animaux ne sont jamais farouches ; mais il paraît que nos deux amis déplurent à ceux-ci, car par leurs grimaces ils firent tout ce qu'ils purent pour les en convaincre.

Jacques et André s'assirent sur le bord de la route et s'amusèrent à les regarder. Le plus gros de la bande était d'une impertinence rare : il se suspendait aux branches, prenait les plus vilaines postures, en se livrant à des contorsions diaboliques. Dans les provinces centrales, les singes ont sans doute horreur des peaux blanches. Lorsque Jacques et son frère se levèrent pour partir, ce fut un tel charivari de cris et de sifflets qu'André, presque sans avoir eu le temps de réfléchir, avait porté son rifle à l'épaule et ajustait. Jacques l'arrêta en abaissant vivement l'arme.

— André! ce serait honteux! tuer une pauvre bête parce qu'elle n'a pas le don de te plaire!

Celui-ci désarma son fusil et le plaça sur son épaule :

— Tu as raison, je suis toujours trop vif, mais, grâce à toi, je n'ai pas fait une méchante action et je quitte cette place sans remords.

— Et tu évites le danger auquel tu nous exposais, de nous faire assassiner. Les Hindous, malgré leur caractère doux et inoffensif, commettraient un crime pour venger la mort d'un singe. Rappelle-toi donc l'histoire du dieu Rama qui, d'après la mythologie hindoue, a fait la conquête de l'île de Ceylan avec une armée de singes. Aussi ces animaux sont-ils considérés comme sacrés et a-t-on pour eux le plus grand respect. Ce sentiment va si loin, qu'ainsi que je viens de te le dire, les gens du pays ne permettraient pas qu'on les attaquât. Tout dernièrement, j'ai entendu raconter qu'un officier anglais, dans une partie de chasse, ayant tiré sur un singe, les gens de sa suite même, après l'avoir renversé de cheval et désarmé, l'auraient certainement, tué si ses amis attirés par ses cris n'étaient pas accourus à son secours. Tu vois donc que tu as bien fait de t'arrêter.

Tout en causant, ils marchèrent longtemps encore, mais la chaleur se fit sentir, et ils s'arrêtèrent dans une belle clairière au milieu de laquelle se trouvait un magnifique manguier.

— Attendons ici notre caravane, dit Jacques, nous avons assez marché, il fait trop chaud pour continuer. Arrêtons-nous sous cet arbre jusqu'à ce que notre monde nous rejoigne.

Le manguier, dans ces climats brûlants, fournit aux voyageurs un ombrage épais ; ils y sont aussi bien à l'abri que sous une tente. Il est quelquefois si vaste que des caravanes entières, bêtes et gens, peuvent camper sous son feuillage. Ces haltes offrent toujours un spectacle intéressant. Les voyageurs sont nonchalamment étendus sur le sol, on a dételé les bullocks et les chevaux. Les chameaux et les éléphants, débarrassés de leur charge, sont couchés sur le sol ; chacun repose, laissant passer la grande chaleur du jour. La mangue est délicieuse, nous ne la connaissons pas en France, car on ne peut la transporter ; c'est un fruit qui devient souvent plus gros que notre poire Duchesse, dont il a la forme. Le noyau est très-gros ; la chair, de la couleur de celle de l'abricot, a une saveur et un parfum qui tiennent de la fraise, de la pêche et de l'ananas. La nature n'a rien produit de plus exquis, mais il faut aller manger les mangues dans l'Inde ; les meilleures et les plus belles sont cultivées à Surate par des Parsis. Dans la saison, une corbeille de mangues est un cadeau très-présentable et surtout fort acceptable.

Jacques et André allèrent s'asseoir à l'ombre sur de grosses branches qui sortaient de terre. Ils mangèrent quelques biscuits et burent un verre de sherry, puis Jacques ouvrit son carnet pour rédiger ses notes de la veille.

—Je ne vois rien à dessiner ici, dit André, mais voici là-bas un bouquet de bambous que je vais copier.

— Ne t'éloigne pas, lui dit son frère, sois prudent.

— C'est là, répliqua André, montrant les bambous à une petite distance de l'autre côté de la route ; tu pourrais m'entendre t'appeler en cas de besoin. Et, sans attendre la réponse de son frère, il se dirigea vers l'endroit qu'il avait désigné et disparut derrière une haie de cactus. Jacques écrivait depuis quelque temps lorsqu'une plainte de Trim, qui l'avait quitté pour courir dans la clairière après les insectes et les petits oiseaux, lui fit tourner la tête de son côté. Il le vit couché sur le sol, les pattes reployées sous lui, le cou allongé et sans oser bouger. Un danger le menaçait certainement, mais lequel ? la clairière était déserte.

Tout à coup, le jeune homme resta stupéfait lui-même; sortant à demi du fourré, une tête hideuse de cruauté, fixant de grands yeux fauves sur le pauvre Trim, laissait voir des dents énormes découvertes par un rire affreux..., ces mouvements nerveux qui faisaient remonter la lèvre et semblaient élargir la gueule, c'était bien un rire.

La bête, tout occupée de sa proie, n'avait pas vu Jacques sans

doute, car elle ne paraissait faire aucune attention à lui. Celui-ci, sans remuer le corps pour ainsi dire, étendit le bras et saisit son rifle ; puis, sans se lever et tout en armant et en épaulant, il se posta en face d'elle, appuyant un genou en terre. Il respira alors, il avait craint une attaque dès son premier mouvement.

C'était une panthère.

Il lui fallait la frapper sûrement, sans quoi il allait avoir à soutenir une lutte terrible. La panthère ne craint pas l'homme, elle l'attaque, tandis que le tigre ne le fait que lorsqu'il est blessé. La panthère est courageuse, le tigre est lâche. Jacques tenait celle-ci au bout de son rifle, et malgré les herbes qui la cachaient en partie, il voyait où la frapper. Elle tourna les yeux vers lui.

C'était la première fois qu'il se trouvait dans une position semblable, mais il était bon tireur et il sentait qu'il avait tout son sang-froid.

La bête se baissa tout doucement, en allongeant la tête sous son regard. Il comprit qu'elle allait s'élancer, il tira..... Un hurlement affreux répondit à son coup de feu. Il ne put s'empêcher de fermer les yeux... Il se retrouva debout, prêt à lui envoyer le second coup.

Mais, arrêtée dans son élan, la panthère était étendue sur le flanc, à dix pas de Jacques, se débattant dans les convulsions de l'agonie. Une seconde balle qu'il lui envoya dans la tête l'acheva. Il n'était pas encore remis de son émotion qu'André était près de lui. Il avait entendu les deux coups de feu et les hurlements de la panthère. La vue de l'animal lui apprit tout.

— Mon cher Jacques, dit-il d'une voix brisée par l'émotion, quel affreux danger tu viens de couvrir ! Je n'ose pas y penser, et tu étais seul ! Je ne veux plus me séparer de toi pendant la route. Mon pauvre frère !

— Allons, allons, reprit Jacques avec sa tranquillité habituelle, calme-toi, André, je ne suis ni tué ni blessé, et tout est pour le mieux puisque nous avons une belle peau de panthère à joindre à ta peau de tigre. Donne-moi un verre de sherry et bois-en une goutte, cela te fera du bien. Mais où donc est Trim ?

Trim s'était sauvé, et malgré les appels réitérés de ses nouveaux maîtres, Trim ne reparut plus.

Les chariots arrivèrent bientôt. Lorsque La Chance apprit ce qui s'était passé, son premier mouvement fut de sortir de son palanquin, d'aller vers son maître et de lui dire avec des larmes dans la voix :

— Ah! monsieur Jacques, si un malheur vous était arrivé, le

pauvre La Chance ne s'en serait jamais consolé. Mais puisque vous êtes sauf, je suis fier de mon jeune maître.

On se remit en route, laissant le palefrenier et un des hommes pour dépouiller la panthère et apporter la peau au bungalow de Chuppara dont on était peu éloigné.

Le premier moment d'émotion passé, La Chance retrouva sa faconde habituelle.

— As-tu déjà tué des panthères, brave Abdhul? demanda-t-il à son compagnon.

— Non, moi jamais tué panthère, répondit Abdhul, et vous, master La Chance?

— Non pas moi-même, mais j'en ai vu tuer souvent et bien près de moi.

Abdhul le regarda avec une certaine admiration.

— Supposons, reprit La Chance, que tu veuilles tuer une panthère, comment ferais-tu?

— Moi ferais rien, moi pas vouloir tuer panthère.

— Mais si tu avais été à la place de M. Jacques?

— Moi laisser manger petit chien.

— Moi, dit La Chance, je n'aurais pas tiré sur la panthère; j'aurais pris mon couteau de chasse d'une main, un revolver de l'autre, j'aurais rampé jusqu'à elle et lorsqu'elle aurait sauté sur moi je lui aurais planté mon arme dans le cœur.

Abdhul ne parut pas enthousiasmé. — Plus dangereux! dit-il.

— J'en ai vu tuer plus de dix ainsi. Est-ce que tu crois qu'un Parisien a besoin de venir dans ton rissolé de pays pour apprendre à se battre contre des panthères, reprit La Chance, mais au théâtre de la Porte Saint-Martin on ne faisait que cela tous les soirs.

Un combat avec une panthère est toujours extrêmement dangereux et Jacques dut la vie à sa présence d'esprit et à son courage.

Le capitaine Shakespear, ancien commandant des troupes irré-
gulières de Nagpore, eut à soutenir un jour contre une panthère
une lutte qui faillit lui devenir fatale.

Lors d'une expédition dans le district de Chinwanah, il partit un
matin avec deux de ses amis, en quête de gibier, afin d'augmenter
l'ordinaire assez maigre de leur dîner. On leur avait dit qu'ils
devaient s'attendre à ne trouver dans les environs que des paons,
mais le paon est un excellent manger, et ils se résignèrent parfaitement d'avance à ne pas voir d'autre gibier. Le capitaine n'emmena donc pas son Shikari et ne prit pas son rifle. Il se fit accompagner de quelques hommes comme rabatteurs. Il n'avait
qu'un fusil léger de petit calibre et une carabine-revolver. Ils étaient
à peine arrivés, lui et ses amis, à l'endroit où ils comptaient rencontrer les paons, lorsqu'ils virent passer devant eux un magnifique
nylgau, ou bœuf bleu. Ils se mirent à sa poursuite, et bientôt après,
le capitaine se trouva séparé de ses compagnons. Il venait de s'arrêter sur une petite éminence dans la jungle, afin de chercher à les
découvrir, lorsqu'en face de lui, il aperçut deux panthères. L'une
était de très-grande taille. Aussitôt qu'elles virent le chasseur, elles
rentrèrent dans la jungle et gravirent tranquillement une colline.

Celui-ci galopa par un sentier de côté jusqu'en haut de la colline,
descendit de cheval, changea la charge de son fusil et se posta de
façon à voir les animaux arriver. Il avait été suivi par trois hommes
du village, qu'il envoya jeter des pierres du côté des buissons où il
supposait que les panthères se tenaient cachées. Il vit bientôt paraître la plus petite des deux, qui s'avança résolûment vers lui,
mais s'arrêta presque aussitôt derrière un buisson qu'elle trouva
sur sa route. Le capitaine ne voyait pas sa tête, mais il put lui envoyer une balle au défaut de l'épaule. Elle était environ à une dizaine
de mètres de lui. Elle tomba et le capitaine la crut morte. Pour
plus de sûreté, cependant, il lui tira dans les reins son second
coup; à son grand étonnement, elle se releva et descendit la col-

line, tout en s'abattant à tous les huit ou dix pas. Elle alla ainsi pendant soixante mètres environ.

Prévenant un des villageois de le suivre et de se tenir près de lui avec un solide couteau de chasse qu'il avait dans la main, le capitaine se mit à la poursuite de la panthère que ses blessures devaient empêcher d'aller loin; mais il n'avait pas encore parcouru un espace de vingt mètres qu'un des rabatteurs, placé sur un tertre élevé, lui fit signe de s'arrêter et de regarder un peu au-dessous en face de lui. A quelques mètres seulement, bien en vue et couchée entre deux buissons, la grande panthère semblait attendre le capitaine. Il s'était à peine arrêté qu'elle se leva et vint droit sur lui en rugissant d'une manière effroyable.

Il faut s'être trouvé en semblable position pour savoir ce que le chasseur doit avoir d'intrépidité et de sang-froid pour rester maître de ses mouvements. Le capitaine ne manquait ni de l'une ni de l'autre, mais n'étant armé que d'un fusil de petit calibre tout à fait insuffisant pour une pareille chasse, il se savait en péril, et cette certitude doubla son énergie.

Il visa au poitrail, mais l'animal s'élançant sur lui au même moment il ne le blessa que légèrement à la tête. Un combat terrible s'engagea alors. La panthère saisit dans sa gueule le bras gauche du capitaine, et pendant qu'avec ses griffes de devant elle lui déchirait la main, elle lui enfonçait celles de derrière dans la cuisse. L'indigène, armé du couteau de chasse, qui, au lieu d'arrêter l'élan de la panthère, s'était au contraire éloigné de quelques pas, reprit heureusement courage à la vue du danger que courait le capitaine et vint à son secours. Mais, au lieu de donner de son arme dans le flanc de la panthère, il se contenta de crier et de la frapper en se servant de son arme comme d'un bâton. En moins de temps qu'il n'en faut pour l'écrire, le pauvre homme eut à son tour à se défendre contre elle; affreusement mordu au bras aussi, il put cependant se dégager, et abandonnant sur la place son turban, le sac aux provisions, la carabine et le couteau de chasse, il se sauva en criant et en soutenant son bras blessé.

La panthère, au lieu de le poursuivre, se coucha tranquillement à côté de la carabine, de l'épée, du sac et du turban, à cinq pas en face du capitaine. Celui-ci savait que sa seule chance de salut était de ne pas perdre l'animal de l'œil et de chercher à partir en reculant et en le fixant constamment. Mais, au premier pas de retraite qu'il fit, il glissa sur une pierre et tomba en arrière. La panthère pouvait, d'un bond, se précipiter sur lui, et rien n'aurait pu le sauver; elle ne bougea pas, soit que sa blessure à la tête la fît souffrir, soit qu'elle se trouvât satisfaite de sa victoire, elle laissa le capitaine se relever. Il se retira alors à reculons, pas à pas et fixant toujours la panthère jusqu'à ce qu'il fût arrivé près des indigènes qui gardaient son cheval à une quarantaine de mètres de là.

Il souffrait affreusement de ses blessures; il avait au bras deux terribles morsures par lesquelles il perdait beaucoup de sang; les tendons et les muscles de la main gauche étaient à découvert, et avec ses griffes, la panthère lui avait ouvert la cuisse en cinq endroits différents. L'indigène avait un bras presque entièrement dévoré, et la superstition chez ces gens est telle, que si l'animal survivait à sa blessure, le pauvre homme devait très-vraisemblablement être mis à mort par les gens du village.

Le capitaine résolut de retourner vers la panthère. Il décida son palefrenier à l'accompagner, et celui-ci, armé d'un épieu dont on se sert pour la chasse au sanglier, le suivit courageusement. Le capitaine trouva l'animal dans la même position, l'ajusta et tira résolûment avant qu'il eût le temps de faire un mouvement. Mais, en un saut, la panthère fut de nouveau sur lui. Il tira une seconde fois, sans avoir eu à peine le temps de viser, et la blessa encore à la tête. Le palefrenier, au lieu de la frapper de son épieu, se jeta à terre. Au même moment, la panthère prit le pied gauche du capitaine dans ses mâchoires et le renversa sur le dos. Il la frappa alors avec le fusil, dont elle saisit le canon dans sa gueule. Ce fut son dernier effort. Le capitaine se releva, saisit l'épieu du palefrenier et à deux mains l'enfonça dans le flanc de l'animal qui expira.

Le capitaine fut ramené au cantonnement dans un palanquin ; il avait perdu beaucoup de sang et sa faiblesse était extrême.

La panthère avait huit pieds anglais et deux pouces de longueur. C'était une des plus grandes que l'on eût jamais vues dans les environs où elles sont nombreuses. Elle avait reçu dans la gorge une première balle qui lui était restée dans le corps, et une seconde qui l'avait traversée de part en part en passant sous l'épine dorsale. Elle avait en outre la face labourée par un projectile et les griffes d'une des pattes de devant presque enlevées.

Le lendemain, des indigènes apportèrent la peau de la petite panthère qui fut trouvée morte près du village. Elle avait aussi deux balles dans le corps.

Huit jours plus tard, le capitaine était assez bien remis de ses blessures pour écrire à un de ses amis les détails que l'on vient de lire. Il espérait, disait-il en terminant, être à même, après une quinzaine de jours, de retourner chercher d'autres panthères dont on lui avait signalé la présence dans les environs.

Tous les Anglais qui habitent l'Inde sont passionnés pour la chasse aux bêtes fauves ; mais, malheureusement, ils ne sont pas toujours aussi heureux que le capitaine Shakespear le fut dans celle que nous venons de raconter.

Nous avons connu à Hyderabad le colonel Nightingale, commandant un régiment de cavalerie au service du Nizam, qui fut un des plus décidés sportsmen de l'Inde. Cet officier, m'a-t-on assuré, a tué environ 400 bêtes féroces, tigres, panthères et ours.

C'était un vaillant officier, grand ami de la France dont il parlait parfaitement la langue. Nous avons passé de longues soirées ensemble sous la verandah à parler de l'Europe. En nous quittant, nous nous étions donné rendez-vous à Paris, ce lieu de rendez-vous du monde.

Il n'y est pas venu.

Nous avons appris ensuite que le pauvre colonel était mort à Bolarum, près d'Hyderabad, le rifle à la main, en chassant une panthère.

Chuppara, qui était autrefois une ville indépendante, n'offre rien de remarquable, et nos voyageurs ne s'y seraient pas arrêtés si La Chance n'eût éprouvé un nouvel accès de fièvre, non pas aussi violent que celui de la veille, mais assez fort cependant pour l'empêcher de continuer sa route.

Jacques n'était pas sans inquiétude au sujet de M. Campbell. Si ses chevaux étaient à Doomah depuis deux jours, il ne saurait que penser.

UN CHAMELIER.

J'ai envie, dit-il à son frère, de te laisser seul ici avec La Chance et de partir avec Abdhul pour Doumah. C'est la première station après celle-ci; arrivé là, je ferai prévenir M. Campbell par le chamelier, je t'y attendrai, et tu viendras me retrouver aussitôt que La Chance sera en état de partir. Je prendrai, en outre, un des cavaliers avec moi, et si j'avais quelque chose à te faire dire, je te l'enverrais. André approuva le projet de son frère.

— Surtout, dit Jacques, sois prudent. Ne sors d'ici que pour monter en voiture et venir me retrouver; pas de chasse, ne t'expose pas. Tu me le promets?

André donna à son frère l'assurance qu'il se conformerait de point en point à ses recommandations, et Jacques partit, emmenant Abdhul sur le devant de son chariot. Il arriva à Doumah vers midi. Le gardien du bungalow lui remit la lettre suivante de M. Campbell.

Doomah.

Chers messieurs,

En arrivant, j'apprends que par suite d'un accident survenu à un de mes chevaux, on n'a pas pu envoyer ma voiture. Il faut que vous continuiez la route avec les bœufs que vous trouverez à chaque relai.

Pour moi, la malle-poste ne s'arrêtant ici que quelques minutes, je n'ai que le temps de vous écrire ces quelques lignes.

Je vais vous envoyer un chamelier que vous pourrez expédier ensuite à Jubbulpore prévenir de votre arrivée ici. Je prendrai les arrangements nécessaires pour vous recevoir à la Nubuddha. Faites en sorte d'y être vers six heures du matin, ce qui vous sera facile en partant de Doumah vers cinq heures de l'après-midi.

Tout à vous.

H. CAMPBELL.

Jacques s'empressa d'écrire à M. Campbell pour lui faire connaître ce qui leur était arrivé. Il le prévint en même temps qu'ils seraient le lendemain matin à la Nerbuddha. Il expédia cette lettre par le chamelier qui depuis trois jours attendait son arrivée et l'aurait sans doute attendue jusqu'à la fin des temps.

Ceci fait, il s'installa sous la vérandah pendant qu'Abdhul se mettait en devoir de préparer le déjeuner.

Le ravissant tableau qu'il avait sous les yeux lui fit tout à fait oublier le contre-temps qu'il éprouvait. En face du bungalow, au milieu d'une plaine bordée de cactus et de bambous, une petite caravane était installée à l'ombre d'un manguier. Un éléphant, un chameau, des chevaux se reposaient, tandis que leurs maîtres étaient étendus près de leurs lances fichées en terre. Vers la droite, un joli temple hindou détachait ses tourelles blanches et brillantes sur les montagnes qui formaient le fond du paysage. Il est difficile d'exprimer l'émotion que l'on ressent en présence de cette nature grandiose. Aucun pinceau ne pourrait rendre la limpidité de ce ciel, la transparence de cette atmosphère et ces oppositions de lumière et d'ombre, effets d'un soleil qui frappe verticalement.

Peu de temps après, les gens de la caravane firent leurs préparatifs de départ. Avant de s'éloigner, le chef, un Rajah qui se rendait à Jubbulpore, envoya un de ses officiers présenter ses compliments à Jacques; celui-ci lui renvoya les siens par le porteur de son message, car il n'avait plus son cavalier, qui lui avait demandé à aller se reposer au prochain village.

A peine le Rajah eut-il disparu, qu'un homme misérablement vêtu à l'européenne traversa la route et vint examiner l'endroit qu'avaient occupé les indigènes. Tout en paraissant se livrer à la recherche de quelque objet perdu, sans doute, il jetait à la dérobée des regards du côté du bungalow et semblait examiner Jacques attentivement. Il s'en retourna ensuite, non sans tourner fréquemment la tête. Ses allures parurent suspectes à Jacques, et il alla recommander à Abdhul de veiller sur les bagages. Il avait été prévenu par M. F*** de se tenir sur ses gardes s'il rencontrait de ces vagabonds européens.

Il revenait de donner ses instructions à Abdhul, lorsqu'il vit l'Européen qui, se croyant caché par la haie de clôture, observait ce qui se passait dans la cour. Il n'eut, dès lors, aucun doute sur les intentions de ce curieux. Était-il seul? avait-il des camarades? c'était ce qu'il allait probablement savoir bientôt. En attendant, Abdhul lui apporta son déjeuner; Jacques fit mettre sa table en face de la porte d'entrée et eut soin de placer son revolver sur une chaise à côté de lui.

Il était certain qu'il allait avoir à se défendre. Cet homme savait qu'il n'avait qu'un domestique, et Abdhul n'avait pas l'air belliqueux, surtout depuis que Jacques lui avait dit d'être sur ses gardes. Ses dispositions prises, il se mit en devoir de déjeuner. Il avait à peine commencé, que l'Européen s'avança vers le bungalow d'un pas délibéré. Il faisait tourner dans sa main droite un gros bâton très-court, semblable à ceux que portent les policemen en Angleterre. C'est une arme sérieuse entre les mains d'un homme vigoureux. Il s'arrêta à la dernière marche de la vérandah, sans que Jacques eût bougé de sa place. Il ôta sa casquette et lui dit fort poliment en anglais :

— Je suis un pauvre ouvrier allemand, monsieur; je vais à Nagpore, je n'ai pas mangé depuis hier, et je mourrai de faim si je ne suis pas secouru. Voulez-vous être assez bon pour m'assister?

— Volontiers, lui répondit Jacques, et il lui fit remettre par Abdhul du pain, de la viande, du fromage et une bouteille de vin aux deux tiers pleine.

— Si vous vouliez, continua-t-il, ajouter un peu d'argent, j'ai avec moi un ami malade, et ce serait une grande charité que vous nous feriez.

Cela pouvait être vrai. Jacques tira de sa poche deux roupies qu'Abdhul alla lui donner.

À ce moment, notre ami vit un autre Européen venir au bungalow d'un pas fort leste et qui n'indiquait pas qu'il fût bien malade.

Lorsqu'il eut rejoint son camarade, celui-ci apostropha Jacques grossièrement :

— Vous moquez-vous de moi avec vos deux roupies ? que voulez-vous que nous fassions de cela jusqu'à Nagpore ? Croyez-vous que nous sommes des mendiants dont on se débarrasse par une aumône ?

A ces mots, dits sur un ton très-élevé, ils passèrent la dernière marche de la vérandah pour entrer dans la chambre.

— Si vous bougez, je fais feu, dit Jacques en saisissant son revolver et en les ajustant. L'arme était d'assez fort calibre pour les faire réfléchir.

Ils s'arrêtèrent net avant d'être à la porte.

— Monsieur, monsieur, s'écrièrent-ils, vous vous trompez, nous sommes de braves gens, deux pauvres ouvriers ; vous vous trompez, monsieur.

— Vous êtes deux coquins, et si vous ne voulez pas que je me débarrasse de vous immédiatement en vous mettant hors d'état de nuire, allez vous asseoir sous l'arbre là-bas jusqu'à ce que je vous fasse signe de partir. Au premier mouvement, je tire sur vous comme sur des chacals.

Et il jeta un coup d'œil du côté de son rifle et de son fusil.

Aussi ne soufflèrent-ils pas mot. Sur l'ordre que leur en donna Jacques, ils laissèrent tomber leurs bâtons et allèrent se mettre sous le manguier.

De la façon dont il était placé à table, celui-ci ne perdait pas un seul de leurs mouvements. Il ne voulait pas les laisser s'éloigner jusqu'à ce qu'il eût pris une décision à leur égard.

Au moment où il avait levé son revolver, Abdhul effrayé s'était jeté contre la muraille ; mais aussitôt qu'il vit les deux hommes loin de lui et assis piteusement à la place qui leur avait été indiquée, il se livra à un rire immodéré.

— Ah ! ah ! dit-il, les brigands, ils sont bien attrapés ; ah ! ah !

ils se croyaient les maîtres, mais ils ont été bien effrayés en face
d'un seigneur comme vous et d'un serviteur comme moi. Les musulmans ne sont pas des poltrons, ce sont des braves ! Couchez-
vous, chiens, cria-t-il aux deux hommes ; ah ! ah ! maître, je vais
les mettre en joue et leur montrer que je puis les tuer.

— Allons, tiens-toi tranquille et donne-moi mon déjeuner.
Mais ton fusil où est-il ?

— Mon fusil ? dans la cuisine.

— Comment, malheureux ! tu m'as exposé à être assassiné par
derrière, si aussi bien l'autre malfaiteur avait eu l'idée d'entrer du
côté de la cuisine. Va chercher ton fusil bien vite.

La bravoure d'Abdhul s'évanouit.

— Croyez-vous qu'il en vienne un autre ? demanda-t-il.

Jacques le regarda de telle façon qu'il s'en alla immédiatement
et revint son fusil sous le bras et un plat entre les mains.

Lorsque les deux ouvriers virent Jacques continuer son déjeuner, ils commencèrent le leur avec les provisions qui leur avaient
été données et qui étaient amplement suffisantes pour eux deux.
Après quoi, ils s'étendirent sur le sol et parurent s'endormir.

Jacques était assez embarrassé : d'un côté, il ne pouvait pas se
constituer le gardien de ces deux hommes jusqu'à l'arrivée de son
frère ; d'un autre côté, s'il les laissait aller, c'était leur permettre de
recommencer à mal faire. Il fit appeler le gardien du bungalow.

— Est-ce la première fois que ces hommes viennent ici ? lui
demanda-t-il.

— Oui, saheb, mais ce sont de mauvaises gens.

— Les connais-tu ?

— Non, mais tous ces gens-là sont de mauvaises gens, ce sont
des chacals méchants. Ils battent et volent les pauvres paysans
dans les villages où il n'y a pas de police. Les hyènes et les chacals
sont moins dangereux.

Jacques, qui avait pu juger de l'audace de ces hommes, comprit

la terreur qu'ils devaient inspirer aux indigènes ; ayant lui-même
à les faire punir, il dit au gardien d'aller au village et d'envoyer son
cavalier avec de la police. Il se chargeait de les garder en attendant.
Le gardien, qui craignait probablement pour lui puisqu'il était seul
au bungalo, partit avec empressement pour exécuter l'ordre de
Jacques.

Les deux vagabonds qui feignaient de dormir avaient bien vu
par les regards du gardien qu'il était question d'eux entre lui et
Jacques et, lorsqu'il prit le chemin du village, ils soupçonnèrent ce
dont il s'agissait.

— Avez-vous vu, Bob, que cet animal noir n'a cessé de regarder
de notre côté pendant qu'il parlait, dit l'un des deux hommes à
voix basse et sans faire un mouvement.

— Je l'ai vu, Tom.

— Et que pensez-vous qu'il aille faire au village, nous chercher
de quoi boire frais ?

— Je ne le crois pas, Bob.

— Il y a de la police là-dessous.

— Vous êtes toujours un homme perspicace, Bob.

— Avez-vous l'intention de l'attendre en vous reposant ici ?

— Cette supposition, Bob, ne fait pas honneur à votre intelligence. J'ai l'intention de partir, si je le puis, mais ce jeune devil
(diable) ne perd pas un seul de nos mouvements et me paraît disposé à tirer sur nous au premier mot qui ne lui plaira pas.

— Qui ne risque rien, n'a rien, Tom. Je ne veux pas causer avec
la police, tirons-nous de là ; chacun pour soi, et si nous avons de
la chance, nous nous retrouverons aussitôt que possible à notre
petit abri.

— C'est entendu, Bob ; mais si ce jeune gaillard a envoyé chercher la police, je ne le tiens pas quitte, je me vengerai.

— J'ai la même idée, Bob. Je suis fâché que nous ne lui ayons pas
présenté nos devoirs sur la route quand il était dans son chariot.

— C'est à refaire, Tom.

Pendant ce colloque les deux hommes n'avaient pas bougé; Jacques, sans les perdre de vue, attendait patiemment la police lorsque, tout d'un coup, ils se levèrent avec une vivacité à laquelle il était loin de s'attendre et se mirent à courir chacun de leur côté vers le fourré.

Il prit son rifle, mais il ne put se décider à tirer.

Le bruit du galop d'un cheval retentit sur la route; c'était le cavalier qui avait vu les hommes s'élancer dans le bois, mais le bois était trop serré pour qu'il pût les poursuivre à cheval. Trois soldats de police à pied parurent bientôt et s'y engagèrent. Ils revinrent seuls une heure après. Leur poursuite avait été vaine.

Une crainte traversa de suite l'esprit de Jacques, c'est que ces deux hommes pouvaient attaquer son frère qui n'avait avec lui que Pédro, sur qui il était impossible de compter si le cavalier avait demandé à s'éloigner, ainsi que le sien l'avait fait. Quant à La Chance, il était trop faible pour être d'aucun secours.

Il expliqua alors au cavalier ce qui s'était passé, et il lui donna l'ordre de retourner près de son frère aussi vite que possible.

Puis il reprit lui-même, avec son chariot, la route de Chuppara.

LE GRAND TAUREAU DE LA PAGODE DE TANDJAOUR.

LES GONDS.

CHAPITRE XVI

Une méprise désagréable. — Les Gonds. — Les Sutties. — Le grand taureau de
la pagode de Tandjaour. — Une famille de Banians. — Le poste de police. —
Nuit agitée. — Bob et Tom.

Jacques fit presser l'allure des bullocks et son inquiétude ne
cessa que lorsqu'il eut la certitude d'avoir dépassé les vagabonds.

L'homme de police devait arriver bientôt au bungalow de Chuppara et prévenir son frère qui se tiendrait alors sur ses gardes. Il fit
donc arrêter son chariot et se décida à attendre André sur la route
afin de ne pas fatiguer inutilement ses bêtes. Accablé par la chaleur et la fatigue, car il n'avait pas dormi la nuit précédente, il ne
put résister au sommeil et il s'endormit profondément dans son
chariot. Ceux qui ont voyagé dans l'Inde savent combien il est difficile de résister au sommeil dans les dispositions où se trouvait
notre ami. Il dormait depuis une demi-heure, lorsque de grands
cris poussés par Abdhul, et des secousses violentes imprimées à son
chariot l'éveillèrent.

Par les ouvertures servant de croisées, il vit une troupe d'indigènes qui entouraient le chariot, en criant et en gesticulant. L'un d'entre eux même ouvrit vivement la porte de la voiture et sauta sur le marchepied comme pour s'élancer sur Jacques.

En quittant Doomah, il avait placé son révolver à côté de lui. Il le saisit vivement, et sans avoir eu le temps de réfléchir, se croyant attaqué, il fit feu. Mais le coup mal dirigé n'atteignit pas l'indigène qui se sauva vers ses camarades.

Jacques sauta alors en bas de son chariot et se trouva en face d'une douzaine d'Hindous qui le considéraient d'un air menaçant. Derrière eux étaient d'autres indigènes, conducteurs de chameaux, sans doute, car il y avait sur la route une vingtaine de ces animaux. Abdhul vint se mettre à côté de lui avec son fusil à la main, mais il le tenait d'une telle façon qu'il paraissait vouloir l'offrir à celui qui voudrait bien l'en débarrasser. Il tremblait et pouvait à peine parler.

Décidément Abdhul n'était pas un brave.

— Que s'est-il passé, qu'y a-t-il? lui demanda Jacques.

— Il n'y a pas de ma faute, Saheb, pas du tout de ma faute. J'étais tranquillement assis sur le chariot, lorsque ces conducteurs de chameaux sont arrivés derrière moi. Voyez, Saheb, comme ils ont l'air féroce. L'un d'eux est venu me parler dans une langue que je n'ai pas comprise. Je n'ai pas pu lui répondre. Il s'est alors mis en colère et a dit aux autres, des choses qui les ont mis en colère aussi, car ils sont tous venus sur moi en criant et en me menaçant. Tout d'un coup un de ces hommes s'approcha de vos bullocks et voulut les pousser du côté de ce grand fossé où votre chariot se serait brisé. Le conducteur et moi nous nous y sommes opposés, mais pendant ce temps tous ces gens se mirent à crier après moi comme pour me manger. C'est alors que vous êtes descendu du gharrhy (1).

— Mais enfin, que veulent ces gens ?

— Je n'en sais rien.

____

(1) Voiture en hindoustani.

Les Hindous qui comprenaient qu'Abdhul donnait des explications à son maître, en avaient attendu la fin, mais aussitôt qu'il eut cessé de parler, ils recommencèrent à gesticuler et à parler bruyamment. Soit par crainte du révolver, soit par suite de l'influence qu'un Européen exerce toujours sur les indigènes, ils n'osaient se livrer à des voies de fait, mais ils étaient bien près de le faire, lorsque les deux cavaliers de police arrivèrent au galop et les firent reculer.

Tous, selon la coutume, commencèrent à parler à la fois. Les soldats de police donnèrent l'ordre à l'un d'eux de s'avancer et le questionnèrent.

Il résulta de ses réponses qu'ils supposaient Jacques coupable d'avoir frappé un vieillard qu'ils avaient trouvé évanoui près de la route. Il avait été tellement maltraité qu'ils le croyaient mort. Tout ce qu'ils avaient pu tirer de lui, c'est qu'il avait été mis dans cet état par un Européen. Pendant que deux des leurs reconduisaient le vieillard au village, ils avaient poursuivi leur route, lorsque arrivés à l'endroit où était le chariot, ils avaient trouvé Jacques endormi. Persuadés qu'il était le coupable, ils avaient voulu ramener le chariot au village et remettre Jacques aux mains de la police.

Après qu'Abdhul eut donné ces explications à son maître, celui-ci comprit ce qui avait pu donner lieu à cette méprise. L'un des vagabonds devait être l'auteur de cette mauvaise action qui avait pour but, sans nul doute, de dévaliser le pauvre homme. Toujours par l'entremise d'Abdhul, il fit part de ses soupçons aux soldats qui pensèrent comme lui que l'homme blanc désigné par le vieillard devait être un de ces misérables. Lorsque les indigènes comprirent la méprise qu'ils avaient faite, ils parurent très-effrayés et ils vinrent faire les salams les plus humbles à Jacques qui les rassura, puis ils se remirent en route, paraissant assez satisfaits que l'affaire se terminât ainsi.

Les soldats expliquèrent à Abdhul que le coup de revolver les avait fait venir.

Abdhul cependant avait été frappé de la physionomie sauvage des indigènes qui étaient avec les chameliers. Le soldat lui répondit que ces hommes étaient des Gonds.

Les Gonds, habitants primitifs du pays, sont, en effet, encore aujourd'hui, restés à l'état presque sauvage. Ils habitent des jungles

SOLDAT DE POLICE.

épaisses d'où ils ne sortent que rarement. Tout dernièrement ils faisaient des sacrifices humains et, malgré la vigilance des autorités anglaises, il n'est pas certain que cette coutume ait complétement disparu. Leurs victimes étaient des malheureux que des pourvoyeurs achetaient ou volaient dans les districts environnants et qu'ils leur livraient pour leurs sacrifices. Ces indigènes sont tout à fait noirs de peau et leurs traits sont durs et féroces.

Parmi les services rendus dans l'Inde par les Anglais à la cause de l'humanité, il faut citer l'abolition des sutties. Les veuves n'ont plus le droit de se brûler.

L'administration anglaise ne peut pas les veiller assez, pour les empêcher d'attenter à leurs jours lorsqu'elles ne peuvent pas surmonter leur douleur, mais il n'y a pas d'exemple que la chose soit arrivée.

Voici d'après un journal anglais la relation d'une des dernières cérémonies de ce genre qui eut lieu dans un des districts de la côte de Malabar :

Un riche Hindou étant mort, sa femme, qui était encore jeune, prit la résolution de se brûler sur le bûcher qui devait consumer les restes de son mari. La nouvelle s'en répandit bientôt et une foule immense vint pour assister à la cérémonie.

Le corps du défunt recouvert de riches habits était porté sur un cadre orné de fleurs. La femme suivait dans un somptueux palanquin.

Elle était vêtue d'habits élégants et portait aussi tous ses plus beaux bijoux. La foule l'acclamait sur son passage et lui montrait combien on admirait sa conduite : les femmes la suivaient en lui souhaitant toute sorte de bonheur dans la vie future. Elle répondait du mieux qu'elle pouvait, car chacune voulait un mot d'elle. A l'une, elle dit qu'elle jouirait encore pendant longtemps du bonheur sur la terre, à une autre elle prédit qu'elle arriverait bientôt à de grands honneurs. Elle tâcha de les satisfaire de son mieux et toutes celles à qui elle avait fait quelque prédiction se retiraient avec la ferme conviction qu'elle se réaliserait. Elle leur distribua des feuilles de bétel qu'elles reçurent comme devant exercer une influence heureuse sur leur destinée.

Pendant la procession, qui fut très-longue, la jeune femme parut tranquille et même gaie, mais elle changea lorsqu'on aperçut le bûcher. Elle ne fit plus attention à ce qui se passait autour d'elle. Ses regards se fixèrent sur le bûcher ; elle pâlit, commença à trembler et parut prête à s'évanouir.

Les brahmanes qui présidaient à la cérémonie s'aperçurent de son état et cherchèrent à ranimer son courage, mais elle ne paraissait pas entendre ce qu'ils disaient et ne répondait pas un mot.

Ils la firent descendre du palanquin et la remirent aux soins de ses parents qui la conduisirent à une petite pièce d'eau où elle fit ses purifications. Ils la menèrent ensuite près du bûcher où le cadavre de son mari était déjà étendu.

Il était entouré par les brahmanes qui tenaient chacun une torche et une coupe pleine de beurre fondu pour alimenter le feu aussitôt que la pauvre victime serait placée sur le bûcher.

Les parents armés de mousquets, de sabres et d'autres armes étaient rangés tout autour sur une double ligne afin de l'empêcher de se sauver si l'envie lui en prenait ou pour effrayer ceux qui auraient pitié d'elle et chercheraient à la sauver.

Enfin, le temps de mettre le feu étant arrivé, on retira à la jeune veuve tous ses bijoux, et, soutenue par deux de ses plus proches parents, on lui ordonna de faire trois fois le tour du bûcher.

Elle fit le premier en défaillant et, au second, elle tomba sans connaissance dans les bras de ceux qui la soutenaient. Ils furent obligés de la porter pour lui faire faire le troisième tour ; puis, avant qu'elle fût revenue à elle, ils la placèrent à côté du corps de son mari. La foule alors fit éclater des cris de joie, tandis que les brahmanes versaient le beurre fondu sur le bois sec et y mettaient le feu. Immédiatement tout le bûcher fut en flammes.

Chacun alors appela la pauvre femme afin de lui dire un éternel adieu, mais, aussi insensible que le cadavre auprès duquel elle était couchée, elle ne répondit pas. Elle avait été étouffée de suite par la fumée.

Souvent à ce moment, la victime cherchait à s'élancer hors des flammes, mais les assistants l'y rejetaient sans pitié. Jamais maintenant ces odieuses pratiques ne se renouvelleront dans l'Inde anglaise ; mais si les Anglais se sont attachés à faire disparaître ces coutumes barbares, ils ont scrupuleusement respecté les différents usages des brahmanes, et, dans certaines circonstances, leurs cérémonies sont très-singulières.

Voici entre autres ce qui se passe aux derniers moments d'un brahmane. Lorsqu'on est certain qu'il n'a plus que très-peu de temps à vivre, on prépare avec de la terre une couche sur laquelle on étend de la bouse de vache, que l'on recouvre d'une étoffe qui n'a jamais servi. Le mourant y est étendu et l'on commence alors la cérémonie de l'expiation. Pendant qu'il récite des prières ou qu'il les dit en lui-même s'il ne peut parler, on amène une vache, ses cornes sont ornées d'anneaux en or ou en métal brillant et son cou de guirlandes de fleurs; sur son dos, est une pièce d'étoffe neuve. On conduit l'animal près du malade qui lui prend la queue. Les assistants font alors des prières pour que cette vache conduise son âme dans l'autre monde par une route fleurie, et si leur confrère a le bonheur de rendre le dernier soupir sans avoir lâché la queue de la bête, ils croient que son bonheur est assuré pour l'éternité.

Avant de mourir, il a fait don de la vache à un brahmane.

Ce présent est indispensable pour qu'il puisse traverser le fleuve de feu que chacun trouve sur sa route après sa mort.

Les pèlerinages sont aussi une des coutumes que le temps n'a pas fait disparaître, et le grand Taureau de la pagode de Tandjaour (dans la présidence de Madras) reçoit continuellement les hommages d'une immense quantité de pèlerins. Cette idole est taillée dans un énorme bloc de porphyre dont la couleur n'est plus visible par suite de l'usage qui veut qu'en se retirant, chaque fidèle atteste sa visite par une marque faite sur une des raies sombres qui ornent la base du monument. Ces couches, mille fois répétées, d'huile de coco et la vétusté font disparaître le porphyre sous une couleur noire.

André arriva bientôt, très-inquiet du coup de feu qu'il avait entendu. Jacques, en retournant au bungalow de Doomah, lui raconta ce qui s'était passé et combien il avait craint que lui-même ne fût attaqué par les deux malfaiteurs.

La Chance allait beaucoup mieux ; il se sentait plus fort et voulut absolument renvoyer le palanquin pour continuer sa route dans le chariot. Jacques n'y consentit pas d'abord, mais les instances de La Chance furent si vives qu'on finit par céder.

— De quoi aurais-je eu l'air (c'était une idée fixe), d'arriver dans un palanquin comme un Hindou sans tempérament, moi, un ancien du 2ᵉ chasseurs. Vous ne le voudriez pas, monsieur Jacques. Tous ces Anglais se moqueraient de moi.

— Tu es fou, est-ce qu'ils ne voyagent pas eux-mêmes en palanquin.

— C'est possible, mais ceux que nous avons vus jusqu'à présent me paraissent des gaillards qui aiment mieux avoir un cheval entre les jambes que de s'allonger dans cette boîte-là. Et puis, faut-il vous l'avouer, il m'est pénible de me faire porter ainsi par des hommes. L'habitude m'en viendra peut-être à la longue, mais ce sera long, je le crois.

On renvoya donc le palanquin, et La Chance reprit possession de son chariot.

A mesure que nos voyageurs avançaient, les indigènes devenaient plus nombreux. Ils se rendaient aussi à Jubbulpore, les uns à pied, les autres à cheval ou en chariot. Leurs costumes aux couleurs éclatantes, violet, jaune, rouge, qui s'harmonisent si bien avec les tons chauds du ciel, formaient un spectacle aussi original que varié. On ne peut s'empêcher de remarquer combien toutes ces couleurs qui choqueraient l'œil dans notre pays sont heureusement choisies par les Hindous. Si l'on ne savait que dans ce choix ils suivent simplement des usages établis depuis longtemps, on serait tenté de croire que le goût artistique est très-développé chez eux.

Les bullocks donnés à Doomah marchaient très-lentement. On mit plus de deux heures et demie pour faire à peine six milles (8 kilomètres). Jacques pensa que si ceux qui les attendaient aux autres relais ne devaient pas être plus vifs, il était certain qu'ils n'arriveraient pas le lendemain de bonne heure à la Nerbuddha.

A la première station, il usa du prestige que devait lui donner ses deux cavaliers, pour se plaindre de la façon dont il était traité. On lui fit beaucoup de salams et on l'assura qu'il allait être satisfait. A entendre les palefreniers, les nouveaux bullocks allaient faire promptement rattraper le temps perdu. Illusion ! les siens s'arrêtèrent après dix minutes de marche, ceux d'André refusèrent de marcher et celui de droite de l'attelage de La Chance se coucha sur la route. Ceux de Jacques étant les meilleurs, il se mit à la tête de la caravane. Ce fut sans succès, ses bullocks marchaient du même pas que s'ils eussent eu à transporter des marchandises précieuses. — On avait à gravir une colline, Jacques et André essayèrent de le faire à pied, mais à cause de la chaleur torride dont rien ne les garantissait, ils durent y renoncer. Remontant dans leurs chariots, ils prirent la résolution d'être patients. Pour cela ils n'avaient rien de mieux à faire qu'à s'occuper de ce qui se passait autour d'eux.

L'attention de Jacques s'arrêta sur un chariot qui suivait le sien, et où était entassée toute une famille hindoue de la caste des banians. Sur le devant du véhicule, peint en bleu clair, et recouvert d'une petite tente en toile blanche, était assise une jeune femme richement habillée qui paraissait absorbée dans la contemplation du paysage. Malgré son teint bistré, elle était vraiment jolie. Elle avait les traits fins, et ses grands yeux noirs pétillaient de vivacité et d'intelligence. Le seul reproche à lui faire, reproche fort grave assurément, était la vilaine couleur de ses dents noircies par l'usage du bétel. Elle portait une veste en satin bleu, et une jupe en soie jaune lui entourait la taille et descendait jusqu'à ses pieds qu'elle avait, comme toutes les femmes hindoues, d'une petitesse et d'une délicatesse merveilleuses. Elle paraissait avoir seize ou dix-sept ans, et était mariée sans doute à un homme assez âgé, coiffé du turban à corne des banians, qui marchait péniblement à côté de l'attelage.

Il devait être riche, car le col, ainsi que le nez, les oreilles, les bras, les mains, les jambes et les pieds de la jeune femme étaient chargés de bijoux d'un grand prix. Les indigènes ne portent jamais de bijoux faux, tous ceux qu'ils possèdent et où la façon entre pour peu de chose, représentent la valeur intrinsèque du métal.

Ils ont l'habitude d'avoir ainsi sur eux leur fortune en bijoux ou en pierres fines.

En considérant cette jolie créature, Jacques se rappelait les préjugés du pays; il regrettait qu'ils assignassent dans la société une place aussi infime à la femme hindoue et il pensait aux résultats heureux qu'une éducation bien dirigée pourrait obtenir de natures qui paraissent si fines et si aimables. Mais il s'aperçut bientôt qu'il y aurait fort à faire. La jeune femme avait commencé une légère collation. — Sa servante lui passa une boîte qui paraissait contenir des confitures. Elle mangeait avec ses doigts. On lui donna ensuite un petit vase en cuivre poli dont elle but le contenu sans le toucher avec les lèvres (c'est encore la coutume), mais elle promena bruyamment de l'eau dans sa bouche, et la rejeta encore plus bruyamment. — Elle s'enveloppa ensuite dans son voile et se disposa à dormir.

Faut-il ajouter que préalablement elle se moucha dans ses doigts?

Vers une heure du matin, pendant que l'on changeait de bullocks, Jacques s'informa de la distance où l'on était de la Nerbuddha et il fut agréablement surpris d'apprendre qu'il ne restait tout au plus que trois heures. Puisqu'il n'avait rendez-vous avec M. Campbell que vers sept heures, il pensa pouvoir faire une halte.

Vingt minutes après, on s'arrêta à la porte d'un bungalow que le conducteur dit être un bungalow de voyageurs. On allait descendre de voiture lorsque Abdhul revint dire que l'on se trompait et qu'au lieu d'un bungalow de voyageurs, celui-ci était un poste de police. Mais La Chance était fatigué, Jacques voulut qu'il se reposât, ne fût-ce qu'une heure, et il demanda si l'on ne pouvait pas lui donner l'hospitalité.

André et lui devaient rester dans leurs chariots. Mais Abdhul, qui n'avait en tête que les brigands, ne se montrait pas pressé de transmettre cette demande. Il n'était pas certain, disait-il, d'avoir affaire à des soldats. Il voyait bien des sabres et des fusils, mais comme il était nuit et que les hommes n'avaient pas de rondes d'état-major à attendre, leur tenue n'était pas des plus correctes.

Le chef, ou du moins celui qui paraissait tel, ayant offert sa chambre Jacques l'accepta avec plaisir pour La Chance, et, sans tenir compte des observations de celui-ci, il fit étendre sa couverture sur un cadre que l'on apporta et le força à s'y reposer. Quelques instants après des ronflements résonnèrent dans le corps de garde. Le pauvre La Chance ne dormit pas longtemps. Une demi-heure après, il s'éveilla en proie à des démangeaisons affreuses. Il se rendit bientôt compte de quelle espèce étaient les animaux qui troublaient son sommeil, c'étaient les congénères de ceux dont il avait déjà éprouvé la voracité à l'hôpital des animaux et au théâtre hindou à Poonah.

— Il paraît que les peaux blanches ont un fameux succès ici, dit La Chance; je suis certain que j'ai sur moi toutes les puces du poste.

Il alla demander à Jacques de la poudre de camphre, en saupoudra largement son lit, se recoucha et se rendormit en homme qui veut rattraper le temps perdu.

Mais, cette fois encore, ce ne fut pas pour longtemps. Des éclats de voix qui se firent entendre dans sa chambre même le tirèrent de son sommeil. A la lueur de la lanterne de voyage qu'il avait conservée allumée, il vit en face de lui un homme assis sur le plancher. Il avait l'air fort animé, gesticulait en tenant une carabine à la main et regardait fixement La Chance en l'interpellant. Celui-ci se demandait si ce n'était pas quelque fakir, quelque fanatique que les soldats n'avaient pas osé éloigner.

— Eh, mon bonhomme, dit-il, ce n'est pas ta place ici. Fais-moi donc le plaisir d'aller voir dehors si j'y suis, comme on disait quand j'étais petit.

L'homme le regarda, et ne bougea pas; mais il recommença à parler de nouveau très-haut, toujours la carabine à la main.

— Tu m'ennuies à la fin, toi et ta carabine; est-ce que tu crois me faire peur? C'est assez bête. Qu'est-ce que c'est que cet enragé-là? Et, se levant vivement, il alla droit à lui. L'homme le regarda, mais ne se leva pas. La Chance approcha la lanterne de son visage, il ne sourcilla pas, il était en état de somnambulisme complet.

— Pauvre homme, dit La Chance, il dort, c'est un somnambule, il ne faut pas le réveiller, il éprouverait une trop forte impression en se trouvant dans cette chambre avec moi.

Et le bon La Chance sortit pour respirer un autre air que celui du corps de garde, et laisser le somnambule à ses discours. — C'était un des soldats.

Les hommes du poste, enveloppés dans leurs couvertures et étendus les uns à côté des autres sur le sol de la vérandah, dormaient à qui mieux mieux. La nuit était si belle que sans la crainte des serpents, il aurait fait une promenade, mais il était inutile de s'exposer à une dangereuse rencontre. Il alla finir dans son chariot le somme qui avait été si malencontreusement interrompu deux fois.

Pendant que l'on reposait au poste de police, deux hommes suivaient à pied la route qui conduit à la Nerbuddha. C'étaient les deux vagabonds européens qui avaient attaqué Jacques dans la journée.

— Arrêtons-nous un peu, Bob, je commence à me sentir fatigué, pourquoi aller si vite ? nous ne sommes pas en retard, notre ami ne nous attend qu'une heure avant le jour.

— Il vaut toujours mieux être en avance, Tom, c'est plus poli, n'est-ce pas votre opinion ?

— Vous avez peut-être raison, Bob, vous devez avoir raison, car vous avez l'habitude du monde, mais il n'y a pas de motif pour courir de cette façon.

— A vous dire vrai, je ne me trouve pas trop à mon aise sur cette route. Il y passe beaucoup de monde, beaucoup trop de monde. Je ne voudrais pas y être vu par notre ami le Français, ce jeune diable,

— Ne croyez-vous pas que ce soit une imprudence, Bob, de faire ce voyage de Jubbulpore ?

— Je ne connais pas de gentleman plus timide que vous, Tom, et qui aime moins le monde. Y a-t-il rien de plus naturel que d'aller visiter une exposition qui promet d'être aussi intéressante. Vous vous intéressez, j'imagine, aux progrès des arts et de l'industrie ?

— Certainement, Bob, certainement, l'industrie, surtout, m'a toujours beaucoup intéressé.

— Eh bien, Tom, vous avez toutes sortes de raisons pour aller à Jubbulpore, des raisons solides.

— On dit que tous les joailliers et tous les bijoutiers de Calcutta ont fait des envois magnifiques.

— Je l'ai entendu dire et il est très-présumable que c'est vrai. Ce sera une des parties les plus intéressantes de l'Exposition.

— J'espère, Bob, que vous n'avez pas oublié les indications de notre ami, ajouta Tom après avoir marché encore quelque temps.

— Fiez-vous à moi, Tom, lorsque nous serons à la Nerbuddha, je vous mènerai aussi sûrement au rendez-vous que si j'y étais allé vingt fois.

— Il nous faudra veiller nos Français, mais il faudra faire en sorte de ne pas nous trouver trop dans leur route.

— La première fois que nous nous trouverons dans le même

chemin, ce sera un malheur pour eux, dit Bob d'un air sinistre. Je me rappellerai Doomah aussi longtemps qu'ils vivront.

— Oh! voilà comme vous allez toujours à l'extrême pour satisfaire vos désirs de vengeance personnelle! Tâchez de vous corriger de ce défaut, Bob, et vous serez vraiment un gentleman accompli. Ces Français nous ont insulté, et je conviens que les choses ne peuvent pas en rester là, sans quoi vous ne seriez pas mon ami. Nous nous connaissons, nous ne restons pas sur une insulte, mais il ne faut pas oublier nos petits intérêts.

Ces deux hommes qui formaient ainsi de sinistres projets contre Jacques étaient bien capables de les mettre à exécution.

Bob était une de ces natures viciées qui, pour satisfaire leurs penchants pervers, ne reculent devant aucune mauvaise action, devant aucun crime. Son père, qui occupait un modeste emploi à Londres, fit donner à son fils une certaine éducation qui lui permit, lorsqu'il eut atteint l'âge de dix-sept ans, de le faire entrer dans une maison de banque. Bob était intelligent, il se fit remarquer du chef de sa maison, et à dix-neuf ans il avait des appointements de 80 livres (2,000 fr.) par an. Pour un garçon rangé, soutenu en outre par ses parents, c'était parfaitement suffisant, mais Bob avait de mauvaises connaissances qui lui donnaient l'exemple de la dissipation et l'entraînaient dans des dépenses au-dessus de celles que comportait sa position. Peu à peu, il négligea son travail, s'absenta fréquemment, ou arriva à son bureau tellement fatigué d'avoir passé la nuit au jeu qu'il lui était impossible de rien faire; son patron lui fit d'abord quelques remontrances amicales, Bob n'en tint pas compte. A la fin d'un mois, on le remercia. Jusques-là, il n'avait commis que des légèretés et il était encore temps pour lui de changer, mais c'est à quoi il ne songea pas un instant. Renvoyé d'une maison aussi honorable que celle dans laquelle il avait été employé, il ne lui fut pas possible de retrouver une autre place; sans argent pour continuer à pren-

dre part aux dissipations de ses camarades, il vola un jour à un des
amis de son père une somme assez importante et disparut. Son
père n'était pas riche, il prit cependant des arrangements pour
désintéresser son ami, après quoi il fit mettre dans le *Times* l'avis
suivant :

« — Mon cher Bob, l'ami W***, qui dans un premier moment de
« vivacité s'était fâché, a entendu raison. Je me suis arrangé avec lui
« et il ne te parlera de rien. Reviens auprès de ton père et de ta mère
« qui sont très-attristés de ton départ. »

Bob ne lut pas l'annonce du *Times*, par la bonne raison qu'il ne
lisait pas les journaux, mais il se présenta chez son père un jour
qu'il n'avait pas mangé depuis trente-six heures.

Quinze jours après, Bob volait à sa mère l'argent qui venait de
lui être remis pour les dépenses du mois.

Cette fois son père se fâcha, et Bob, voyant que la vie serait difficile pour lui dans la maison paternelle s'il ne voulait pas travailler, se demandait quel parti il devait prendre lorsque le hasard fit
qu'on lui offrit une petite place de commis comptable à bord d'un
navire marchand qui allait à Sierra Leone. A Sierra Leone, le capitaine, le maître et la moitié des matelots moururent de la fièvre. Le
second du navire prit le commandement; ce n'était pas un marin
consommé, mais c'était un ivrogne émérite. Il s'enfermait avec Bob
dans sa cabine et ils buvaient ensemble en parlant de la patrie et
des amis. C'était du moins le prétexte des toasts.

— Bob, disait le second, après avoir vidé une bonne partie de
la bouteille de rhum placée entre eux, je me réjouis tous les jours
de vous avoir à bord, car vous êtes un joyeux garçon, un vrai
Anglais, je bois à votre santé.

— Monsieur, répondait Bob, je vous remercie du toast que
vous avez bien voulu me porter, et je profite de cette occasion pour
vous assurer que dans l'infime position où des revers de fortune
m'ont jeté, c'est un grand bonheur pour moi de m'être trouvé avec

un gentleman aussi distingué que vous. Je bois donc, monsieur, à votre prospérité.

On buvait une autre rasade et le second reprenait :

— Aux amis, Bob, aux amis que nous avons laissés en Angleterre.

Et l'on vidait un autre verre de rhum.

Puis c'était au tour de Bob.

— J'ai l'honneur de vous proposer un toast en l'honneur de celle que vous avez choisie pour être votre compagne dans ce monde, à mistress Williams.

— Je vous remercie, Bob, je vous remercie sincèrement; c'est une bonne femme, cette pauvre Mary, quoiqu'elle aime un peu trop le gin, c'est une bonne femme.

On envoyait chercher une seconde bouteille et l'on continuait ainsi jusqu'à ce qu'enfin le second finît par dire :

— De par tous les diables, Bob, nous n'avons pas bu à la vieille Angleterre. Il se levait et, se tenant à la table :

— A la vieille Angleterre !

— A la vieille Angleterre ! répétait Bob.

— Hurrah ! — Hurrah ! — Trois fois hurrah pour la vieille Angleterre !

Et le second retombait le nez sur la table où il restait endormi.

Or, un soir que les toasts avaient été plus nombreux, Bob, qui s'était ménagé, prit dans la poche du second une clef qui ouvrait le coffre où était renfermé tout l'argent du navire, s'adjugea une somme assez considérable pour ses besoins personnels, referma le coffre avec soin, remit la clef dans la poche du mari de mistress Williams et alla se coucher tranquillement.

Mais si le second portait des toasts le soir, il faisait ses comptes le matin.

Le lendemain donc, en remettant au cuisinier l'argent pour le *bazar* (1), il constata un déficit considérable dans sa caisse. Certain d'avoir été volé, ses soupçons ne se portèrent pas tout d'abord sur Bob. Il entra dans une colère terrible, menaçant de faire pendre tous les hommes de son équipage. Mais le mousse qui avait vu Bob commettre son vol le dénonça. Le second voulait bien boire du rhum avec Bob, porter avec lui des toasts à la vieille Angleterre, mais il ne trouvait pas que ce fût une raison suffisante pour être volé. Il monta sur le pont pour faire arrêter Bob, mais lorsqu'il l'aperçut, il ne put contenir sa fureur et se précipita sur lui en disant :

— Misérable chien, le mousse t'a vu ! gueux, je vais te faire pendre.

Malheureusement pour le pauvre second, Bob était près d'un panneau ouvert ; lorsque celui-ci se jeta sur lui, il esquiva l'attaque et, en le repoussant, il prit si bien ses mesures qu'il le fit tomber par le panneau à fond de cale. Lorsqu'on alla le relever, le second avait le crâne brisé et ne donnait plus signe de vie.

Chacun des matelots étant occupé de son côté, personne n'avait entendu les paroles prononcées par le second lorsqu'il s'était jeté sur Bob, mais elles n'avaient pas été perdues pour celui-ci.

(1) Faire le *bazar*, aller acheter les provisions pour la journée.

La première chose qu'il fit fut de courir au mousse qui était dans la chambre et n'avait rien vu de ce qui s'était passé.

— Si tu tiens à ton cou, lui dit-il, ne répète pas ce que tu as dit au capitaine, sans quoi je t'étranglerai sans rémission.

Le pauvre enfant effrayé jura tout ce que Bob voulut.

— Fais bien attention, pas un mot, pas un geste, pas un regard, tu ne m'échapperais pas. Je te retrouverais au fond de la terre.

Il n'en fallait pas tant pour rendre le mousse muet.

La justice fit une enquête à l'arrivée du navire.

Bob dit que le second, probablement en état d'ivresse, s'était précipité sur lui comme un furieux, et qu'en repoussant cette agression dont il ignorait la cause, il l'avait malheureusement fait tomber dans la cale, ce qu'il regretterait toute sa vie, ajouta-t-il en se frottant les yeux.

Les matelots interrogés ne purent dire que ce qu'ils avaient vu, et ils n'avaient vu que ce que disait Bob. Le mousse seul aurait pu éclairer la justice, mais les menaces de Bob l'empêchèrent de le faire.

Comme il fut prouvé que le second, presque toujours ivre, était un brutal qui maltraitait les matelots, et que d'un autre côté Bob, au contraire, le seul homme de l'équipage envers lequel il s'était montré moins dur, n'avait aucune raison de lui en vouloir, les choses en restèrent là. Le coroner dressa un procès-verbal déclarant que la mort du second avait eu lieu par suite d'un accident.

Bob, ne voulant pas rester à bord d'un navire qui lui rappellerait toujours le malheur dont il avait été la cause involontaire, disait-il, se fit régler ses gages et s'embarqua à bord d'un navire portugais à destination de Bombay. Après avoir doublé le cap de Bonne-Espérance, le navire fit naufrage sur la côte d'Afrique.

Bob parvint à se sauver, en emportant ce qu'il appelait le fruit de ses économies. Il fut pris par les naturels et retenu dans une case jusqu'à ce que le roi décidât de son sort. Mais le roi était très-

malade et fut plusieurs jours s'en pouvoir s'occuper de son prisonnier. Il avait appris ces détails par un marchand du pays
qui baragouinait un peu l'anglais et avait été chargé de l'inter-
roger. Notre homme eut bientôt préparé son plan et, lorsqu'il fut
amené devant le roi, il déclara qu'il était médecin. Chargé par le
gouvernement anglais d'aller dans l'Inde étudier les maladies
épidémiques qui ravagent ce pays, il se rendait à Bombay lorsque
le naufrage du navire espagnol l'avait fait aborder dans les États
du roi. Il se plaignit vivement d'avoir été retenu prisonnier pendant plusieurs jours et prévint le roi que l'Angleterre lui demanderait un compte sévère des mauvais traitements que l'on faisait
subir à un sujet de la Reine.

Bob, on le voit, était un garçon d'expédients.

Son discours eut l'effet qu'il en attendait. Le pavillon anglais
est connu et redouté de tous les petits souverains de la côte orientale d'Afrique et celui-ci ne voulait pas se faire une mauvaise
affaire. Après en avoir conféré avec ses ministres, il assura Bob
qu'il pouvait compter sur tout son bon vouloir, et qu'il lui rendait

immédiatement la liberté. Il ajoutait qu'il se chargeait de pourvoir à ses besoins pendant tout le temps qu'il serait obligé de rester dans ses États.

Bob remercia en homme à qui les bons procédés sont dus, et il ajouta que, s'il pouvait pendant son séjour être agréable ou utile à Sa Majesté, il se faisait un plaisir de lui offrir ses services.

Sa Majesté enchantée répondit qu'elle acceptait cette offre avec reconnaissance et qu'elle aurait recours au grand savoir de Bob pour La guérir de la maladie dont Elle souffrait depuis longtemps.

— Bob se mit aux ordres du roi.

— Le savant anglais, ajouta le roi, peut rendre un grand service à mon peuple en étudiant les maladies qui règnent dans le pays; veut-il le faire?

— Bob assura qu'il consacrerait ses veilles à cette tâche.

— Mon ministre de l'Instruction publique, dit alors le roi, lui donnera toutes les informations qui pourront lui être utiles.

Le ministre de l'Instruction publique, grand et gros nègre dont le costume officiel était une ceinture de feuilles de palmier teintes en violet, s'avança et vint saluer le grand médecin.

Les différents ministres se firent à leur tour présenter à Bob qui fut ensuite conduit à une case de belle apparence avec tous les honneurs dus à un si haut personnage. Peu de temps après, des serviteurs de Sa Majesté lui apportaient en quantité des provisions de toutes sortes auxquelles il s'empressa de faire honneur.

Jusque-là tout allait bien, mais il fallait guérir le roi, et le roi paraissait bien malade.

Dans l'après-midi, il envoya chercher Bob qui le trouva couché sur une natte et incapable de faire un mouvement; la réception du matin l'avait fatigué. Après l'avoir examiné, lui avoir tâté le pouls et fait tirer la langue, Bob se retira en disant qu'il reviendrait bientôt avec un remède qui remettrait promptement Sa Majesté sur pied.

Rentré dans sa case, il tomba dans une perplexité extrême.

— De par tous les diables, si je sais quoi donner à ce vieux singe ! Quelle maladie peut-il bien avoir ? Je crois qu'il est tout bonnement fini, il n'y a plus d'huile dans la lampe, que pourrais-je bien inventer ?

Tout d'un coup, il fit un bond de plaisir.

—Voilà mon affaire, hurrah, hurrah ! trois fois hurrah pour le grand Bob !

Les Espagnols aiment beaucoup le punch aux œufs, et Bob, à bord du San-Domingo, avait appris à le faire. Quelques bouteilles de rhum qui se trouvaient parmi les provisions apportées le matin le lui rappelèrent.

Il fit allumer du feu et demanda deux vases pour faire chauffer sa médecine, donnant ensuite l'ordre qu'on le laissât seul et qu'on n'approchât pas de la case à plus de dix pas ; il versa une bouteille de rhum dans un des vases qu'il mit sur le feu et battit dans l'autre une demi-douzaine d'œufs auxquels il ajouta du sucre et du citron. Lorsque son rhum fut bien chaud, il le versa sur les œufs, le punch était fait. On voit d'ailleurs que cette boisson n'avait rien de malfaisant. Bob appela alors les serviteurs restés en dehors et se rendit chez le roi dont la case était près de la sienne.

Les membres de la famille royale, les ministres et les grands dignitaires de l'État étaient assemblés dans la chambre du roi, mais Bob demanda à être seul avec Sa Majesté. Il emplit un gobelet de punch et le lui offrit. Le roi hésitant regarda Bob, celui-ci but le punch et emplit le gobelet de nouveau. Le roi but à son tour. La médecine lui parut bonne. Il en but un autre gobelet, Bob en fit autant. Lorsqu'il ne resta plus de punch, le roi se sentit beaucoup mieux. On fit entrer les ministres qui furent bien étonnés de voir leur roi debout, s'appuyant sur le bras du grand médecin. Le lendemain, on recommença avec autant de succès.

La réputation de Bob s'établit de telle sorte que les ministres, les grands dignitaires, les gens du peuple, hommes, femmes, enfants, venaient le consulter. Il faisait boire du punch aux œufs à tout le monde, et tout le monde s'en allait gai et content. Mais, comme on le pense bien, personne ne guérit. Le roi lui-même ne se rétablissait pas. L'effet de la médecine n'était que passager ; et enfin un soir qu'il y avait conseil des ministres, il but une telle quantité de punch aux œufs pour se donner des forces, qu'il mourut dans la nuit. Bob fut effrayé du résultat des soins qu'il avait donnés à Sa Majesté, et il craignit qu'il n'eût des suites fâcheuses pour lui. Mais il paraît que la mort du souverain ne porta pas un grand préjudice aux affaires de l'État, car Bob ne fut pas inquiété. Cependant personne ne vint plus le consulter. Quelque temps après le nouveau roi lui annonça qu'un navire arabe de Zanzibar, à destination de Bombay, venait d'arriver pour prendre un chargement de dents d'éléphants, et qu'il le laisserait poursuivre sa route à bord de ce navire s'il le désirait. Celui-ci accepta avec empressement, et quelques jours après il s'embarqua pour aller remplir la mission du gouvernement anglais dans l'Inde. — Ces détails furent racontés plus tard par Tom, qui les tenait de lui.

Arrivé à Bombay après une longue et pénible traversée, Bob voulut se créer une position, mais, avant d'y être parvenu, il dépensa son argent et finit par entrer comme tonnelier chez un Parsi qui faisait le commerce des vins. Un mois après, il le vola, passa en jugement et fut condamné à casser les pierres pendant un an sur les routes de la Présidence de Bombay. Lorsqu'il eut fini sa peine, dénué de ressources et sans espoir de gagner sa vie dans une ville où il avait été condamné, il partit pour Scindie afin de demander à être employé dans les travaux du chemin de fer. Là, il fit la connaissance de Tom, déserteur d'un navire anglais et qui se trouvait dans une position semblable à la sienne.

Au lieu de chercher du travail, ils résolurent de se rendre à Calcutta en vivant sur la route comme ils pourraient.

LES ABLUTIONS DANS LA NERBUDDHA.

LES JONGLEURS.

CHAPITRE XVII

La déesse de la destruction Kali. — Superstition. — Une noix de coco intelligente. — Pradjapati, type symbolique de la création brahmanique. — Prakriti, type de la triple faculté divine. — Les bords de la Nerbuddha. — Arrivée à Jubbulpore. — Le camp du commissaire en chef. — Une lettre de La Chance sur l'Inde. — Promenade dans Jubbulpore. — Ouverture de l'Exposition.

Tom, de son côté, s'était lié avec un Hindou appartenant à une bande de voleurs formée en vue d'exploiter l'Exposition de Jubbulpore. Il fut convenu que l'on partirait ensemble. Bob, Tom et leur acolyte étaient dans les environs du bungalow où Jacques et André s'étaient arrêtés pour chasser les tigres; mais, n'osant rien entreprendre contre eux, ils avaient continué leur route jusqu'à Doomah où l'Hindou avait laissé Bob et Tom en leur surassignant, les bords de la Nerbuddha, un rendez-vous où ils devaient trouver de nouveaux complices pour les aider dans leurs entreprises à Jubbulpore.

Lorsqu'ils furent arrivés à la Nerbuddha, Tom se retourna, et, reprenant sa route, il compta cent pas. Il entra dans un petit sentier à sa droite. Après une heure de marche, dans une jungle épaisse, il fit arrêter Bob dans une clairière au milieu de laquelle se trouvait une pierre de forme étrange peinte en rouge. C'était une de ces pierres sacrées que l'on voit fréquemment sur les routes et dans les forêts de l'Inde.

— Par Kali, dit Tom, il était temps d'arriver, je n'aurais pas pu aller plus loin ; et, s'asseyant sur un tronc d'arbre, il tira de son sac quelques provisions qu'il partagea avec Bob.

— Depuis qu'il faisait partie d'une bande de voleurs, Tom, à leur exemple, faisait intervenir la déesse Kali dans ses affaires.

On dit que la déesse Kali était la femme du dieu Siva, et qu'ainsi que son mari, elle avait le pouvoir de la destruction. Son corps, qui est de couleur bleu foncé, a quatre bras. Dans une de ses mains, elle tient un glaive, et dans une autre une tête humaine. Sa chevelure en désordre tombe jusqu'à ses pieds. Ses traits féroces respirent la cruauté. Sa langue, qui sort de sa bouche et tombe jusqu'à son menton, est rouge de sang. Ses lèvres aussi sont couvertes d'une écume rouge. Deux cadavres pendent à ses oreilles, et une ceinture de mains sanglantes coupées à ses ennemis, entoure sa taille. Un collier, composé de crânes des géants qu'elle a tués, complète sa parure.

Cette déesse est regardée comme la plus cruelle de toutes les divinités hindoues. On lui offrait des sacrifices humains. Le sang des hommes lui était particulièrement agréable. Aujourd'hui, il faut qu'elle se contente de celui des animaux. On lui sacrifie généralement des chèvres.

La déesse Kali est la patronne des voleurs. Ils lui adressent des prières pour obtenir son aide dans leurs entreprises criminelles et lui demandent de bénir leurs armes.

Les trois dieux principaux des Hindous sont Brama, le créateur ; Wishnou, le dieu de la conversation, et Siva, le dieu de la destruction. On ne rend aucun culte à Brama, que l'on suppose toujours endormi profondément. Mais Wishnou et Siva ont de nombreux temples.

RADJAPATI. — TYPE SYMBOLIQUE DE LA CRÉATION BRAHMANIQUE.

Il y a en outre des Dieux de toutes les couleurs, noirs, rouges, bleus, blancs ; ils empruntent toutes les formes, ils sont hommes ou animaux, moitié hommes et moitié animaux. Il y en a de toutes les tailles ; celle des uns est de quelques pouces, celle des autres atteint 20 ou 30 pieds de hauteur. Ils traversent les airs sur des éléphants, des buffalos, des lions, des chèvres, des bœufs, des paons, des vautours, des oies, des serpents et des rats. Ils tiennent dans leurs mains des javelines, des lances, des glaives, des arcs, des drapeaux, etc. On rend aussi un culte à différents animaux, tels que le

tigre, l'éléphant, le cerf, le chat, le rat, le caméléon, les serpents et
même à des insectes; la vache et le cobra capello sont les objets d'un
culte tout particulier, ceux qui les offensent encourent des puni-
tions très-sévères.

PRAKRITI. — TYPE DE LA TRIPLE FACULTÉ DIVINE. — CRÉATION, CONSERVATION, DESTRUCTION.

Un missionnaire raconte qu'arrivant un jour dans un village, on
vint lui dire qu'un acte affreux y avait été commis la nuit précédente. Un homme s'était rendu coupable du meurtre d'une vache
ou, pour mieux dire, il avait attaché sa vache le soir comme d'habitude et elle s'était étranglée avec sa corde. Le pauvre homme,
pour réparer ce crime, était obligé, quoiqu'il eût perdu sa vache,
d'accomplir certaines cérémonies très-pénibles, et de donner une
grosse somme aux brahmes.

Il chercha à se défendre de son mieux, mais, les livres sacrés à l'appui, il lui fut prouvé que tuer une vache était le plus grand crime que l'on pût commettre et que, s'il n'avait pas prémédité le crime, cependant il avait été la cause de la mort, puisqu'il avait attaché l'animal de sa propre main, avec sa propre corde. Il fallut apaiser la colère des brahmes par le don d'une somme d'argent.

Parmi les livres sacrés des Hindous, les Vedas sont les plus renommés. Les brahmes (prêtres) seuls ont le droit de les expliquer au peuple, mais aujourd'hui, bien peu d'entre eux les comprennent. Ils sont généralement très-ignorants et se contentent d'entretenir toutes les superstitions d'où ils tirent leurs revenus.

Un homme à qui l'on avait volé des bijoux d'une grande valeur vint trouver un brahme et lui promit une forte récompense s'il lui faisait découvrir le voleur. Celui-ci lui promit son assistance.

Le soir même, il fit battre le tambour pour engager les indigènes à se rendre tous à un lieu indiqué. Là, il fit connaître le vol qui avait été commis et, montrant une noix de coco entourée de bandelettes teintes en safran qu'il avait apportée, il prévint qu'il allait mettre cette noix par terre et qu'elle courrait après le voleur jusqu'à ce qu'il tombât et qu'il se cassât la tête. Afin, dit-il, de laisser cependant à celui qui a commis cette mauvaise action le temps de réfléchir, on lui accorde jusqu'au lendemain pour venir déclarer et rapporter ce qu'il a volé, sans quoi cette noix de coco le poursuivra sur toute la terre jusqu'à ce qu'il se casse la tête. Pour montrer que cette noix lui obéissait, il la posa sur le sol et lui donna l'ordre de venir le trouver. La noix commença de suite à s'agiter et roula jusqu'aux pieds du brahme.

La nuit même le voleur rapporta ce qu'il avait pris, et fit un don au brahme pour qu'il ne le dénonçât pas. Le volé de son côté donna une forte récompense en reconnaissance du service rendu.

Le brahme avait vidé une noix de coco dans laquelle il avait mis un rat et l'avait posée à une place où il avait fait à l'avance une pente très légère, mais suffisante pour que le rat en s'agitant fît rouler la noix du côté où il s'était placé.

Les superstitions les plus ridicules régissent les actes de la vie des Hindous. Il serait trop long d'en faire l'énumération. Nous n'en citerons que quelques-unes.

Si un vautour se pose sur le toit d'une maison, il doit arriver malheur aux habitants. Si l'on est frappé à la tête par l'aile d'un corbeau, on perd bientôt un parent; si un chat ou un serpent traverse la route devant vous, c'est signe de malheur. Lorsqu'on sort pour une affaire, si l'on rencontre une femme qui a la tête rasée, un aveugle, un sourd, un blanchisseur ou un barbier, on peut s'en retourner chez soi, car l'affaire est manquée. Lorsqu'en sortant, on se frappe la tête contre l'encadrement de la porte, ou si l'on éternue, il ne faut pas sortir afin d'éviter un malheur. Les enfants qui viennent au monde pendant la nouvelle lune d'avril sont des voleurs. Si l'on rêve que l'on a été mordu par un singe, on mourra dans les six mois, si c'est par un chien, dans les trois années suivantes : l'apparition d'une personne morte qui vous parle, vous fait mourir immédiatement. Mais les brahmes ont trouvé les moyens de combattre les mauvaises influences, d'où il suit que les indigènes passent leur temps dans les pratiques les plus stupides.

Nous allons maintenant laisser Bob et Tom attendre leur ami près de la pierre sacrée et retourner auprès de Jacques et d'André.

Vers trois heures du matin, ils arrivèrent à la Nerbuddha. Les deux rives du fleuve couvertes d'indigènes de toutes conditions offraient un spectacle saisissant et des plus animés. Ce jour-là état précisément jour de fête religieuse et une grande quantité d'Hindous étaient venus, même de fort loin, faire leurs ablutions dans la Nerbuddha, un des fleuves sacrés de l'Inde. Jacques, qui connaissait déjà les habitudes du pays, se demandait s'il allait traverser au milieu de tous ces gens et les troubler dans l'accomplissement d'un de leurs actes religieux, lorsque André ordonna aux domestiques de

descendre un peu les bords du fleuve en suivant le courant et de ne
le passer qu'au-dessous de l'endroit où les indigènes étaient réunis.

— Nous évitons autant que nous le pouvons, dit-il, de froisser
les croyances des Hindous lorsqu'elles ne les portent pas à des
actes de cruauté ou d'immoralité qu'un gouvernement civilisé ne
doit pas tolérer. Ces indigènes que nous voyons ici se croiront pu-
rifiés au moral et au physique en sortant de l'eau. Beaucoup
d'entre eux ont peut-être fait un long voyage à cette intention.
Mais il en serait autrement si l'eau était souillée par le contact
d'un individu d'une autre religion. C'est à cause de cela que dans
toutes les villes il y a de grandes pièces d'eau spécialement réser-
vées aux sectateurs de Brahma. Ils se servent de cette eau pour
leurs besoins domestiques et pour les nombreuses ablutions ordon-
nées par leur religion.

Il y a toujours moyen d'arranger les choses. En traversant le
courant au-dessous de ces baigneurs, nous évitons de rendre im-
pure l'eau dans laquelle ils se plongent.

La route qui conduisait au fleuve était une confusion d'équipages
de toutes sortes qui le traversaient ensuite à gué. C'étaient des drapeaux, des bannières de toutes couleurs. Des fakirs profitaient de
la circonstance pour mendier. Il y en avait un qui ne volait pas
l'argent qu'on lui donnait. Il était étendu sur une planche garnie
de clous dont les pointes lui entraient dans le corps. Jacques ne
put en croire ses yeux et alla s'assurer qu'il n'y avait pas de supercherie. Il toucha les clous et, quoique les pointes n'en fussent
pas très-acérées, elles devaient cependant lui causer une douleur
insupportable. Il excitait la charité des passants et son plateau
contenait de nombreuses offrandes.

— Ils font plus fort que cela en Afrique, dit La Chance; j'ai
vu des enragés avaler des yatagans; d'autres qui retiraient du feu
des barres de fer rouge. Tous ces gens à peau noire ont des ma-
lices à eux. Jacques et André, après avoir donné quelque menue

monnaie au fakir aux clous, se mêlèrent à la foule qui leur fit place avec un empressement amical.

Après avoir fait quelques emplettes de sucreries et de joujoux qu'ils distribuèrent autour d'eux, ils allaient regagner leur voiture lorsqu'ils aperçurent M. Campbell qui venait les chercher, ils montèrent dans la voiture qui les attendait et ils arrivèrent promptement à Jubbulpore.

Jacques et André espéraient trouver M. Rivière à Jubbulpore; il n'était pas encore arrivé et avait fait prévenir qu'il ne viendrait que quelques jours plus tard. Il était obligé de voyager plus lentement qu'il ne l'avait supposé à cause des deux jeunes filles.

André proposa d'aller au-devant de lui, mais M. Campbell l'en détourna, eu égard à la difficulté qu'il aurait peut-être à se procurer des bullocks au moment où la route de Calcutta était encombrée de voyageurs.

— Vous profiterez de ce que vous serez seuls, ajouta M. Campbell, pour visiter des établissements qui peuvent ne pas intéresser les dames, tels que la prison, les casernes, les hôpitaux. Ce sera toujours cela de fait lorsqu'elles arriveront. Puis on vient de me dire que de l'autre côté de la Nerbuddha, pas loin d'ici, on a vu rôder une famille d'ours, je pourrai vous procurer le plaisir de faire une belle chasse. Tout cela me paraît engageant.

— Allons, dit Jacques avec un soupir, nous resterons. Vous êtes si aimable d'ailleurs, que nous aurions mauvaise grâce à vous refuser.

— Et voici ce que nous allons faire, ajouta M. Campbell. Les exposants et les visiteurs arrivés en grand nombre se sont établis dans toutes les habitations disponibles du cantonnement anglais. M. Rivière a envoyé l'ordre de planter des tentes pour vous et pour lui près de l'Exposition. M. Temple, le Commissaire en chef, a fait aussi établir un camp d'une trentaine de tentes sur une belle plaine entourée de bambous où il loge ses invités et où il réside lui-même. Jusqu'à ce que votre monde soit ici, et afin que vous ne soyez pas seuls, je vous offre de la part du Commissaire de loger au camp. Nous avons encore de la place. Lorsque M. Rivière arrivera, vous irez avec lui.

— Vraiment, dit Jacques, je ne sais si je dois accepter, j'ai peur d'être indiscret.

— Mon cher monsieur, lui dit M. Campbell, il ne faut jamais avoir cette crainte avec un Anglais qui vous fait une offre. Elle est toujours sincère.

Il n'y avait plus qu'à accepter, c'est ce que firent nos jeunes gens.

M. Campbell les mena donc au camp où il les installa chacun dans une petite tente fort élégante et surtout très-confortable. La partie du milieu était la chambre à coucher, et tout autour une double toile formait un vaste corridor dans lequel se trouvait une salle de bain et un compartiment où devait coucher le domestique. Une autre double toile, assez élevée au-dessus de la première, garantissait contre la chaleur du soleil autant que faire se pouvait. Une couchette, une table et quelques chaises formaient l'ameuble-ment de la chambre du milieu. De la paille de maïs, recouverte d'un grand tapis, avait été étendue sur le sol.

— Tout cela n'est pas luxueux, dit M. Campbell, mais nous sommes dans l'Inde et nous campons.

— Je n'ai pas oublié M. La Chance, ajouta-t-il. Il a à sa dispo-sition une bonne chambre dans un bungalow près d'ici. Lorsqu'il sera arrivé, je l'y ferai conduire.

— Vous êtes vraiment trop bon, dit Jacques, vous pensez à tout.

— Maintenant, continua M. Campbell, j'ai fait mettre aux ordres de chacun de vous deux serviteurs du Commissaire en chef qui se tiendront à la porte de votre tente. Ils connaissent Jubbulpore et peu-vent vous être utiles. Voici ensuite le règlement du camp. Le matin, à l'heure où vous voudrez l'envoyer chercher, le thé ou le café. A dix heures, déjeuner dans la grande tente du Commissaire en chef. A une heure et demie, tiffin (1). A cinq heures sur la pelouse du camp, le thé, offert par M. Temple à ses invités, parties de crocket, de raquette, etc., à huit heures moins un quart, dîner. Vous êtes les hôtes du Commissaire en chef, vous n'avez pas besoin de nouvelle invitation. Il est possible qu'il ne soit pas là toujours présent aux repas, et qu'il n'y ait même aucun de ses aides-de-camp ou de ses secrétaires, excusez-les et faites-vous servir. Vous êtes chez vous. Si même vous avez des amis à inviter, amenez-les. D'ailleurs M. Temple aura le plaisir de vous répéter lui-même ce qu'il m'a chargé de vous dire. Lorsqu'il est au camp, il reçoit après le tiffin.

Soyez assez bons, maintenant, pour m'excuser si je n'ai pas le plaisir de vous voir ni m'occuper de vous autant que je le voudrais pendant la durée de l'Exposition. Je suis accablé de travail et c'est tout au plus si je pourrai prendre une journée pour aller chasser l'ours avec vous. D'ailleurs, M. F*** devant qui je parlais de vous tout à l'heure m'a dit vous connaître. Il sait déjà les habitudes du camp, a fait connaissance avec tout le monde et se chargera avec plaisir de vous présenter.

Si cependant vous avez besoin de moi, je serai toujours à votre disposition.

Après que La Chance fut arrivé avec les bagages, et lorsqu'ils purent se présenter dans une tenue convenable chez le Commissaire en chef, Jacques et André allèrent lui faire une visite.

M. F*** qui était venu les voir les accompagna.

M. Temple a dans l'Inde la réputation d'être un des fonctionnaires les plus actifs et les plus expérimentés. A ses talents d'administration, il joint une connaissance approfondie du pays où il sert depuis longtemps. D'un caractère affable, il reçut nos voyageurs avec la plus grande cordialité et leur renouvela les invitations

____

(1) Goûter.

que M. Campbell leur avait faites de sa part. — Jacques et André se retirèrent enchantés de son amabilité et de sa simplicité.

— Voilà le type des fonctionnaires anglais, dit M. F***. Le Commissaire général gouverne plus de dix millions d'individus ; ses pouvoirs sont plus étendus que ceux du gouverneur général de l'Algérie et vous serez étonné de voir comme on l'aborde facilement. Les gens du peuple eux-mêmes sont admis auprès de lui sans formalités inutiles lorsqu'ils ont besoin de son assistance.

Après quelques visites faites aux principaux personnages du camp, nos jeunes gens allèrent écrire et prendre des notes jusqu'à l'heure du thé. La Chance aussi désira écrire en France, car lui aussi avait pris des notes. Après avoir bien réfléchi et consulté son pocket book, il écrivit la lettre suivante :

« Mes chers parents,

« Je n'ai pas eu le plaisir de vous écrire depuis longtemps, mais M. Jacques et M. André ont envoyé plusieurs lettres et vous avez dû avoir de mes nouvelles.

« Vous savez que si je n'ai pas pris la plume plus souvent, ce n'est pas parce que je n'ai pas pensé à vous, mais parce que ce n'est pas ma partie d'écrire. Aujourd'hui, je profite de l'occasion de ce que je suis un peu libre pour vous raconter ce que j'ai vu depuis quelque temps.

« Nous sommes en ce moment à Jubbulpore, qui est juste au milieu de l'Inde. C'est vous dire que nous avons fait un bon bout de chemin, car le pays est grand. Les Anglais disent qu'il est dix fois aussi grand que l'Angleterre, vous ferez vous-même le calcul pour vous rendre compte. C'est un beau pays quoiqu'il y fasse une chaleur dont vous ne pouvez pas avoir une idée en France. Et puis c'est drôlement organisé, mais on n'y peut rien changer ; il y fait, pendant neuf mois de l'année, chaud comme dans un four sans qu'il tombe une goutte d'eau pour rafraîchir un peu l'air, et, ensuite, la pluie se met à tomber, sans arrêter, pendant trois mois comme si on la jetait avec des seaux.

« Les arbres qui poussent dans l'Inde sont le teck, l'ébène, le sandal, le pin, le cocotier et le bananier; on y trouve le riz, le thé, le café, le coton, l'indigo, le poivre et toutes sortes de plantes dont je ne sais pas le nom.

« Il y a beaucoup d'animaux, j'en ai déjà vu pas mal, ce sont : l'éléphant, le buffalo, le rhinocéros, le chameau, le tigre, la hyène, l'ours, le loup, le chacal. Il y a beaucoup de serpents et de reptiles dangereux, mais il y a à faire une collection d'oiseaux magnifiques.

« Les habitants du pays sont assez braves gens, mais ils n'ont pas de tempérament, ils sont mous et paresseux. Il est vrai qu'ils n'ont pas besoin de grand' chose pour être heureux. Je veux dire les gens du peuple. Ils portent des habits que ce n'est pas la peine d'en parler, puisque avec un morceau d'étoffe grand comme nos cachenez, il se font un pantalon qui est toute leur toilette avec un turban sur la tête. Ça n'empêche pas tout de même la diversité, car il y a des Hindous de trente-six couleurs : les uns ont la peau noire, d'autres l'ont couleur d'acajou, ou couleur bronze, ou cendrée. On finit par s'y habituer, car ils ne sont pas laids; ils n'ont pas les traits comme les nègres, mais bien comme nous autres, sauf qu'ils sont d'une autre couleur. Ceux des classes, comme qui dirait les ouvriers aisés et les petits bourgeois, font un peu plus de toilette. Ils portent une grande pièce d'étoffe bien arrangée autour de leurs reins et un châle jeté sur leur dos. Les gens riches ont tout cela en cachemire et les princes en étoffes d'or et d'argent brodées quelquefois de pierres précieuses. Les femmes sont de même que dans tout les pays, portées pour la toilette. Les pauvres s'habillent comme elles peuvent, c'est comme partout, mais les riches ne sont que satin, soie et cachemire. Et des bijoux, en veux-tu, en voilà ! Elles ont bien plus d'endroits pour s'en mettre que chez nous, puisqu'elles en portent en outre au bas des jambes, aux doigts des pieds et au nez. Ces ornements sont en argent ou en verroteries chez les femmes pauvres, et en or et en pierres précieuses chez les femmes riches. D'abord, tout cela, et surtout l'anneau dans le nez paraît drôle, mais on s'y fait et je ne le trouve plus laid.

« Ce qu'il y a d'agréable, c'est que les modes ne changent pas ; il y a des milliers et des milliers d'années que le costume est le même pour tout le monde. La preuve en est que des gens qui s'y connaissent m'ont raconté qu'Alexandre le Grand, que tout le monde sait avoir été un général de la plus vieille antiquité, a trouvé les Hindous habillés comme ils le sont aujourd'hui quand il est venu dans ce pays. Du moins, c'est ce que je me suis laissé dire.

« Pour les maisons, c'est la même chose. Elles sont ordinairement bâties très-simplement. Dans la campagne, elles sont en terre et couvertes avec de la paille. Dans les villes, elles sont couvertes avec des tuiles. Elles sont assez propres et assez bien tenues ; les femmes les badigeonnent souvent.

« J'ai une assez bonne idée des femmes de ce pays-ci. Elles ont un grand respect et beaucoup d'attentions pour leurs maris. Elles ont soin de faire les repas toujours bien à l'heure, ce qui est beaucoup pour ne pas avoir de querelles, et elles les servent bien proprement sur des plats en métal ou, quand il n'y en a pas, sur des feuilles de bananier. Les cuillers et les fourchettes sont inconnus ; on mange avec les doigts. C'est presque toujours du riz, un peu de poisson séché et des fruits.

« La femme sert son mari, mais ne mange pas avec lui, elle attend qu'il ait fini. Je n'approuve pas cette manière parce que c'est agréable de faire un petit bout de conversation pendant qu'on mange, mais c'est comme cela, je le dis. Après le repas, la femme apporte à son mari sa pipe, qu'il appelle un *houka* et son tabac ou bien un cigare, ça dépend comme ça lui dit. Pendant que sa femme mange il fume, et quelquefois il lui offre le reste de son cigare ou lui repasse sa pipe.

« Je ne veux pas dire que tous ces usages sont ce qu'il y a de mieux, mais un voyageur raconte ce qu'il observe, et j'ai observé au milieu de tout cela que les femmes ont beaucoup de soumission pour leurs maris, et qu'on n'en trouverait pas une qui dirait ce que mademoiselle Zéphirine m'a répété si souvent : que si jamais elle était ma femme, elle m'enverrait joliment promener si je l'ennuyais.

« Je vous parlerai dans ma prochaine lettre de toutes sortes d'usages qui nous paraissent bien extraordinaires, je n'ai pas le temps de vous écrire plus longuement parce que le domestique de M. Jacques vient me chercher.

« Tenez, à propos de ce domestique, qu'est-ce que vous croyez qu'un maître dirait en France si son valet de chambre se présentait devant lui avec son chapeau sur la tête et sans souliers ni chaussettes aux pieds? Il le mettrait à la porte, n'est-ce pas? Eh bien ici, au contraire, les domestiques doivent avoir la tête couverte et les pieds nus, c'est un usage.

« Je dois vous dire aussi qu'on a dans l'Inde une grande estime pour la cavalerie française. Je suis allé, il y a quelques jours, en soirée chez un prince de ce pays, il m'a fait toutes sortes de politesses et, finalement, m'a prié d'accepter un sabre en souvenir de lui.

« Je termine, mes chers parents, en vous embrassant de tout mon cœur et en me disant pour la vie,

« Votre fils respectueux et chéri.

« Bien des choses à toute la famille, mes oncles, mes tantes, cousins, cousines et tous ceux à qui vous voudrez bien en faire part. Ayez la complaisance de dire à mademoiselle Zéphirine que lorsque je verrai M. Jacques et M. André bien installés à Calcutta, je pourrai revenir en France, si elle a la complaisance de me faire savoir que ça serait son idée. »

— Le fait, disait La Chance en pliant sa lettre, que mademoiselle

Zéphirine a un caractère un peu vif et je ne suis pas fâché de faire voir que je sais remarquer les choses.

En rentrant le soir après avoir dîné chez le Commissaire en chef, Jacques et André éprouvèrent une impression de froid à laquelle ils n'étaient plus habitués et qui les obligea à prendre des couvertures de laine. Ce bienheureux froid, joint à la fatigue des jours précédents, leur procura une nuit de sommeil tel qu'ils n'en avaient pas goûté depuis leur départ d'Europe. Lorsqu'ils s'éveillèrent le lendemain, un éléphant richement caparaçonné, envoyé par M. Temple, était à leurs ordres pour leurs courses du matin.

Ils en profitèrent pour aller à la Ville-Noire. Ils s'y rendirent par de magnifiques allées de bambous dans lesquelles sont construits les bungalows du cantonnement anglais. En entrant dans la ville, ils furent frappés de la propreté qui régnait partout et qui donnait à Jubbulpore un aspect tout différent des villes indigènes qu'ils avaient vues jusqu'alors. Les temples et les maisons blanchis avec soin étaient ornés de guirlandes de fleurs ; la ville entière paraissait en fête. Mais, malheureusement, c'était l'heure à laquelle les habitants procèdent à leur toilette, et ils n'y restèrent pas longtemps. Les Hindous ont l'habitude de faire leurs ablutions devant leurs portes tous les matins. Vivant constamment à l'air, ils ne peuvent pas comprendre qu'il serait plus convenable de choisir la cour de leur maison pour cabinet de toilette. Ils trouvent que c'est trop malpropre ; ce serait une souillure. Les différents soins à donner à la personne sont réglés d'une façon uniforme : on doit, en sortant de la maison, se laver les mains, puis les pieds et le visage ; ensuite on se nettoie les dents avec le médium de la main droite ; on se gratte la langue avec les trois doigts du milieu, et enfin on provoque le rejet des matières produites par la mastication du bétel en enfonçant ces mêmes trois doigts dans la gorge. Tous ces gens nus, accroupis sur leurs talons, toussant, se mouchant, tirant la langue, crachant, se faisant raser et épiler par les barbiers, offrent un

spectacle qui fait reculer les plus intrépides. L'administration anglaise cherche à mettre fin à cette coutume, mais c'est difficile.

En quittant Jubbulpore, Jacques ne remarqua pas deux Européens qui les désignaient à plusieurs indigènes avec lesquels ils
étaient; il eût reconnu les deux rôdeurs de Doomah, Bob et Tom.

L'ouverture de l'Exposition eut lieu le même jour à deux heures.

La nouvelle prison, en voie de construction très-avancée, avait
été le local choisi par les organisateurs. C'est un édifice assez
élégant qui se compose d'un bâtiment central auquel viennent
aboutir de larges corridors qui se relient avec d'autres bâtiments de
moindre importance. Ces corridors de prison étaient transformés
en élégantes galeries où l'on avait disposé avec art dans des vi-
trines des produits manufacturés de toutes sortes. Des plantes
grimpantes dissimulaient les barreaux des fenêtres. La salle du
milieu, décorée de bannières éclatantes, de panoplies d'armes
indigènes nouvelles, et ornées de tentures de peaux de tigres, de

panthères, de plumes de paon et d'oiseaux rares, de trophées de dents d'éléphants et de bois de grands animaux, offrait un mélange original de richesse orientale et de luxe européen. Les toilettes légères des dames anglaises, les uniformes brillants des officiers, les costumes brodés des employés civils rivalisaient d'éclat avec les cachemires, les satins, les soieries, les étoffes tissées d'or et les pierreries des chefs indigènes.

A deux heures, le pavillon britannique fut hissé à l'extrémité d'un bambou, haut de 90 pieds, et envoyé pour cette occasion des jungles de Bhundara : l'artillerie tira le salut royal et le Commissaire en chef suivi des principaux fonctionnaires des Provinces Centrales fit son entrée dans la salle. Il alla prendre place sur l'estrade où on lui avait préparé un fauteuil. On chanta un chœur, le ministre anglican fit une prière, le Président du comité d'exposition adressa un discours au Commissaire en chef : M. Temple lui répondit par un autre, après quoi, il déclara l'Exposition ouverte.

Chacun alors quitta sa place pour aller visiter l'Exposition.

La foule était si grande que Jacques et André remirent à un autre jour pour la voir.

Les indigènes étaient en grand nombre et paraissaient s'intéresser beaucoup à ce qui les entourait. M. Temple est l'instigateur de ces expositions qui ont pour but de développer chez eux le désir de s'instruire.

Le soir, il y eut un grand dîner offert par les exposants au comité.

Le lendemain nos voyageurs allèrent visiter l'hôpital et l'ancienne prison, qui n'ont rien de remarquable. Une révolte avait éclaté quelques jours auparavant parmi les prisonniers au sujet d'une nouvelle décision par laquelle la nourriture devait être la même pour tous et être distribuée en commun. Jusque-là, chaque prisonnier avait fait cuire lui-même ses aliments, qui d'ailleurs ne consistaient guère qu'en riz et en poisson séché.

En apportant à chacun d'eux sa provision du jour, on lui donnait en même temps la quantité de bois nécessaire pour la cuisson. Mais à cause des nombreux inconvénients qui résultaient de ce système on l'abolit.

Les usages ou plutôt les préjugés de castes sont si puissants parmi les Hindous que ces condamnés, dont beaucoup avaient commis des crimes affreux, réclamèrent contre cette mesure en se fondant sur ce qu'elle blessait ces usages qui ne permettaient pas qu'un individu d'une caste mangeât des aliments apprêtés par celui d'une autre caste.

On passa outre sans écouter leurs plaintes, et comme, après tout, ils ne voulaient pas se laisser mourir de faim, ils finirent par céder.

LES INDIENS A L'EXPOSITION DE JUBBULPORE.

SALTIMBANQUES INDIENS.

CHAPITRE XVIII

Les Thugs (étrangleurs). — La Chance fait la connaissance d'un aimable
gentleman. — Les voleurs.

La prison des Thugs, qui porte le nom d'École Industrielle,
intéressa vivement nos voyageurs. C'est un grand bâtiment au
milieu duquel est une cour entourée d'ateliers où travaillent environ 400 prisonniers. Ce sont d'anciens Thugs ou Étrangleurs. On
leur fait faire des tentes, des tapis et différents autres travaux
parmi lesquels des lanternes de voyage très en usage. Ces prisonniers
sont ceux qui par leurs rapports ont aidé la justice à découvrir les
nombreux Thugs à qui l'administration anglaise fit une guerre sans
merci ni trêve jusqu'à ce qu'ils fussent anéantis. Ils ne restent pas
dans la prison. Ils sont reconduits tous les soirs dans un village
clos de murs et gardé avec soin, où ils ont leurs familles et leurs
habitations.

Quelques-uns de ces hommes étaient fort âgés.

La Chance s'adressa à l'un d'eux dont les traits féroces l'avaient frappé. — Pourquoi es-tu ici?

— Parce que j'ai étranglé.

— Combien de personnes as-tu étranglées?

— Quarante-cinq.

UN CHEF DE THUGS.

Il dit ce chiffre avec un sentiment d'orgueil tout à fait exempt de remords.

Un autre qui n'en avait étranglé que trois paraissait trouver qu'il n'était pas à sa place à côté d'un si grand maître en thuggisme.

La Chance voulut savoir comment on procédait pour étrangler les victimes. Le vieux Thug lui fit tenir le bras levé, le poignet en l'air et, saisissant le bas de son vêtement, il l'enroula vivement autour du poignet et donna un coup sec d'une grande force.

En accomplissant cet acte qui lui rappelait sans doute sa jeunesse, le regard du vieux Thug, empreint d'une cruauté sinistre, prouvait qu'il ne demanderait pas mieux que de recommencer s'il était libre.

Le village des Thugs, situé en face de la prison, était propre et bien tenu. Toutes les maisons aux murs blanchis et aux toits en paille paraissaient faites pour abriter des gens de mœurs douces et tranquilles.

Jacques et André se retirèrent après avoir donné quelque menue monnaie à de jolis enfants qui vinrent leur faire leur salam.

Nous extrayons d'un ouvrage anglais sur les Thugs les détails intéressants qui suivent.

Les Thugs sont connus dans l'Inde sous différents noms. Dans le nord de l'Inde, on les appelait Thugs, nom sous lequel ils sont généralement connus en Europe. Ce mot signifie « trompeur ». Dans quelques provinces du Sud, on les appelait Phasingars, étrangleurs.

Il y a lieu de s'étonner que les Anglais aient ignoré pendant si longtemps l'existence du thuggisme dans une contrée où ils étaient établis depuis près de deux siècles, et où ils exerçaient le pouvoir dans la plus grande partie des États. Tel a cependant été le cas. Des bandes de ces misérables couvraient l'Inde, sans que l'administration anglaise en soupçonnât l'existence; des familles entières disparaissaient, on n'y prêtait pas attention. Après leurs expéditions, ces bandes se dispersaient, chacun rentrait chez soi et, grâce à la protection du chef du village à qui il payait son silence, il n'était pas inquiété. On n'ignorait pas qu'il était Thug, mais sa présence était une sauvegarde pour l'endroit. Il était en effet impossible que des gens aussi dangereux et aussi criminels que les Thugs pussent rester longtemps dans le même lieu s'ils n'avaient été protégés. La preuve en est, c'est qu'après l'établissement de la Compagnie des Indes dans le Carnatic et les États du Nizam, et lorsque certains chefs indigènes de districts (Polygars) furent remplacés, les Thugs prirent d'autres noms, changèrent de résidence, et ceux qui restèrent s'abritèrent sous le masque de l'hypocrisie et de la dissimulation.

Tandis qu'ils restèrent sous la protection des Polygars, au milieu de populations avec lesquelles ils vivaient en bons termes, il était difficile de les découvrir. Ils labouraient leurs champs, les ensemençaient et, les laissant ensuite aux soins de leurs femmes et de leurs enfants, ils partaient pour leurs expéditions sous prétexte de fêtes religieuses ou de pèlerinages dans des endroits éloignés. Ils se réunissaient par bandes de dix à cinquante hommes, quelquefois de trois cents, mais alors, quand ils étaient aussi nombreux, ils se divisaient, marchant huit ou dix ensemble et suivant plusieurs routes parallèles aboutissant à un point de concentration dont ils étaient convenus. Ils avaient l'apparence de voyageurs inoffensifs et de marchands allant à leurs affaires; arrivés près d'une ville, ils envoyaient des émissaires s'informer si quelque voyageur ou quelque personnage riche était sur le point de se mettre en route, et ils prenaient leurs mesures en conséquence. C'était presque toujours le même système qui réussissait. A une halte on s'approchait des voyageurs, on liait connaissance et l'on finissait par demander à faire route ensemble pour se mettre à l'abri des voleurs. Si les voyageurs étaient peu nombreux, les Thugs offraient leur compagnie, si au contraire les voyageurs s'étaient réunis avant le départ et étaient en force, quelques Thugs seulement allaient solliciter la permission de voyager avec eux. Peu à peu, sur la route, d'autres Thugs faisaient la même demande sans paraître connaître les premiers, et lorsqu'ils étaient enfin assez nombreux pour n'avoir pas à craindre de résistance, ils assassinaient et dévalisaient leurs malheureux compagnons de route.

Leur persévérance et leur prudence étaient telles, qu'ils voyageaient quelquefois pendant plusieurs jours avec les gens qu'ils avaient voués à la mort, et ce n'était que lorsqu'ils avaient trouvé une occasion et un endroit favorables qu'ils mettaient leurs desseins à exécution.

Si les circonstances le permettaient, ils choisissaient de préférence une jungle épaisse ou un endroit peu fréquenté près d'un terrain sablonneux ou d'un cours d'eau desséché. Ils y creusaient facilement des fosses pour y enfouir le corps de leurs victimes qu'ils mutilaient encore après la mort.

Lorsqu'ils n'avaient pas un endroit propice pour cacher les cadavres, ils les emportaient dans des sacs jusqu'à ce qu'ils eussent trouvé un puits dans lequel ils les jetaient. Quelquefois même ils plantaient une tente à l'abri de laquelle ils avaient toute sécurité pour creuser le sol.

Les armes étaient inutiles contre les Thugs. Sans défiance aucune, les voyageurs étaient un peu avant le crime entourés par les brigands qui, tout en marchant, causaient avec eux. Au signal donné, leurs bras étaient saisis par leurs voisins de droite et de gauche, tandis que par derrière on leur jetait le nœud fatal. Les malheureux n'avaient pas le temps de pousser un cri. Quelquefois c'était la nuit pendant leur sommeil; on les éveillait sous prétexte d'un scorpion ou d'une bête malfaisante, et, aussitôt qu'ils avaient levé la tête, ils étaient étranglés.

Le thuggisme était pratiqué de père en fils; cependant, l'initiation n'avait pas lieu de bonne heure. On emmenait d'abord l'enfant dans les expéditions sans lui en faire connaître le but. Il avait cependant sa part des dépouilles; mais peu à peu les mystères de l'association lui étaient dévoilés, et après une suite d'épreuves préparatoires, il était enfin élevé au rang d'étrangleur.

Les rivières et les fleuves étaient aussi infestés de Thugs qui exerçaient la profession de bateliers. Il était bien rare que les malheureux voyageurs sortissent de leurs bateaux, une fois qu'ils y étaient entrés.

L'audace de ces misérables était si grande que personne n'était à l'abri de leurs attaques.

Après la prise de Gwalior par le général Wellesley, duc de Wellington, cette forteresse fut rendue au Rajah de Nagpore qui nomma Goureb Singh pour la commander. Désirant avoir de bons soldats pour former la garnison, il envoya son frère Ghyan Singh dans l'Inde avec l'argent nécessaire pour faire des enrôlements.

Ghian Singh avec une suite de cinquante-deux hommes arriva à Jubbulpore dans le courant du mois de juin. Une nombreuse bande de Thugs l'y attendait; les uns étaient logés dans la ville, d'autres dans les cantonnements avec les soldats, d'autres encore étaient campés près du lac d'Adhar, à deux ou trois milles de la ville sur la route de Mirzapour. Aussitôt qu'ils apprirent l'arrivée de Ghian Singh, ils députèrent près de ses gens quelques-uns des hommes les plus adroits de la bande afin de se mêler à eux et de gagner leur confiance. Ils cherchèrent d'abord, mais sans y réussir, à les séparer les uns des autres afin de les emmener par différents chemins, mais aucun d'eux ne voulut quitter son chef. Les Thugs résolurent donc de se joindre à eux par groupes séparés selon leur habitude et de les conduire là où ils pourraient les tuer et les dépouiller.

Lorsque Ghyan Singh partit, quelques-uns d'entre eux se mirent à sa suite, d'autres les rejoignirent sur la route, puis d'autres encore, sans exciter les soupçons des voyageurs. Enfin, quand ils se virent assez nombreux, ils étranglèrent Ghyan Singh et son escorte. Ils enfouirent provisoirement les cadavres dans des fosses creusées sur le sable d'une rivière et gagnèrent la ville la plus proche où ils arrivèrent par petits groupes qui ne pouvaient pas éveiller l'attention.

Le lendemain, ils envoyèrent de leurs complices qui firent

disparaître les traces du crime monstrueux commis la veille.

Un jour dans le sentier désert d'une jungle épaisse, deux Thugs venaient d'étrangler un pauvre voyageur. Ils étaient occupés à dépouiller le cadavre lorsque, tout à coup, ils entendirent près d'eux le bruit de plusieurs personnes qui s'avançaient par le même sentier. N'ayant pas le temps de faire disparaître le cadavre de leur victime, ils le couvrirent des vêtements qu'ils venaient d'enlever de façon à le cacher complétement. Bientôt, ils virent paraître un petit chariot du pays entouré d'une toile épaisse et dans lequel était une dame hindoue et ses deux enfants.

Outre le conducteur et un domestique, elle était accompagnée par quatre soldats bien armés. Lorsque la petite troupe fut arrivée près d'eux, les deux brigands, qui feignaient un grand chagrin, firent leur salam aux voyageurs. La dame demanda ce qui causait la peine de ces deux hommes. Ils répondirent que, se rendant à Chuppara pour y vendre des marchandises, leur compagnon s'était trouvé malade, qu'il avait eu une crise violente après laquelle il était tombé dans un profond sommeil et qu'ils attendaient qu'il fût réveillé pour continuer leur voyage. Après cette explication la dame se remit en route en souhaitant un prompt rétablissement au malade. A peine s'était-elle éloignée avec ses gens que l'un des deux hommes, qui avait eu le temps d'échanger quelques mots avec son compagnon, courut après elle. Lorsqu'il l'eut rejointe, il lui fit demander par le domestique la permission de se joindre à son escorte.

— Je suis pressé d'arriver à Chuppara, dit-il, et je viens de convenir avec mon compagnon qu'il resterait à soigner le malade; mais si je voyage seul, j'ai peur d'être volé de mes marchandises; si vous me laissiez vous suivre, ce serait me rendre un grand service.

On lui accorda ce qu'il demandait, il retourna chercher son ballot de marchandises et se joignit aux voyageurs.

En route, il apprit que la dame était la femme d'un officier qui avait pris du service auprès du Rajah de Nagpore et qu'elle allait rejoindre son mari avec ses deux enfants. Elle emportait tous ses bijoux et beaucoup d'argent, aussi son mari lui avait-il fait dire de prendre avec elle une escorte de soldats qui resteraient ensuite avec lui.

On s'arrêta le soir dans une petite ville où le Thug avait des complices. Il alla les trouver et il fut décidé que l'on tuerait et que l'on dépouillerait la dame et son escorte.

La petite troupe reprit sa route le lendemain matin ; le marchand se montrait toujours très-effrayé de voyager dans un pays aussi sauvage et aussi dangereux. Il le disait sillonné par des bandes très-nombreuses de brigands qui assassinaient et dévalisaient les voyageurs.

Il racontait à ce sujet des histoires toutes plus effrayantes les unes que les autres.

Il fit si bien que les soldats eux-mêmes commencèrent à avoir peur. A la première halte, qui eut lieu sous un manguier, ils rencontrèrent deux marchands forains qui demandèrent aussi à suivre l'escorte. On leur avait dit qu'ils n'arriveraient pas sains et saufs à Chuppara, et ils offraient des présents aux soldats si ceux-ci voulaient leur permettre de les suivre. Leur demande fut encore agréée. Si les regards d'intelligence que les marchands échangèrent avec le Thug qu'ils ne paraissaient pas cependant connaître, eussent été surpris, les soldats se fussent mis sur leurs gardes. Vers le milieu du jour, on vit devant soi une petite troupe de cinq hommes armés.

On dépêcha le serviteur de la dame pour prendre des informations. Il revint en disant que ces hommes étaient des soldats se rendant à Nagpore pour rejoindre Salabud Subadar qui les avait fait enrôler. Or Salabud Subadar était le mari de la dame. Naturellement, les deux troupes n'en firent qu'une seule et l'on voyagea toute la journée sans faire de rencontre désagréable. On passa tranquillement la nuit dans un village.

Le lendemain plusieurs pèlerins, accompagnés de deux femmes et d'un enfant qui précédaient nos voyageurs sur la route, les attendirent et se joignirent aussi à eux. Les soldats s'étaient d'abord consultés avant de les admettre dans leur compagnie, mais des gens voyageant avec des femmes et des enfants sont inoffensifs et ceux-ci n'inspirèrent aucune crainte. Cependant, pèlerins, soldats et marchands étaient tous des étrangleurs. Prévenus par leur complice pendant la première halte, ils étaient partis en avant pour se faire rejoindre sur la route. Naturellement les faux soldats avaient eu des détails sur Salabud Subadar par le Thug qui les tenait de ceux de l'escorte.

Lorsque les assassins furent en force, ils prirent leurs mesures pour exécuter leurs desseins. Les malheureux soldats marchaient sans défiance, chacun entre deux Thugs, lorsque le terrible signal fut donné. Leurs bras furent saisis avant qu'ils ne pussent porter la main sur leurs armes, pendant qu'un troisième Thug leur passait le nœud coulant derrière le cou. Quoique les femmes fussent ordinairement épargnées, la dame fut étranglée avec ses enfants, sa servante, le conducteur et son domestique.

La manière d'ôter la vie à leurs victimes avait été enseignée aux Thugs, disaient-ils, par la terrible déesse qu'ils servaient. Voici la légende.

Dans les premiers âges du monde, il y avait un démon gigantesque qui dévorait le genre humain à mesure qu'il était créé. Il était si grand que la surface de l'Océan ne lui venait pas à la ceinture, tandis que ses pieds en touchaient le fond. Sa force était en proportion de sa taille, et ce monstre affreux aurait eu bientôt dépeuplé la terre si la déesse de la destruction ne l'avait attaqué et ne lui eût coupé la tête. Mais chaque goutte de sang du monstre donna naissance à d'autres démons. La déesse les tua, mais d'autres naquirent, et, la déesse ne pouvant plus suffire à les tuer, la terre fut bientôt couverte de monstres qui dévoraient les hommes. La déesse combattait toujours et afin d'empêcher le sang de tomber sur la terre, elle léchait avec sa langue, qui avait une dimension énorme, le sang qui sortait de chaque coup qu'elle avait donné. Elle ne put pas accomplir sa tâche. Alors, d'après la mythologie des Thugs, elle chargea deux hommes qu'elle avait formés dans ce but de l'aider à mettre les démons à mort en les étranglant et sans répandre une goutte de sang. Elle leur remit à chacun une pièce d'étoffe dont ils devaient se servir pour exécuter ses ordres. On ne comprend pas trop comment deux hommes pouvaient accomplir une tâche aussi difficile, mais, dans les légendes hindoues, on n'y regarde pas de si près. Lorsqu'ils eurent terminé ce que la déesse leur avait ordonné, ses deux aides, en braves gens qu'ils étaient, voulurent lui rendre les pièces d'étoffe qu'elle leur avait remises. Celle-ci non-seulement leur dit de les garder en souvenir de leur courage, mais encore comme les instruments du travail auquel eux et leurs descendants devaient se livrer, car elle leur ordonna d'é-trangler les hommes de même qu'ils avaient étranglé les démons. C'est ainsi que les Thugs expliquaient leur origine et la manière dont ils ôtaient la vie à leurs victimes.

L'administration anglaise les a détruits complétement aujourd'hui.

Les Thugs renfermés à l'École Industrielle de Jubbulpore sont ceux qui ont obtenu la vie à cause des révélations qu'ils ont faites à l'autorité anglaise.

Le soir de cette visite chez les Thugs, La Chance était près de la Ville-Noire, attablé sous une tente où l'on vendait des rafraîchissements, en compagnie d'un gentleman avec qui il avait fait connaissance la veille à l'ouverture de l'Exposition. On s'était réciproquement offert une bouteille de claret et l'on finissait la seconde.

— Quelle chose singulière, dit le gentleman, se retrouver ainsi au milieu de l'Inde! Pour ma part, j'en suis enchanté, je n'aime pas beaucoup le monde, je trouve plus agréable de boire tranquillement un verre de vin et de fumer un cigare avec un ami que d'assister aux réunions auxquelles je suis invité tous les jours.

— C'est tout à fait comme moi, dit La Chance avec aplomb, s'il me fallait aller partout, je ne serais occupé qu'à faire ma toilette. Je laisse cela pour mes jeunes messieurs; c'est de leur âge. Est-il indiscret de vous demander si vous resterez longtemps à Jubbulpore ?

— Cela dépendra de mes affaires. Si je les termine promptement, je partirai de suite. En attendant, je viendrai ici tous les soirs, surtout si j'ai le plaisir de vous y rencontrer.

Le gentleman qui disait d'aussi aimables choses à La Chance avait, ainsi qu'on vient de le voir, lié connaissance avec lui la veille à l'Exposition. Après quelques observations échangées mutuellement, il avait semblé au gentleman reconnaître La Chance pour l'avoir vu en Europe. Où? il n'en savait rien, mais bien certainement il le connaissait pour l'avoir vu en Europe. — La Chance énuméra toutes les villes où il avait été et l'on tomba d'accord que probablement c'était à Londres.

Lorsqu'il eut raconté ce qu'il avait été faire dans cette ville, quelle était la position de Jacques et de quelle maison il avait été l'agent; il n'y eut plus aucun doute pour le gentleman. Il avait eu des relations d'affaires très-importantes avec cette maison, et il devait avoir vu La Chance avec Jacques.

Ce gentleman était un jeune homme de bonnes façons, quoique son visage et ses mains halées indiquassent une vie active passée en plein air. C'était un colon qui possédait de vastes terrains non loin de Nagpore et qui était venu apporter à l'Exposition des échantillons de graines qu'il disait magnifiques.

Il avait raconté son histoire à son nouvel ami qu'il avait beaucoup intéressé. Le courage et la persévérance dont le colon avait

fait preuve depuis qu'il était dans l'Inde lui avaient acquis l'estime
de La Chance. Il y avait, en outre, un point sur lequel ils s'étaient
trouvés d'accord de suite : c'était le mépris qu'ils professaient pour
les indigènes. Le gentleman les accusait d'être menteurs, paresseux et voleurs.

— Voleurs, dit La Chance, je n'en sais rien, mais paresseux et
menteurs, j'en puis parler savamment.

— Croyez-moi, dit le gentleman, ils sont aussi voleurs qu'ils
sont paresseux, et je vous conseille de prendre vos précautions.
Les tentes ne sont jamais un endroit sûr, ayez toujours quelqu'un
pour garder ce que vous avez de précieux.

— J'aimerais alors que M. Rivière fût arrivé, dit La Chance;
nous avons pour lui une certaine quantité d'objets de valeur,
entre autres des pierres fines que nous lui apportons d'Europe.

— C'est imprudent, mon cher monsieur, tout à fait imprudent.
Et il raconta plusieurs vols dont il avait été la victime.

— Ma foi, dit La Chance, je vais remettre tout cela à M. Jacques dès ce soir même. Le camp est plus sûr que le bungalow où
je suis. Ce soir, M. André couchera dans la tente de son frère, et
je veillerai moi-même à ce qu'il n'arrive rien.

On se sépara pour se retrouver le lendemain à la même heure.
La Chance était de plus en plus satisfait d'avoir fait la connaissance
d'un gentleman aussi aimable pour passer ses soirées.

Le lendemain il le rencontra en sortant de l'Exposition.

— Ah! quelle bonne chance, dit le gentleman, de rencontrer
un ami pour boire un verre de bière, car j'ai tellement horreur de
boire seul que, quoique j'aie la langue séchée au palais par la chaleur, je ne sais pas si je me serais laissé tenter à prendre quelque
chose.

Et il entraîna La Chance dans un établissement qui avait la prétention de donner à boire frais.

— Vous n'avez pas besoin d'un bon domestique? demanda le gentleman à La Chance.

— Je n'en sais rien, c'est possible. M. Rivière arrive demain et il lui faudra peut-être quelques serviteurs autres que ceux qu'il amène pendant le séjour qu'il fera ici.

— J'en ai un que je puis vous recommander. Il a d'excellents certificats des personnages les mieux placés. Je l'ai eu avec moi pendant quelque temps et j'en ai été très-satisfait, mais il ne veut pas retourner dans les jungles.

— J'en parlerai à M. Jacques, dit La Chance.

Le gentleman reconduisit au camp son ami qui lui montra les tentes de Jacques et d'André.

— Voici où je couche maintenant, dit La Chance en montrant un lit tendu dans la tente d'André. Je n'ai pas oublié vos bons avis. D'ici je veille nos jeunes messieurs, car M. Jacques couche avec nos richesses sous la tête.

— Vous avez raison, parfaitement raison, n'ayez pas d'autre place, c'est la plus sûre.

La Chance fit ensuite les honneurs de sa chambre en offrant un verre de sherry et l'on se dit au revoir.

Le gentleman, en quittant le camp, entra dans une allée de bambous qui le conduisit à un massif assez épais où il trouva un autre gentleman qui paraissait l'attendre avec impatience.

— Il faut convenir, Bob, que vous êtes bien imprudent d'aller ainsi en plein jour dans le camp où vous pouvez rencontrer ce jeune diable français et son domestique qui n'auraient pas manqué de vous reconnaître.

— Me prenez-vous pour un enfant, Tom, et croyez-vous que je me serais exposé à une rencontre aussi désagréable? Je savais qu'ils étaient absents depuis le matin.

— Eh bien, qu'avez-vous retiré de cette visite ?

— L'assurance que nous pouvons faire ce soir une bonne affaire si Condakara veut nous aider.

— Pourquoi ne le voudrait-il pas? Ne sommes-nous pas liés tous ensemble ?

— C'est vrai, mais vous savez que si ce n'est pas le jour propice, ou s'il a vu un corbeau des bois, ou un chien ou un serpent en sortant de chez lui, il ne voudra rien entreprendre.

— Nous tâcherons d'arranger le tout au mieux, mais il faut un homme sûr et solide. Ce La Chance est dangereux.

— Condakara ira lui-même.

— C'est nécessaire. La nuit, les choses agréables sont sous l'oreiller d'un des jeunes gens; pendant le jour, elles sont enfermées dans un coffre qu'un domestique du Commissaire en chef ne perd pas de vue un instant.

— Vous avez vu le coffre?

— Oui, et je puis le décrire à Condakara. Mais il faut faire la chose aussitôt que possible, car demain peut-être les autres arrivent de Calcutta, et qui sait quand nous retrouverions notre chance.

Venez donc, dit Tom, Condakara nous attend.

Si La Chance eût pu supposer que le gentleman colon dont il avait eu tant de plaisir à faire la connaissance était un des rôdeurs qui avaient voulu attaquer Jacques, il ne se le serait pas pardonné. C'était cependant bien Bob à qui son complice Condakara, le voleur hindou, avait procuré des habits européens assez convenables pour lui donner l'apparence d'un homme respectable. Son camarade Tom avait aussi subi une transformation complète. Il ressemblait à un brave et honnête courtier en vins, profession qu'il s'était donnée. Ces deux misérables s'étaient alliés à une bande de voleurs indigènes, à qui ils devaient fournir les indications que leur qualité d'Européens les mettaient à même d'obtenir facilement.

Le soir, Jacques et André, en rentrant dans leur tente, trouvèrent La Chance qui les attendait avec son révolver posé devant lui sur la table.

— Eh, mon Dieu! qu'y a-t-il donc, mon cher La Chance? lui dit Jacques, te voici avec ton révolver devant toi comme si tu craignais d'être attaqué. Qu'est-ce que cela veut dire?

La Chance raconta ce que son nouvel ami lui avait dit la veille et répété le matin.

— La prudence est la mère de la sûreté, ajouta-t-il, aussi j'ai fait transporter ici le lit de M. André afin que vous ne soyez pas seul dans votre tente, et moi je resterai dans la tente de M. André. Au moindre bruit, je serai là. Soyez tranquille, je n'ai pas oublié comment on fait faction.

— J'en suis convaincu, mon cher La Chance, mais tu t'exagères, je crois, le danger; aucun voleur n'oserait s'introduire dans le camp, où il y a tant de monde.

— C'est égal, monsieur, mettez votre petit sac et vos bijoux sous votre oreiller. C'est plus sûr, ces indigènes sont si adroits que l'on ne saurait prendre trop de précautions.

— Allons, je veux bien, dit Jacques, fais à ta tête, mais tes précautions me paraissent tout à fait hors de saison.

La Chance persista dans son idée et ne fut satisfait que lorsqu'il eut placé les objets précieux sous l'oreiller de Jacques. Il eut le soin aussi de mettre son couteau de chasse sur le bord du lit à portée de sa main. Il en fit autant pour André.

— Me voici plus tranquille, dit-il. Je sais bien que ces gens, qui sont de hardis voleurs, n'oseraient pas vous assassiner; cependant il vaut mieux prendre ses précautions.

Deux heures après, et lorsqu'ils étaient encore plongés dans le premier sommeil, la toile de la tente coupée près du sol par une main habile donna passage à un Hindou qui examina ce qui se passait. A la lueur de la lampe qui brûlait sur la table, il vit que Jacques et son frère dormaient paisiblement; alors, sans bruit et sans que l'oreille la plus exercée eût pu entendre le frottement de son corps sur le tapis, il s'approcha en rampant du lit de Jacques. Il ne hasardait un mouvement qu'après s'être assuré que celui qu'il venait de faire était assuré. Ses yeux parcouraient ensuite la tente de crainte de surprise. Tout d'un coup le dormeur fit un mouvement et poussa un soupir, l'Hindou se coucha à plat sur le tapis et son corps huilé se dissimula dans l'ombre. Il attendit, il attendit longtemps, enfin, certain que Jacques dormait, il posa légèrement la main près de l'oreiller, puis il allongea doucement un doigt, puis un second, la main toute entière, ses mouvements étaient si imperceptibles que le dormeur ne les sentait pas.

Mais La Chance avait bien fait les choses. Le petit sac était enfoncé sous l'oreiller de la bonne façon, le voleur fut obligé de faire un mouvement un peu plus marqué, Jacques s'éveilla, mais il s'éveilla sans ouvrir les yeux pour ainsi dire ; il vit cependant cette hideuse face noire près de lui, il eut le courage de ne pas bouger, mais comme faisant un mouvement en dormant, il saisit son couteau de chasse placé du côté de la muraille. Alors il se leva vivement et, tout en appelant André, il voulut saisir le voleur, mais celui-ci, d'un bond, fut à la porte. Jacques le poursuivit. La Chance, qui avait entendu le bruit, accourut, il vit une ombre noire courir devant lui, il s'élança sur ses traces, il était à portée de lui lâcher un coup de révolver lorsqu'il reçut entre les jambes un bâton ou une branche d'arbre qui le fit tomber, puis un individu couché sur le sol et qu'il n'avait pas aperçu s'esquiva pendant qu'il se relevait. Il retourna en boitant à la tente de Jacques.

Le voleur n'avait pu rien emporter et le petit sac était toujours à sa place sous l'oreiller.

POLICEMAN HINDOU ARRÊTANT DES VOLEURS CHINOIS.

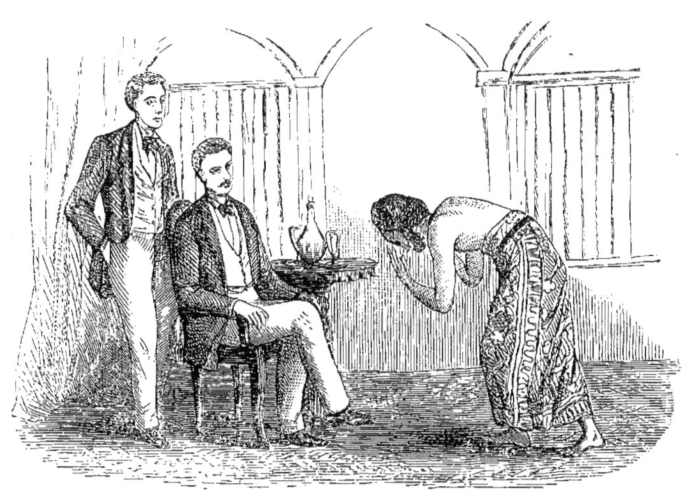

CHAPITRE XIX

La Chance a des soupçons. — Une hyène. — Un policeman hindou. — Il semble
à La Chance qu'il commence à perdre la tête. — Arrivée de M. Rivière. —
Mademoiselle Rose est toujours moqueuse.

La Chance était furieux.

— Il m'a semblé, dit-il, avoir entendu un bruit de chaussures
sur la terre sèche ; le gueux que je poursuivais avait des souliers.

— Ce seraient donc des Européens ?

— C'est possible, mais votre voleur, monsieur Jacques, l'avez-
vous vu ? était-ce un Hindou ou un Européen ?

— Un Hindou, je vois encore sa hideuse figure devant moi.

— Comment vous êtes-vous aperçu de sa présence ?

— Je n'en sais rien moi-même, je m'étais éveillé, mais je n'avais
pas encore ouvert les yeux lorsque j'ai senti sous ma tête un mouvement à peine sensible. Je n'y avais pas fait attention, mais un
second mouvement aussi léger s'est produit quelques secondes
après. Cette fois, entr'ouvrant doucement les yeux, j'ai aperçu à

côté de moi une face noire qui me regardait fixement. J'ai eu assez de sang-froid pour ne pas bouger, mais j'ai étendu la main vers mon couteau de chasse. — Lorsque j'ai senti que je l'avais, je me suis levé vivement et j'ai voulu saisir mon homme de la main gauche pour le frapper. Je lui ai pris le bras, mais ce bras a glissé dans ma main et mon voleur s'est élancé vers cette porte qui donne sur le derrière du camp. Il a sauté par-dessus Abdhul couché en travers et qui ne s'était pas réveillé.

— Mais comment a-t-il pu entrer? demanda André. Ce n'est pas par la porte qui donne sur la pelouse du camp. Il y a des factionnaires partout. Ce n'est pas par celle qui lui a servi à s'échapper, il aurait éveillé Abdhul, je n'y comprends rien.

En cherchant, on trouva l'ouverture faite à la toile de la tente et une ouverture semblable à la toile extérieure.

— Voici notre affaire, dit La Chance, l'Hindou s'est caché dans les broussailles et a fait son coup tout à son aise.

— Mais, dit Jacques, il faut qu'il ait été renseigné d'une façon bien précise, car il a fait l'ouverture près de mon lit et il est venu sans se tromper fouiller sous mon oreiller.

La Chance devint pensif et parut réfléchir profondément.

Jacques et André s'aperçurent de sa préoccupation et lui en demandèrent la raison. Il ne répondit pas d'abord, puis il dit d'un air embarrassé :

— Il me vient des soupçons que je n'ose pas m'avouer à moi-même. Est-ce que par hasard ce particulier, ce colon? mais ce n'est pas possible. Un Européen ne peut pas se faire l'espion d'un Hindou, ou bien l'Hindou travaille-t-il pour le compte de l'Européen?

— Voyons, mon bon La Chance, dit André, tu sais qu'un peu d'aide fait grand bien, dis-nous ce qui t'occupe, et peut-être pourrons-nous t'aider à découvrir ce que tu cherches.

La Chance alors raconta la visite que le colon lui avait faite dans la journée et de la conversation qu'ils avaient eue ensemble.

— Il n'y a que lui qui a pu savoir les dispositions que nous avions prises, à moins qu'Abdhul…

— Abdhul est un poltron, dit André, mais il est incapable, je crois, d'être le complice d'une mauvaise action.

— C'est vrai, dit Jacques, mais peut-être a-t-il reçu aussi quelque visite. Cependant il ne m'a pas quitté. Interrogeons-le, cependant.

Abdhul comparut devant ses maîtres, et Jacques lui demanda d'un ton sévère :

— Comment cet homme est-il entré ici?

— Moi pas savoir, maître.

— Tu étais donc sorti, tu n'étais pas à ton poste, dans le corridor près de la porte?

— Abdhul protesta qu'il n'avait pas bougé, qu'il s'était étendu sur sa couverture aussitôt que son maître l'avait eu congédié et qu'il s'était endormi de suite. Il affirma aussi n'avoir fait entrer personne dans les tentes depuis leur arrivée au camp.

— C'est bien, dit Jacques, je vais faire ma plainte à la police et tu lui répondras.

Le pauvre Abdhul alors éclata en sanglots :

— Saheb, saheb, je ne suis jamais allé à la police, la police méchante, elle trouve tout le monde méchant. Moi pas capable faire du mal à mes maîtres, moi pas un voleur, oh ! saheb, vous êtes mon père, vous êtes ma famille, vous ne pas me faire de mal.

Cette expression « vous êtes mon père, vous êtes ma famille », qui a quelque chose de touchant est souvent employée par les serviteurs hindous. Il est vrai de dire qu'ils s'en servent peut-être un peu trop souvent. Lorsqu'ils ont commis une faute, « pardonnez-moi, disent-ils, vous êtes mon père, vous devez être indulgent. »

En parlant ainsi, Abdhul avait ôté son turban qu'il avait déposé aux pieds de Jacques.

Ses accents étaient si vrais qu'il n'y avait pas de doute possible, aussi Jacques le releva-t-il en l'assurant qu'il ne le croyait pas coupable et qu'il ne l'apppellerait pas devant la police.

— C'est égal, dit La Chance, il faudra que je revoie mon colon.

Abdhul s'était à peine essuyé les yeux et La Chance allait retourner dans sa tente, lorsqu'un coup de feu suivi d'un rugissement de bête sauvage retentit à côté d'eux.

Jacques et André sautèrent sur leurs rifles et, suivis de La Chance son revolver à la main, ils s'élancèrent hors de leur tente.

— De la lumière, de la lumière! leur cria-t-on.

La Chance rentra dans la tente et apporta la lanterne de voyage qui était sur la table de Jacques. Celui-ci et André s'étaient déjà éloignés tout en l'appelant, un second coup de feu retentit. Il rejoignit alors les jeunes gens qui s'étaient arrêtés avec une troisième personne ; cette troisième personne était M. V***, receveur des douanes, qui occupait la tente à côté de celle de Jacques.

— Je suis désolé, messieurs, de vous avoir dérangés et d'avoir probablement réveillé tout le camp, mais il m'était impossible de permettre à cette sale bête de dévorer mes chiens et, en parlant ainsi, il désignait un animal de grosse taille gisant à terre. La Chance approcha sa lanterne.

— Qu'est-ce que c'est que cette bête-là? lui dit-il, elle est énorme.

— C'est une hyène, dit M. V***, l'animal le plus lâche que l'on puisse imaginer ; c'est un malheur de dépenser de la poudre pour tuer cela.

— Comment s'est-elle approchée si près du camp? demanda André.

— Elle a été attirée par mes chiens que j'avais attachés en dehors de ma tente pour la nuit ; je venais de m'éveiller et j'allais peut-être aller fumer un cigare chez vous où j'entendais parler, lorsque mes deux petits chiens commencèrent à pleurer, puis à s'élancer vers la toile de la tente qu'ils grattaient vigoureusement comme pour se frayer un passage. Je connais trop les habitudes des animaux pour ne pas m'être aperçu de suite que mes chiens étaient effrayés, je vais donc doucement entr'ouvrir la portière de ma tente, et malgré l'obscurité j'aperçois une masse noire qui avançait de mon côté, j'ai pris mon rifle et j'ai tiré, mais l'obscurité m'a empêché de diriger mon coup sûrement, car la bête s'est sauvée, et ce n'est que ma seconde balle qui l'a abattue.

— Eh bien, elle a de l'audace, dit La Chance, elle venait donc pour dévorer vos chiens ?

— Parfaitement.

— Je croyais que les hyènes ne s'attaquaient pas aux animaux vivants.

— C'est vrai, lorsqu'ils sont assez forts pour se défendre, mais celle-ci n'avait rien à craindre de mes deux petits chiens.

Tout le camp avait été mis en émoi par les deux coups de feu. Chacun vint s'informer de ce qui s'était passé et s'en retourna assez mécontent d'avoir eu une alerte à cause d'une hyène.

— C'est, paraît-il, la nuit aux aventures, dit Jacques à M. V***, un peu avant que la hyène n'essayât de prendre vos chiens, un voleur s'était introduit dans ma tente...

— Un voleur ? Comment un voleur ? dit M. V***.

Jacques raconta ce qui s'était passé et lui fit part des soupçons de La Chance au sujet du colon.

— Ces soupçons peuvent être fondés, dit M. V***, ce ne serait pas la première fois qu'une pareille association se serait formée (il faudra les éclaircir), j'y penserai et nous verrons ce qu'il y a à faire. En tout cas, si M. La Chance rencontre de nouveau le colon, il ne faut pas qu'il paraisse le soupçonner ; au contraire, il lui racontera la tentative de vol comme venant à l'appui de ce que ce gentleman lui avait dit.

— Si je ne me trompe pas, dit La Chance, et s'il est coupable, je vous assure qu'il passera un vilain quart d'heure.

— Ne compromets rien, dit Jacques, observe et rends-nous compte de tes observations.

— De mon côté, dit M. V***, je préviendrai le magistrat. Cette tentative audacieuse pouvait se terminer d'une façon plus malheureuse pour vous; si, au lieu de laisser échapper votre voleur qui s'était probablement frotté le corps d'huile, vous l'eussiez retenu, il est probable que vous auriez été frappé avant d'avoir pu faire usage de votre couteau de chasse.

— Il n'aurait plus manqué que cela, dit La Chance. Eh bien, que je le pince, je ne vous en dis pas plus.

De nombreux vols venaient du reste prouver que les voleurs ne se laissaient pas effrayer par les mesures prises contre eux, et ils poussèrent l'audace si loin, que le directeur de la police lui-même reçut une nuit leur visite et fut dévalisé de ses bijoux, d'objets précieux et de son argent. Il ne s'aperçut du vol que le lendemain matin, et toutes les recherches faites pour en découvrir les auteurs n'eurent aucuns résultats.

Un jour cependant, on crut être sur la trace. Deux ouvriers chinois venus avec un riche marchand de produits du Céleste-Empire se prirent de querelle en sortant d'une taverne. La querelle dégénéra bientôt en pugilat, et la police intervint. Il était difficile de les faire s'expliquer : lorsqu'ils ne parlaient pas chinois, ils baragouinaient un anglais incompréhensible. Cependant il parut au policeman hindou que l'un de ces Chinois reprochait à l'autre d'être un voleur. Il n'en fallut pas davantage pour le décider à les empoigner afin de les conduire à la police

Pendant le trajet, les commentaires de la foule allèrent leur train, et lorsqu'ils arrivèrent devant le fonctionnaire anglais, il était à peu près avéré, non-seulement qu'ils étaient les auteurs de tous les vols commis dans la ville, mais qu'ils étaient accusés d'assassinats que la police venait de découvrir. L'imagination hindoue se donnait si bien carrière que si le chemin pour aller chez le juge eût été plus long, la foule aurait fait subir de mauvais traitements aux deux Chinois.

Mais il se trouva que la querelle avait eu lieu à propos de quelques annas que l'un des camarades devait à l'autre et, après avoir été réclamés par leur maître qui donna sur eux les meilleurs renseignements, ils furent relâchés. La foule qui voulait les assommer quelques minutes avant accueillit leur sortie par des bravos.

Sur ce, chacun se sépara, et la nuit se termina plus tranquillement qu'elle n'avait commencé.

Aussitôt que le jour parut, André sauta à bas de son lit, Jacques était déjà éveillé.

— S'il n'y a eu aucun retard nouveau, dit André, c'est aujourd'hui qu'ils arrivent.

— Espérons qu'il n'y aura pas de retard.

— D'après sa lettre, je ne crois pas que mon oncle arrive avant onze heures, j'avoue que le temps me paraîtra long d'ici là.

— Il en sera de même pour moi, mon cher André, quoique je sois ordinairement plus calme que toi.

— Allons à l'Exposition, ce sera bien employer notre matinée, d'autant plus que les marchandises françaises sont arrivées hier et qu'elles seront exposées aujourd'hui pour la première fois. L'éléphant est là qui nous attend, appelons Abdhul, La Chance, et partons.

Au lieu d'appeler La Chance, Jacques et André entrèrent dans sa tente. Ils le trouvèrent assis devant sa table, la tête dans ses deux mains, et paraissant absorbé dans une méditation profonde.

— Eh bien, La Chance, qu'y a-t-il ? lui demanda Jacques.

— Il y a, monsieur Jacques, que je suis en train de faire des combinaisons au sujet de mon colon. Ça ne peut pas se passer comme ça. Si c'est lui qui m'a fait ce tour-là, il faut qu'il le paie.

— Ne te tourmente pas tant que cela, mon cher La Chance, les circonstances te serviront peut-être mieux que tout ce que tu pourras imaginer.

Jacques ne croyait pas si bien dire. A peine entré dans la première salle de l'Exposition, La Chance les quitta tout à coup en disant :

— Ne m'attendez pas !

C'est que La Chance venait d'apercevoir le colon qui sortait par une des portes donnant sur le jardin. Courir après lui et le prendre par les bras fut l'affaire de quelques minutes. Le gentleman se retourna vivement en se sentant arrêté; mais, en reconnaissant La Chance, il sourit d'une façon tout à fait agréable quoiqu'un observateur plus expérimenté que La Chance eût pu la trouver peu naturelle.

— Oh! mon cher, comment vous portez-vous? enchanté de vous rencontrer.

— Moi aussi, dit La Chance.

— Je vous croyais parti ce matin au-devant de votre ami de Calcutta?

— Non, il vient plus tard, dit La Chance, d'un ton assez brusque pour que le gentleman s'en aperçût.

Mais il parut ne pas faire attention aux façons de La Chance.

— Un verre de bière, voulez-vous?

— J'accepte, dit La Chance.

Quand ils furent assis sous la tente où leur connaissance s'était faite, celui-ci dit brusquement au colon pendant qu'il remplissait les verres avec la lenteur requise en pareille circonstance :

— Savez-vous, mon cher monsieur, que vous êtes un oiseau de mauvais augure.

— Pourquoi? dit tranquillement le gentleman, et sans que, malgré le ton agressif de notre ami, sa physionomie exprimât la moindre expression d'étonnement.

— Parce que cette nuit un voleur s'est introduit dans la tente de M. Jacques et qu'il a essayé de le voler.

— Vraiment !

— Oui vraiment, et peut-être l'aurait-il assassiné, si M. Jacques n'eût pas été armé. Est-ce que cela ne vous étonne pas ?

— Pas du tout, rappelez-vous ce que je vous ai dit hier. Je vous ai prévenu.

— Oui, mais ce qui m'étonne, c'est que ce voleur, qui était un Hindou, s'en est pris à M. Jacques et non à M. André. Or il savait que M. Jacques avait les bijoux.

— C'est probable.

— Mais comment le savait-il ?

— Le gentleman fit, en portant son verre à ses lèvres, un geste qui prouvait qu'il lui était impossible de le deviner.

— Ce qu'il y a de singulier, reprit La Chance, en regardant son homme dans les yeux, c'est que vous seul connaissiez les arrange-ments que nous prenions pour nous mettre à l'abri des voleurs.

— Alors, c'est comme si vous ne l'aviez dit à personne.

Le colon répondait si tranquillement et si naturellement ; il sem-blait si peu se douter que La Chance pût le soupçonner que celui-ci commença à croire qu'il était ridicule à lui de supposer cet homme capable d'être le complice d'un vol.

— Croyez-vous, mon cher monsieur, que votre voleur, lorsqu'il s'est introduit dans la tente, ne savait pas déjà ce qu'il avait à y faire ? On voit bien que vous ne connaissez rien de ce pays.

— Mais je vous répète que personne ne pouvait savoir ce que nous faisions.

— Allons donc, qui vous dit que cet homme n'était pas près de vous, lorsque vous avez pris vos dispositions pour la nuit ; qui vous dit qu'il n'a pas suivi tous vos mouvements ? Avez-vous visité par-tout avant de vous coucher ? Avez-vous inspecté le voisinage de votre tente, le corridor qui est autour ?

— Non.

— Eh bien, soyez certain que cet homme était là épiant tous vos mouvements et attendant le moment propice. Écoutez-bien l'avis que je vais vous donner et ne le négligez pas à l'avenir. Inspectez avec soin vos tentes, ne laissez rien sans vous en être rendu compte : une couverture étendue sur le sol, un tas de paille, regardez dessous, regardez dedans, vous y trouverez peut-être un voleur. Vous êtes prévenu, faites-en votre profit et maintenant à votre santé.

La Chance était convaincu, il répondit avec empressement à la politesse du colon et but à sa santé.

— D'ailleurs, ajouta celui-ci, vous n'êtes pas le seul qui ayez reçu cette nuit la visite des voleurs. J'ai entendu dire qu'on a commis plusieurs vols importants.

— Il fallait que je perdisse la tête, se dit La Chance, en se séparant de Bob, pour soupçonner ce brave gentleman. Il n'a pas eu l'air de se douter de ce que je pensais, sans cela il se serait fâché.

— Il s'est retenu pour ne pas me dire que je fais partie de la bande, se dit Bob, il faudra être prudent.

La Chance retourna au camp, décidé à monter la garde toutes les nuits s'il le fallait autour des tentes de M. Rivière, tant il craignait de voir les voleurs s'y introduire de nouveau.

Tout était en ordre lorsqu'il rentra, mais Jacques et André n'étaient pas encore revenus de l'Exposition.

Pedro était en grande conversation avec un inconnu qui se retira lorsqu'il aperçut La Chance.

Celui-ci, sans lui laisser le temps de s'éloigner, courut après lui et l'arrêtant en se mettant devant lui :

— Que voulez-vous? lui demanda-t-il, quelles affaires avez-vous avec ce domestique ?

— Je n'ai aucune affaire avec lui, répondit l'inconnu dont le costume indiquait un Anglais de la classe moyenne, mais je désire en faire avec un officier français qui demeure sous cette tente.

— Comment savez-vous que c'est un officier français ?

— Parce que j'ai entendu dire dans le cantonnement qu'il était arrivé ici un célèbre officier français et que dans le camp on m'a indiqué cette tente comme étant la sienne.

La Chance était certain que l'homme voulait parler de lui, et, quoique le mot célèbre lui parût un peu éloquent, il eut le don de l'amadouer un peu.

— C'est moi qui habite cette tente, que me voulez-vous ?

— Enchanté de vous rencontrer, dit l'inconnu d'un air de satisfaction évidente, je regrettais de partir sans vous avoir vu. Puis, tirant de sa poche une carte, qu'il remit à La Chance. Je représente, ajouta-t-il, les premières maisons de Bordeaux, de Reims et de Francfort pour les bordeaux, les champagne et les vins du Rhin ; je viens vous faire mes offres de service pour le temps que votre monde restera ici, et je vous assure que vous aurez lieu d'être satisfait de moi. Voici la liste des personnes qui m'ont fait des commandes à Jubbulpore et vous pouvez voir que ce sont les mieux posées. Je pourrais faire de très-grosses affaires si je voulais vendre aux marchands, mais j'aime mieux faire profiter le consommateur. Les détaillants en ce moment vendent à des prix ridiculement élevés.

La Chance prit la carte en lui promettant de lui faire une commande lorsqu'un gentleman qu'il attendait le jour même de Calcutta lui aurait donné ses ordres.

— Quel animal je fais ! se dit La Chance lorsque le marchand de vins fut parti, je ne rêve plus que voleurs et je malmène tout le monde. Lorsque j'ai vu cet homme causer avec Pedro, j'ai encore cru à quelque manigance.

Et mon pauvre colon, ai-je été assez impertinent avec lui ? Je le croyais si bien un voleur, que je ne sais pas comment je ne l'ai pas fait arrêter. Je crois vraiment que je perds la tête ! je vois des voleurs partout. Il faut que je me corrige de cela ; je ne serai plus si prompt à juger mal les autres. Allons, La Chance, il faudra acheter du vin à ce brave marchand et faire aussitôt que possible une vraie politesse au colon. Et satisfait d'avoir pris une aussi aimable résolution, il allume un cigare pour attendre Jacques et André.

Ceux-ci arrivèrent bientôt.

Aussitôt que l'éléphant les eut déposés devant leur tente, Jacques dit à La Chance :

— Je viens de faire une singulière rencontre. Je te laisse deviner.

— Jamais je n'ai rien deviné, vous le savez bien, monsieur Jacques, dites-moi de suite de quoi il s'agit. Vous ne perdrez pas votre temps.

— Tu ne veux pas essayer ?

— Non, ce n'est pas la peine.

— C'est bien vu, bien entendu ?

— Parfaitement vu, parfaitement entendu.

— Je viens de rencontrer les deux vagabonds qui ont voulu m'attaquer à Doomah.

— Pas possible. Vous les avez vus ?

— Comme je te vois.

— Et vous ne les avez pas fait arrêter ?

— Malheureusement non. Je ne les ai pas reconnus de suite.

— Quel malheur !

— En sortant de l'Exposition, au lieu de revenir tout droit, nous sommes allés faire une visite au missionnaire catholique, et nous rentrions par les derrières du camp, lorsque nous avons vu de loin un individu qui en sortait et qui a été abordé par un autre qui l'attendait près de la route de la Ville-Noire. Ils causaient ensemble lorsque nous avons passé près d'eux, et lorsqu'ils ont levé la tête pour me regarder, il m'a semblé qu'ils ne m'étaient pas inconnus. A quelque distance d'eux je me suis retourné pour les considérer de nouveau, et au même moment eux-mêmes se retournaient pour m'examiner, puis ils se sont éloignés vivement. Il m'a encore semblé reconnaître leur démarche, mais mes souvenirs étaient tellement vagues que je ne pouvais pas les coordonner. Mais tout d'un coup, je me suis rappelé où j'avais vu ces deux hommes, c'est à Chuppara. Ce sont les deux vagabonds qui m'ont attaqué.

— Vous en êtes certain ? demanda La Chance.

— Tout à fait certain, dit Jacques.

— Et ils étaient vêtus en gentleman ?

— Et en gentleman fort respectables.

L'un avait un pagri (1) vert sur son topy (2), et l'autre un pagri blanc sur un petit chapeau bas à l'européenne.

— Hein, comment dites-vous ? s'écria La Chance en faisant un bond comme s'il eût été piqué par un cobra. Un pagri vert sur son topy et l'autre un pagri blanc sur un petit chapeau ?

— Oui, eh bien ?

— Et vous êtes certain que ce sont vos voleurs.

— Oui.

— Mais, dit La Chance abasourdi, le vert c'est le colon, le blanc, c'est le marchand de vin !

Et il expliqua à Jacques qu'en revenant de l'Exposition où il avait eu une explication avec le colon, il avait trouvé causant avec Pedro un individu se disant marchand de vin et qui lui avait offert ses services.

— Ah ça, mais, c'est donc un pays du diable ? comment moi, du 2ᵉ chasseurs à cheval, il ne m'arrive que de ces histoires depuis que j'y suis. Je les aurai, ces gueux-là, je les aurai, ou j'y perdrai mon nom de La Chance !

Les jeunes gens eurent beaucoup de peine à le calmer, et ce ne fut qu'après lui avoir permis de faire d'abord une plainte à la police et de le laisser libre de traquer Bob et Tom, qu'ils y réussirent.

Après le déjeuner, quoique le soleil fût ardent et la chaleur in-

(1) Pagri, pièce d'étoffe que l'on enroule autour du chapeau.
(2) Coiffure en feutre en forme de casque adoptée par les Européens.

supportable, nos jeunes gens résolurent d'aller à la rencontre de M. Rivière.

Ne voulant se servir ni d'un palanquin ni d'un char à bœufs, et n'ayant pas de voiture à leur disposition, ils s'adressèrent au secrétaire du Commissaire en chef qui leur donna des chevaux. Bientôt après les chevaux tenus par des gorrhaswallas (1) étaient devant les tentes, nos jeunes gens se mettaient en selle et partaient accompagnés par La Chance qui avait pour la circonstance revêtu sa tenue militaire. Il portait même son sabre de chasseur d'Afrique.

— La prudence est la mère de la sécurité, avait-il dit en bouclant son ceinturon. Sois tranquille, murmura-t-il en pensant au marchand de vin, si jamais tu te trouves à portée du sabre du célèbre officier français, tu n'iras pas le dire au Grand Mogol.

Il était si absorbé dans ses pensées de vengeance que Jacques fut obligé de lui dire, au moment où ils franchissaient l'enceinte du camp :

— La Chance, salue donc, tu ne fais pas attention.

— Saluer quoi ?

— Le poste qui te rend les honneurs.

En effet, le sous-officier qui commandait le poste de soldats indigènes, en voyant venir La Chance, avait fait sortir ses hommes pour lui présenter les armes.

La Chance salua avec beaucoup de dignité.

— C'est vrai, dit-il, je suis un célèbre officier français !

Il y avait une demi-heure à peine que nos jeunes gens s'avançaient sur la route de Mirzapore lorsqu'ils aperçurent une voiture venant en sens inverse.

Leur cœur leur battit bien fort, et par un accord tacite, ils mirent leurs chevaux au galop.

Une dame qui était au fond de la voiture se leva, le cocher arrêta les chevaux.

(1) Palefreniers.

— Laure, Rose.

—Jacques, André, ces quatre noms furent prononcés en même temps.

— Eh bien, et moi ? s'écria M. Rivière.

Malheureusement un petit incident prévint l'émotion générale. André avait arrêté son cheval trop court et l'animal s'était cabré, puis il avait lancé une telle ruade qu'André avait failli être désarçonné et lancé dans la voiture. Il s'était tenu en selle cependant, et cherchait à calmer l'animal pendant que mademoiselle Rose qui, paraît-il, avait conservé sa gaieté d'autrefois, riait aux éclats en disant :

— Mais, il n'y a pas de place dans la voiture, André, nous ne pouvons pas vous prendre avec nous.

Enfin, André parvint à se rendre maître de son cheval. Il put à son tour serrer les mains de son oncle et de ses cousines.

— Vous êtes aussi vif qu'autrefois, mon cher André, vous vouliez sauter dans notre voiture.

— Et vous, Rose, je vois que vous êtes toujours la même, toujours aussi moqueuse.

— Eh bien moi, je te fais mes compliments sur tes talents comme écuyer, dit M. Rivière, tu t'es parfaitement tiré d'affaire, et je vois que notre ami La Chance a mis le temps à profit.

On arriva bientôt aux tentes préparées pour M. Rivière et où ses domestiques avaient apporté ses bagages dans la journée ; Abdhul de son côté y avait fait transporter ceux des jeunes gens.

— Ça, dit M. Rivière lorsqu'il fut descendu de voiture et qu'il eut serré ses neveux dans ses bras, nous voici donc tous réunis. J'en suis heureux, et vous n'en êtes pas fâchés, j'aime à le croire. Nous causerons plus tard de nos affaires et vous me raconterez votre voyage. Je ne vous demande pas comment tout s'est passé ; le principal, c'est que vous voilà ici en bonne santé. J'arrive en retard à l'Exposition, il me faut regagner le temps perdu, j'ai beaucoup à faire. Je ne viens pas ici pour mon plaisir ni pour le vôtre, jeunes gens, nous allons travailler.

— Oh ! mon père, tu nous donneras bien le temps de nous reposer ?

— Comment, de vous reposer, mais autant que tu le voudras, ma chère petite, ce n'est pas à toi que je m'adresse, mais à tes cousins. Est-ce que tu n'as pas perdu ton habitude d'autrefois, de réclamer quand Jacques et André avaient trop de devoirs à faire ?

— C'est bien possible, mon cher père, dit Laure en riant.

— Eh bien, nous tâcherons d'arranger le tout pour le mieux ; visitons notre camp.

Le camp se composait de quatre tentes : une fort grande destinée aux jeunes filles, une autre pour M. Rivière, une troisième pour Jacques et André et une quatrième où l'on avait établi une salle à manger commune précédée d'un petit salon.

Les jeunes, filles pour qui vivre sous la tente était une nouveauté, furent enchantées.

La Chance, chargé par M. Rivière de remplir les fonctions de grand Prévôt du camp, s'était fait dresser un lit dans la tente de Jacques et d'André. Il avait besoin de veiller avec Abdhul et Pedro à la sécurité générale.

L'après-midi se passa pour les jeunes gens à rappeler les souvenirs d'Europe, du bon temps, comme disait mademoiselle Rose, à se raconter ensuite leurs voyages. André reçut force compliments au sujet de son exploit dans la chasse aux tigres.

— Comment ! André a tué un tigre, disait mademoiselle Rose, un vrai tigre ?

— Un vrai tigre, je vous l'assure, dit Jacques, et qui avait donné malheureusement trop de preuves de sa férocité. Et André a montré un sang-froid que beaucoup de chasseurs consommés n'auraient pas eu.

Mademoiselle Rose se leva et, sans dire un mot, elle fit une belle révérence à André.

M. Rivière s'était, en arrivant, mis à sa correspondance, fort négligée, avait-il dit, pendant son voyage.

A cinq heures, tout le monde se rendit au camp. Les dames avaient déjà reçu une invitation pour le crocket. Jacques et André auraient bien voulu finir la journée en famille, prétendant qu'on aurait bien le temps de jouer au crocket, mais mademoiselle Rose, à qui Laure laissait volontiers décider les questions en litige, prétendit au contraire que l'on aurait assez d'occasions de rester en famille et qu'il ne fallait pas commencer par prendre de mauvaises habitudes.

Cette manière de voir choqua vivement André, qui avait refusé pour le lendemain une partie de chasse à laquelle il était convenu, depuis leur arrivée, que son frère et lui assisteraient. Il le dit à mademoiselle Rose qui lui répondit que lui et son frère auraient eu grand tort de ne pas aller à cette chasse, attendu précisément que la journée du lendemain serait employée par elle et Laure en visites aux dames du cantonnement.

— Allez donc à votre chasse, mon cher André, faites des prouesses, je serai si fière d'entendre vanter l'adresse, le courage et le merveilleux sang-froid de M. André Dambrun qui, non content de tuer des tigres à la volée, ainsi qu'il l'a fait déjà dans mainte circonstance, va chercher les ours dans leur repaire pour les combattre corps à corps. M. André Dambrun, dirai-je, le fameux M. André Dambrun, mais je le connais beaucoup.

— Vraiment, vous le connaissez?

— Certainement, depuis longtemps.

— Oh ! que vous êtes heureuse, comment est-il? est-il un peu aimable le grand tueur d'animaux ? est-il gai ? est-il triste, etc., etc. Et vous pensez bien que je ne me permettrai pas de dire au juste ce que je sais. Je ne veux rien enlever de votre auréole.

— Vous passerez donc votre vie à vous moquer de moi, Rose?

— Oh! ma vie, c'est aller bien loin, cela voudrait dire que nous nous quitterions peu. Ce serait difficile! Voyez, nous ne nous sommes pas vus depuis plus de deux ans; à peine sommes-nous ensemble que vous recommencez à me taquiner.

André allait prouver que rien n'était plus loin de son esprit, lorsque M. Rivière fit demander si l'on était prêt à sortir.

DÉPART DU CANTONNEMENT.

CHAPITRE XX

Les projets de M. Rivière. — Excursion aux Roches de marbre. — Les ours. —
La Nerbuddha. — La bonne aventure. — Épilogue.

Chemin faisant, M. Rivière expliqua à Jacques ce qu'il attendait
de lui, et il parut très-content de la façon dont son neveu entra
dans sa manière de voir.

Convaincu que l'Inde est appelée à devenir bientôt un marché
important pour la France, M. Rivière avait l'intention d'établir
des agences dans les villes où il voyait des chances de succès.
Il venait à Jubbulpore pour s'assurer de l'accueil fait aux produits
français, et les renseignements que Jacques lui donna à cet égard
le satisfirent.

— Ce n'est pas pour moi que je vais travailler encore, mon cher
Jacques, dit-il à son neveu, la fortune que j'ai acquise dans l'Inde
est plus que suffisante pour me faire tenir un rang honorable en
France ; mais je serais heureux de terminer ma carrière commerciale en rendant service à mon pays. C'est lui rendre service que de

faire écouler le produit de nos fabriques dans ces contrées, en nous passant de l'intermédiaire des Anglais. Et puis ne dois-je pas penser à toi et à ton frère ?

— Mon bon oncle, combien je vous suis reconnaissant.

— Bien, bien, attendons à un peu plus tard. Et, continua-t-il, il peut se présenter pour Laure un parti qui m'oblige à lui faire une dot plus forte que celle que je lui destine.

Jacques éprouva une telle émotion, un tremblement d'angoisse l'agita si fortement, que M. Rivière, qui lui donnait le bras, s'en aperçut.

— Si, par exemple, ajouta l'excellent homme qui eut pitié de lui, elle allait vouloir épouser un jeune homme qui n'ait pas autre chose que la volonté de bien faire et de bonnes qualités, je ne voudrais pas rendre ma fille malheureuse. Il me faudrait bien travailler un peu plus longtemps.

— Oh ! mon cher oncle, dit Jacques avec chaleur, votre gendre serait si heureux de travailler pour que vous vous reposiez !

— C'est possible, c'est possible, mais nous n'en sommes pas là heureusement. Nous allons d'abord visiter l'Exposition de Jubbulpore.

Les nouveaux arrivants furent parfaitement accueillis au camp où M. Rivière d'ailleurs avait des amis. Plusieurs dames y demeuraient et la partie de crocket fut ce soir-là des plus animées.

On rentra dîner en famille. La Chance s'était surpassé dans l'ordonnance de la fête, car il appelait cette première réunion une fête, et M. Rivière l'assura que s'il voulait à Calcutta prendre la direction de la maison, il ferait certainement honneur à la colonie française.

M. Rivière et sa famille restèrent à Jubbulpore environ quinze jours pendant lesquels les promenades à cheval, les parties de crocket, les dîners et les bals se succédèrent sans interruption. Nous n'avons pas besoin de dire que Jacques et André furent les cavaliers assidus de leurs cousines, ce qui ne les empêcha pas de travailler régulièrement tous les jours avec leur oncle. Celui-ci était enchanté de ses neveux. Par sa prudence et son expérience des affaires, Jacques sut gagner entièrement la confiance de M. Rivière qui se plaisait à répéter qu'il se reposerait plus tôt qu'il ne l'espérait avant l'arrivée de son neveu. Nous ne devons pas, en historien impartial, passer sous silence la satisfaction qu'éprouvait mademoiselle Laure lorsqu'elle entendait son père faire l'éloge de son cousin.

Rien ne retenait plus M. Rivière à Jubbulpore, et il fut décidé que l'on allait bientôt se mettre en route pour Calcutta.

Nos jeunes gens profitèrent des quelques jours qu'ils avaient encore à eux pour visiter les environs de Jubbulpore et faire une excursion aux Rochers de marbre (Marble rocks) situés sur les bords de la Nerbuddha.

On partit de bonne heure. M. Rivière, sa fille et mademoiselle Rose étaient en voiture ; Jacques, André et La Chance à cheval. Abdhul et Pedro partis en avant avec d'autres serviteurs devaient préparer la halte et le déjeuner.

Après avoir fait quelques milles, on trouva deux éléphants pour transporter nos voyageurs aux Rochers de marbre, la route n'étant pas praticable pour les voitures.

La Chance, qui était un peu guéri de sa prétention d'être le bienvenu de tous les animaux, s'empressa de monter sur le sien sans lui adresser la parole ni lui faire des compliments.

Il paraissait d'ailleurs désireux d'arriver le plus tôt possible à l'endroit du rendez-vous. Il avait fait devancer le départ du camp, et chaque temps d'arrêt le contrariait visiblement. André, qui était sur le même éléphant que lui, remarqua son agitation.

— Pourquoi donc parais-tu si pressé d'arriver aux Rochers de marbre? lui demanda-t-il. Ce matin tu as appelé tout le monde avant le jour, et maintenant si on te laissait agir à ta guise, tu donnerais l'ordre de faire aller les éléphants au galop.

— J'ai voulu nous mettre en route de bonne heure, répondit La Chance, afin que les demoiselles ne souffrent pas de la chaleur. Ce n'est pas gai d'être sur un éléphant quand le soleil vous darde d'aplomb sur la tête.

— Tu as raison, mon cher La Chance. Tu prévois toujours tout, tu penses à tout.

— Et puis, ajouta La Chance après une minute de réflexion, j'espère que je pourrai procurer à tout le monde un divertissement à la mode du pays, mais, pour cela faire, il faut que nous arrivions de bonne heure.

Quel divertissement ?

— J'aurais voulu vous ménager une surprise. Quelque chose dans le genre Rajah.

— Mais encore quoi ?

— Une chasse.

— Comment une chasse ? Quelle espèce de chasse veux-tu nous faire faire ?

— Une chasse à l'ours.

André regarda La Chance pour voir s'il parlait sérieusement.

La Chance évidemment était très-sérieux.

— Une chasse à l'ours ! répéta André ; tu veux faire chasser l'ours à mon oncle et à mes cousines ?

— Pas précisément. Monsieur votre oncle et mesdemoiselles vos cousines se reposeront pendant que M. Jacques, vous et moi irons après les bêtes.

— Mais comment comptes-tu t'y prendre ?

— De la façon la plus simple du monde si les choses sont telles qu'on me les a dites. Le domestique que j'ai envoyé hier reconnaître la place où nous devons faire halte est revenu avec un shikari qui m'a affirmé qu'il nous ferait voir des ours. Ils sont plusieurs dans les environs des Rochers de marbre, qui désolent le pays, et si nous pouvions les tuer, ce serait encore un service que nous rendrions à ces braves Hindous. Il m'a semblé que ce serait joli d'accomplir cette belle action en honneur des demoiselles. J'ai lu d'ailleurs que cela se passait toujours ainsi ; dans les théâtres, c'est la même chose. Le roi, la reine, ou le seigneur, ou les gens bien placés d'un endroit, vont faire une partie de campagne, on leur prépare une chasse où ils tuent toujours beaucoup de gibier. Ici c'est bien mieux ; vous avez appris que des animaux féroces font les cent coups dans le pays, qu'ils tuent les habitants et ravagent les champs. Vous exterminez ces bêtes féroces et comme trophées vous rapportez leurs dépouilles aux dames qui sont enchantées et vous font des compliments. D'autant plus, ajouta-t-il, que, plaisanterie à part, mademoiselle Laure et mademoiselle Rose seront flattées de votre attention, et je suis certain qu'elles conserveront la peau des ours en souvenir des Rochers de marbre.

On voit que, pour un ancien chasseur à cheval, La Chance avait l'imagination assez vive.

André ne put s'empêcher de rire de tout son cœur en l'entendant dérouler ses projets.

— Tu vas un peu vite en besogne, lui dit-il, et je vois que tu ne te rappelles pas un proverbe qui dit qu'il ne faut pas vendre la peau de l'ours avant de l'avoir tué.

— Possible, monsieur André, mais nous ne sommes pas des gens comme l'homme de la fable qui s'est jeté à terre et a fait le mort. Nous savons maintenant ce que nous pouvons faire avec toutes les bêtes féroces de ce pays. Je dis que si le shikari tient sa parole, et que si nous voyons des ours, ce sont des ours morts. Les domestiques ont emporté toutes nos armes de gros calibre, ainsi que des épieux et des couteaux de chasse. Rien ne nous manquera.

— Allons, dit André, je ne demande pas mieux, et si mon oncle et mes cousines le permettent, nous tuerons des ours.

— C'est dit, s'écria La Chance joyeusement, vous verrez que tout le monde sera satisfait.

Tout le monde cependant ne fut pas précisément satisfait, lorsqu'en arrivant, on trouva le shikari qui vint assurer que si on voulait le suivre immédiatement, il conduirait les chasseurs à un affût où ils pourraient tuer les ours. Les jeunes filles lui surent assez mauvais gré de son empressement et essayèrent de dissuader Jacques et André d'aller s'exposer de nouveau.

Jacques, qui avait accepté avec plaisir la proposition de la chasse à l'ours, allait renoncer à ce projet pour ne pas contrarier Laure, lorsque M. Rivière intervint.

— Il est certain, dit-il, qu'en venant visiter Marble rocks, nous n'avions pas l'intention de chasser l'ours, mais puisque l'occasion se présente, il faut en profiter. Nous sommes depuis trop longtemps dans l'Inde pour nous étonner de ce hasard. Combien de fois me suis-je trouvé engagé dans une chasse lorsque je partais pour me reposer chez un ami. Je ne serai vraiment pas fâché, du reste, de voir si je suis encore le bon tireur d'autrefois.

— Comment papa, s'écria Laure, tu vas aussi chasser ces horribles bêtes ?

— Mais certainement, ma chère enfant, si tu veux bien me le permettre.

Il ne faut pas croire, dit-il aux jeunes gens, que j'ai toujours été tel que vous me voyez aujourd'hui, aimant avant tout le repos et la tranquillité. J'ai au contraire été très-amateur de la chasse, de l'équitation et de tous les exercices du corps, ainsi qu'il convient à un jeune homme, et je vous engage vivement à vous y livrer. Il faut qu'un homme sache se tirer d'affaire dans toutes les circonstances. Aujourd'hui ce sera avec un grand plaisir que je me joindrai à votre expédition.

— Mais, mon oncle, que deviendrons-nous pendant votre absence? demanda Rose.

— Eh bien, ma chère, vous vous reposerez, vous avez vos ayahs pour vous servir, et je vous laisse John et les domestiques.

Mademoiselle Rose se permit une petite moue qui voulait dire que la société des ayahs, de John, le vieux maître d'hôtel, ne lui paraissait pas une compensation suffisante.

— Nous ne serons pas longtemps absents, dit La Chance, qui voulait concilier les choses. Nous n'allons qu'à un mille d'ici.

M. Rivière passa l'inspection des armes en homme qui sait qu'il ne faut rien laisser au hasard, et, accompagné de ses neveux et de La Chance, tous armés d'un rifle de fort calibre, il suivit le shikari qui emmenait avec lui quelques hommes portant des épieux.

L'ours de l'Inde est un animal dangereux et redouté. Quoique ses mâchoires ne soient pas aussi puissantes que celles du tigre, ses griffes cependant sont des armes formidables ; celles de devant ont quelquefois près de 3 pouces anglais de longueur. Sa taille est environ de 6 pieds et quand, pour intimider les chasseurs, il se dresse sur ses pattes de derrière, il peut mesurer entre sept et huit pieds de hauteur.

Son pelage long et épais est de couleur noire.

Sa principale nourriture consiste en racines et en fruits des jungles qui varient selon la saison. Mais il a la mauvaise habitude d'aller chercher des suppléments à ses repas dans les champs cultivés qu'il ravage au grand désespoir des paysans. De là, des rixes où malheureusement ceux-ci n'ont pas toujours l'avantage.

Le moyen le plus sûr de l'abattre, est de le frapper au milieu du poitrail, à un endroit appelé le fer à cheval.

C'est un assemblage de poils d'un gris sale formant effectivement un fer à cheval.

La chair de l'ours n'est pas mauvaise et les basses classes des indigènes, dans quelques districts, la mangent avec plaisir.

Les jungles habitées par les ours, sont généralement montagneuses. Ils se trouvent dans les rochers et dans les cavernes près desquels leurs traces sont reconnaissables. Il n'est pas facile de les faire sortir de leurs retraites et il est toujours dangereux d'aller les y chercher.

Le plan à suivre est celui-ci : après avoir reconnu où sont les ours, il faut se placer au-dessus de la caverne qu'ils habitent ou dans le chemin qui y conduit, et on les tire lorsqu'ils rentrent des jungles le soir ou le matin.

Quand on peut les rencontrer sur un terrain plat, on les chasse à cheval, cependant les chevaux, que la panthère et le sanglier n'effraient pas, ont peur de l'ours.

Aussi longtemps qu'il se sauve en courant, les choses vont bien, mais lorsqu'il se retourne pour les charger à son tour, le poil hérissé, hurlant, faisant claquer ses mâchoires, il est rare que le cheval ne prenne pas la fuite. Les ours des Provinces Centrales sont particulièrement d'une férocité et d'une force extraordinaires.

Le shikari avait si bien étudié les habitudes des animaux dont il était venu proposer la peau à nos amis, qu'une demi-heure ne s'était pas écoulée, que deux ours énormes parurent à l'entrée du sentier où s'étaient postés M. Rivière et Jacques. Là ils se séparèrent. Le plus petit entra dans un chemin creux en haut duquel La Chance et André l'attendaient, et le plus grand s'avança vers M. Rivière et Jacques. Celui-ci malgré tout son courage éprouva un tressaillement nerveux à la vue du terrible ennemi qu'ils allaient avoir à combattre. M. Rivière et lui, armés de leurs rifles, lui barraient la route. Derrière eux, quelques indigènes avec des fusils et des épieux faisaient bonne contenance.

— Surtout, ne te presse pas, dit M. Rivière à Jacques. Ménageons nos coups. Je tirerai le premier et ensuite tire à ton tour. Vise au fer à cheval ou à l'épine dorsale.

Au même moment, deux coups de feu retentirent du côté de La Chance et d'André. L'ours s'arrêta instantanément, et, levant la tête pour chercher la cause de ce bruit, il vit en face de lui M. Rivière,

Jacques et leurs hommes. Il parut indécis et allait prendre la fuite lorsque M. Rivière fit feu. La balle fut sans doute amortie par l'épaisse fourrure de l'animal, car il parut seulement effrayé et, se retournant vivement, il partit d'où il venait.

— En avant, Jacques, dit M. Rivière, tire dans les reins.

Celui-ci tira, mais sans plus de résultat, et l'ours continua sa course. Il lâcha son second coup. Cette fois l'animal fut atteint, car il poussa un rugissement affreux et, faisant d'un coup volte-face, il se précipita à la rencontre de M. Rivière qui le suivait de près. Celui-ci ajusta froidement et lui envoya sa seconde balle presque à bout portant. L'ours quoique atteint, ne ralentit pas sa course et M. Rivière se vit perdu. Il lui était impossible, il le comprenait, de combattre avec son couteau de chasse un semblable monstre corps à corps.

A ce moment, il se sentit repoussé vigoureusement de côté et vit Jacques se précipiter au-devant de l'ours avec un épieu, qu'il lui enfonça dans le poitrail. Mais le choc fut si violent que Jacques, surpris, lâcha son arme, et alla rouler à quelques pas de là. Il fut cependant bientôt relevé et, tirant son couteau de chasse, il courut vers l'ours. Mais celui-ci était hors d'état de nuire. Le fer de l'épieu sur lequel il s'était précipité de toute sa force lui était entré profondément dans le corps et il se roulait sur le sol en poussant des rugissements terribles. M. Rivière lui tira avec le fusil du shikari une balle dans les reins qui l'acheva.

Se tournant alors vers Jacques encore ému de la scène qui venait de se passer, il lui tendit la main en lui disant :

— Merci, mon cher Jacques, je te dois la vie. Tu es un brave garçon, merci.

La Chance et André arrivèrent en criant : Victoire ! hurrah ! L'ours qu'ils avaient tué, était tombé à la troisième balle tirée par André. La Chance était enchanté et ne tarissait pas en éloges sur le courage et le sang-froid d'André.

On laissa des indigènes pour dépouiller les ours et l'on se dirigea vers les Rochers de marbre.

Chemin faisant, M. Rivière raconta ce qui s'était passé et comment il avait été sauvé par l'intrépidité de Jacques.

La Chance avait l'air radieux. Il profita d'une occasion qui lui permit d'être seul avec Jacques pour lui dire :

—Eh bien, monsieur Jacques, me suis-je trompé ? N'est-ce pas tout à fait comme dans les livres et les pièces de théâtre. Le jeune homme sauve les jours du père de...

Un regard sévère de Jacques l'arrêta.

—Bon, bon, monsieur Jacques, je ne veux pas vous contrarier, et je me tais, mais j'en suis pour ce que j'ai dit, je suis content.

Il ne s'était pas trompé, en effet, car tout le monde parut si heureux lorsque M. Rivière, au retour, raconta ce qui s'était passé, mademoiselle Rose remercia son cousin avec tant d'effusion, que le brave La Chance se proposa de demander au shikari s'il n'y aurait pas moyen d'organiser une chasse au rhinocéros.

La journée se passa gaiement sous la tente qu'on avait dressée près de la Nerbuddha.

Un petit incident vint cependant troubler la satisfaction de La Chance. Mademoiselle Laure refusa très-nettement, d'aller sur la Nerbuddha, faire une promenade nautique qu'il avait organisée. Comme il insistait pour qu'on fît cette promenade, la jeune fille lui avait dit :

— Je ne puis empêcher ni mon oncle ni ma cousine de monter dans le bateau que vous avez fait préparer, mais je serai dans une inquiétude affreuse aussi longtemps qu'ils seront sur le fleuve, et j'aurai le chagrin de vous en savoir très-mauvais gré.

Elle n'avait pas tout à fait tort, mademoiselle Laure.

La Nerbuddha, près de Jubbulpore, est bordée des deux côtés par de magnifiques rochers de marbre blanc qui s'élèvent à une grande hauteur.

La fraîcheur de cet endroit est délicieuse, mais ce n'est pas à l'homme qu'il est permis d'en jouir ou, du moins, d'en jouir sans s'exposer à un danger qu'il n'est pas assez fort pour combattre.

Toutes les crevasses et tous les interstices des Rochers de marbre sont habités par d'énormes abeilles qui ne permettent à personne de venir les troubler. Un coup de gaffe ou de rame donné contre les rochers peut suffire pour attirer sur le voyageur imprudent la colère de ces insectes ailés, et la mort est certaine. A Jubbulpore on citait l'exemple de deux officiers qui venaient tout récemment de mourir ainsi.

Les eaux de la Nerbuddha renferment, en outre, une immense quantité de grands alligators, dont mademoiselle Laure avait vu depuis le matin de hideux spécimens venir se reposer sur le sable de l'autre côté du fleuve.

— La Chance avait beau assurer, d'après ce qu'il avait entendu dire autour de lui, que les alligators, moins dangereux que les crocodiles, n'osent pas attaquer l'homme, elle persista dans son refus avec une fermeté qui fit que le brave garçon ne donna pas suite à sa proposition.

— Après tout, se dit-il, en se retirant et en poursuivant une idée qui l'absorbait depuis le matin, je serais désolé qu'il arrivât malheur à ce pauvre M. Rivière, et M. Jacques ne peut pas passer sa vie à sauver les jours de son oncle. D'autant plus que si cette promenade est si dangereuse, il serait exposé lui-même. Il me semble que ce qu'il a fait ce matin est bien suffisant et qu'il n'est pas possible que M. Rivière veuille rendre son neveu malheureux.

L'imagination de La Chance allait toujours son train.

La journée était avancée, et l'ordre venait d'être donné de préparer les éléphants pour retourner à Jubbulpore, lorsqu'une femme hindoue parut à la porte de la tente. C'était une diseuse de bonne aventure.

— Oh ! mon oncle, s'écria mademoiselle Rose, quel bonheur, une diseuse de bonne aventure !

Nous allons connaître notre avenir ! A Laure de commencer. Mais Laure ne bougea pas et ne tendit pas sa main à la pythonisse.

— Comment, tu ne veux pas ? dit Rose.

— Non, répondit Laure, pourquoi fatiguer mon père avec ces enfantillages ?

— Des enfantillages ! s'écria Rose, tu appelles aujourd'hui la bonne aventure des enfantillages ! Mais à Calcutta tu trouvais cela si sérieux ! et en venant même tu as consulté une bonne femme que nous avons rencontrée.

Il paraît que mademoiselle Laure ne tenait pas à connaître l'avenir, car elle dit à sa cousine :

— Interroge cette femme pour toi si tu veux, mais moi je n'en ferai rien.

— Ni moi non plus, dit mademoiselle Rose piquée, je n'ai pas, plus que toi, à m'occuper d'enfantillages.

Jacques et André ne se montrèrent pas plus désireux de connaître leur destin.

— Allons, dit M. Rivière, en riant, c'est moi qui interrogerai cette bonne femme; mon avenir maintenant offre moins de chance que le vôtre. Ce ne sera pas long, et nous ne la renverrons pas sans lui donner quelque chose.

La devineresse examina attentivement la main que M. Rivière lui tendait :

— Vous n'avez pas toujours été riche, lui dit-elle, mais par votre travail vous avez acquis une grande fortune.

— Très-bien, dit M. Rivière.

— Vous vivrez longtemps.

— Tant mieux.

— Vous venez d'être exposé à un grand danger, mais vous avez été sauvé par un ami bien dévoué.

— C'est vrai, dit M. Rivière.

— Et dont vous pouvez reconnaître l'affection en l'appelant votre fils.

Il y eut un moment de silence, chacun était embarrassé.

— Eh bien, soit, dit enfin M. Rivière. Mon cher Jacques, mon cher fils, tu me diras à Calcutta ce que je puis faire pour te prouver que je veux ton bonheur.

En retournant à Jubbulpore, La Chance paraissait aussi pressé de rentrer au camp qu'il semblait, le matin, désireux d'arriver aux Rochers de marbre. André lui en exprima son étonnement.

— C'est que, répondit le brave chasseur, je voudrais avoir le temps d'arranger un beau feu d'artifice. C'est alors que ce serait définitivement la fin.

Le lendemain M. Rivière quitta Jubbulpore, ét, après un voyage qui ne fut signalé par aucun incident digne d'être raconté, il arriva avec les siens à Calcutta où il reprit, de concert avec Jacques, la direction de ses nombreuses affaires.

ÉPILOGUE

Dix-huit mois après les événements que nous venons de raconter, le *Tigre* amenait à Marseille M. Rivière et sa fille, ainsi que mademoiselle Rose, Jacques et André.

M. Rivière tenait la promesse faite à Jubbulpore : la famille allait à Tours, où étaient M. et madame Dambrun, célébrer le mariage de Jacques et de Laure.

Il va sans dire que La Chance les accompagnait.

Pendant son séjour à Calcutta, il avait eu le plaisir de voir juger M. Bob. Celui-ci, reconnu un jour par son ancien mousse, qui avait raconté à la justice les hauts faits dont nous avons entretenu le lecteur, avait été condamné à la déportation aux îles Andaman.

FIN.

TABLE DES MATIÈRES.

CHAPITRE VII

CHAPITRE VIII

CHAPITRE IX

CHAPITRE X

CHAPITRE XI

CHAPITRE XII

CHAPITRE XIII

CHAPITRE XIV

CHAPITRE XV.

CHAPITRE XVI

CHAPITRE XVII

CHAPITRE XVIII

CHAPITRE XIX

CHAPITRE XX

FIN DE LA TABLE DES MATIÈRES

Corbeil. — Typ. et stér. de Crété fils.

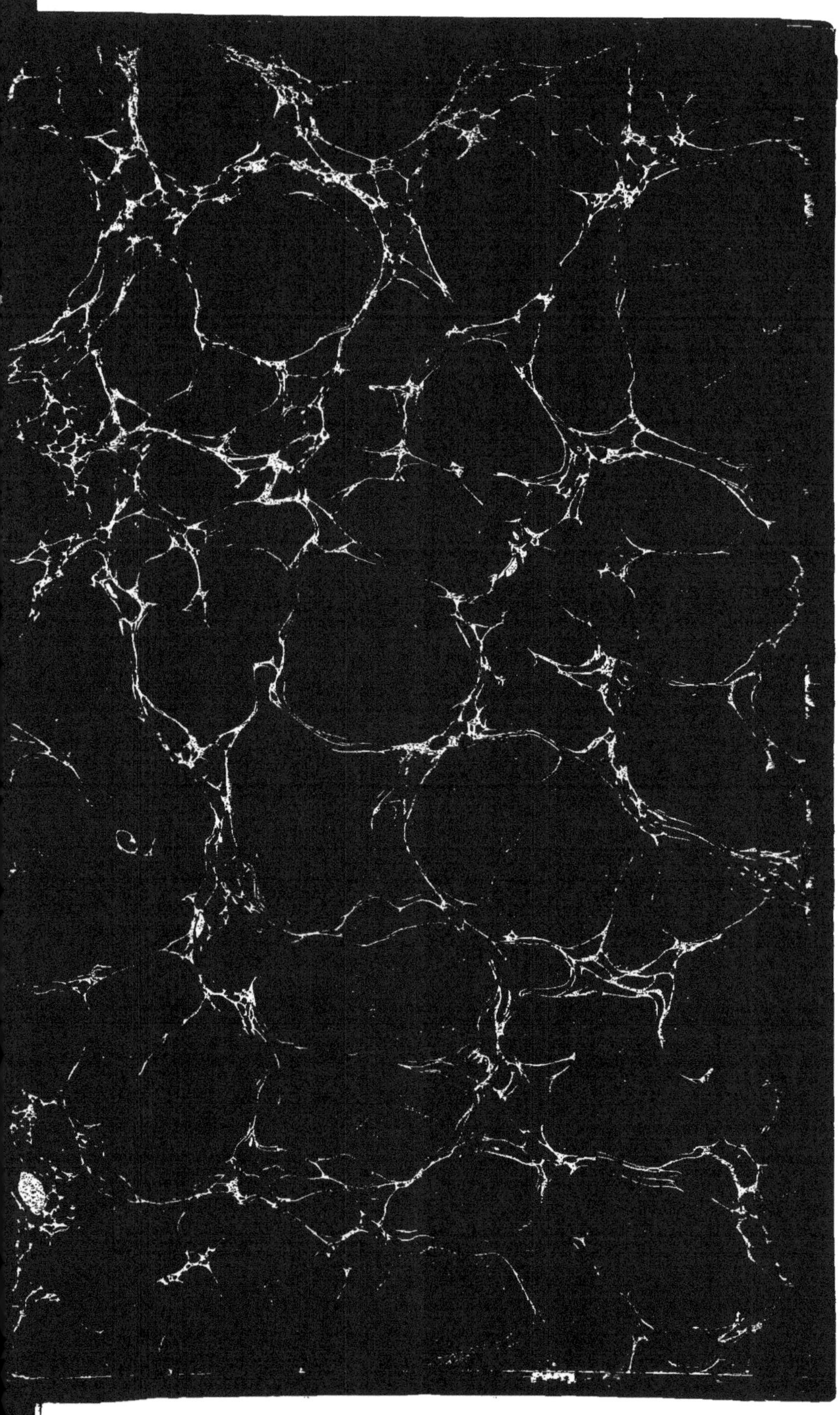